Gerald Heinze

Handbuch der Agglomerationstechnik

Gerald Heinze

Handbuch der Agglomerationstechnik

WILEY-VCH

Weinheim · New York · Chichester
Brisbane · Singapore · Toronto

Prof. Dr. Gerald Heinze
Burenstraße 4
49577 Kettenkamp

Titelbild: Auf Walzenpressen erzeugte Agglomerate.
Maschinenfabrik Köppern GmbH & Co. KG, Hattingen.

Die Deutsche Bibliothek – CIP-Einheitsaufnahme
Heinze, Gerald:
Handbuch der Agglomerationstechnik / Gerald Heinze. –
Weinheim ; New York ; Chichester ; Brisbane ; Singapore ; Toronto :
Wiley-VCH, 2000
ISBN 3-527-29788-X

Gedruckt auf säurefreiem und chlorfrei gebleichtem Papier.

Satz: K+V Fotosatz GmbH, D-64743 Beerfelden
Druck: Strauss Offsetdruck, D-69509 Mörlenbach
Bindung: Großbuchbinderei J. Schäffer, D-67269 Grünstadt
Printed in the Federal Republic of Germany

Meiner lieben Frau Ruth gewidmet

Vorwort

Zu den klassischen Disziplinen der Mechanischen Verfahrenstechnik zählen: Zerkleinerung, Trennen, Mischen, Dosieren und das Agglomerieren. Insbesondere Umweltprobleme und Aufgaben der Handhabung, Lagerung und Anwendung von Stoffen haben die Agglomeration mehr und mehr in den Blickpunkt des Interesses gerückt.

Der Bogen der durch Agglomeration hergestellten Produkte spannt sich vom Kohlebrikett über Dünge- und Futtermittel sowie Tabletten und Dragees bis hin zu den Instantprodukten.

So scheint es mehr als gerechtfertigt, in einem Buch die Techniken des Agglomerierens zu beschreiben, zumal die deutschsprachige Fachliteratur einer solchen Zusammenfassung entbehrt. Viele Veröffentlichungen sind zu diesem Buch aufgearbeitet und durch eigene Erfahrungen ergänzt worden. Das Konzept des Buches basiert auf einem direkten Bezug zur Anwendung.

Das Agglomerieren von feinteiligen Stoffen ist in erster Linie eine Erfahrungswissenschaft und fast immer an das Experiment gebunden, das der Projektierung einer Agglomerationsanlage vorausgehen sollte.

Es ist ein Buch für die industrielle Praxis und soll ein Instrumentarium für Planungsingenieure sowie für Bauer und Betreiber von Anlagen zur Herstellung von Agglomeraten sein. Gleichermaßen wendet sich dieses Buch auch an Studenten der Chemie- und Verfahrenstechnik. Hier soll es helfen, den Vorlesungsstoff zu vertiefen und zu ergänzen, um schließlich zur Praxis überzuleiten.

Abschließend möchte ich meiner Frau Ruth für die unermüdliche Mitarbeit beim Schreiben und Korrekturlesen herzlich danken; hierfür danke ich auch Frau Brigitte Gertung.

Mein Dank gilt auch dem Verlag WILEY-VCH für die hervorragende Zusammenarbeit und für die überaus gelungene Gestaltung des Buches.

Kettenkamp, Sommer 1999 Gerald Heinze

Inhaltsverzeichnis

1 Einführung

Der Zerkleinerung durch Brechen und Mahlen steht in der Mechanischen Verfahrenstechnik die Vergrößerung von feinteiligen Stoffen gegenüber. Letztere wird als Agglomeration bezeichnet; sie hat zur Aufgabe, aus feinteiligen Stoffen gröbere herzustellen. So werden aus Mehl und Pulver durch Verpressen Agglomerate geformt, die einfacher und wirkungsvoller an die Nutztiere wie Rinder, Schweine, Hühner usw. verfüttert werden. *Agglomerate begleiten uns im täglichen Leben genauso wie in beruflicher Praxis.* Hier sind es Bouillonwürfel, Instantprodukte und Kohlebürsten in Staubsaugern und dort die Düngemittel für den Landwirt, die Eisenerzpellets für den Hüttenmann und zahlreiche Tabletten und Dragees der pharmazeutischen Industrie. Aus diesen wenigen Aufzählungen ist zu erkennen, daß in vielen Industriezweigen die Agglomerationstechnik mit Nutzen und Erfolg eingesetzt wird. Mehr als 80% der synthetischen festen Düngemittel und Futtermittel werden so produziert. Einen steilen Anstieg hat die Pelletisierung von Eisenerzen in den letzten vierzig Jahren erlebt. Auch die Nahrungsmittelindustrie nimmt mehr und mehr die Agglomerationstechnik in Anspruch, um Produkte herzustellen, die einfach zu handhaben und zu dosieren sind. Sie lassen sich bequem abwiegen und lösen sich – wenn notwendig – leicht auf. Sie sind als Instantprodukte bekannt. Agglomerate sind in der Regel kompakt und fest, und sie garantieren die Gleichmäßigkeit der Rezeptur. Wenn man feinteilige Stoffe agglomeriert, verhindert man die Bildung von Staub bei der Handhabung, z.B. beim Deponieren von Asche aus Kraftwerken. So werden Umweltschäden durch Agglomeration vermieden oder vermindert. In Recyclingprozessen hat die Agglomerationstechnik wirtschaftlich interessante Möglichkeiten eröffnet. Ein Beispiel ist das Wiederverwenden des feinteiligen Staubes in Hüttenwerken, wo der Staub agglomeriert und dem Hochofen wieder zugeführt wird.

Der Rahmen dieses Handbuches ist begrenzt. Es können nicht alle Verfahren und Produkte der Agglomerationstechnik aufgeführt werden. Dann würde aus einem Handbuch eine Enzyklopädie werden. Jede Firma, die Agglomerationsmaschinen herstellt, kann mindestens 25, wenn nicht 50 Produkte nennen, die mit ihren Maschinen zu agglomerieren sind. Und laufend kommen neue Anwendungen und Produkte hinzu; insbesondere im Sektor Umwelttechnologie. Es ist empfehlenswert, diese Firmen zu kontaktieren, das Problem vorzutragen und Versuche auszuführen. Der Autor hat in Jahrzehnten die Erfahrung gemacht, daß das für die Agglomerationstechnik gilt, was *Pietsch* [1] so formuliert hat: „Although the technique of roll pressing is over hundred years old, it is still more an art than a science". In diese „Kunst" will dieses Handbuch einführen, manchmal unter Verzicht auf zu ausführliche technische Details, wie sie in Prospekten zu finden sind.

1.1 Definition und Begriffe

Der Begriff *Agglomeration* leitet sich vom Lateinischen *„agglomero"* ab und bedeutet soviel wie „Zusammenballung". Nicht nur in der Technik sind Agglomerate bekannt, sondern auch in der Natur. Der Geologe z. B. benennt Gesteine, die sich aus locker zusammengeballten Trümmern aufbauen, Agglomerate. Neben dem Begriff „Agglomeration" gibt es Begriffe, die nicht nur ähnlich klingen, sondern auch im Sinn einer Zusammenballung verwendet werden (Tab. 1-1). So gibt es in der Medizin den Ausdruck *Agglutination,* der mit Anklebung oder Verklumpung zu übersetzen ist. Eine Agglutination ist eine Verklumpung der roten Blutkörperchen, die durch die Wirkung eines fremden Blutserums hervorgerufen wird. Die Mineralogie kennzeichnet als *Aggregat* – ebenfalls von dem Lateinischen *„aggrego"* – die Häufung von vielen, dicht aneinander gedrängten Kristallindividuen, die keine Kristallflächen besitzen, weil bei ihrer Entstehung die Bildung von Kristallen durch eine räumliche Enge verhindert wurde. Der weiße Marmor ist beispielsweise ein solches Aggregat. Ein Aggregat kann auch ein Maschinensatz sein, der aus einzelnen, zusammenwirkenden Maschinen besteht. Ein Turbo-Aggregat besteht z. B. aus einer Dampfturbine und einem Generator. In der Mathematik bezeichnet man mit Aggregat einen mehrgliedrigen Ausdruck, dessen einzelne Glieder durch + und – miteinander verknüpft sind. In der Physik ist die feste, flüssige oder gasförmige Erscheinungsform eines Stoffes sein Aggregatzustand. Das Kapitel über die Begriffe wäre unvollständig, wenn nicht auf folgende Problematik hingewiesen würde: zum Agglomerieren gehören die Bezeichnungen *Granulieren, Pelletieren, Pelletisieren, Tablettieren, Brikettieren, Pressen, Extrudieren, Kompaktieren* – um die wichtigsten zu nennen. Einige Begriffe lassen sich zweifelsfrei auf bestimmte technische Vorgänge beziehen, andere nicht (siehe Tab. 1-3). So wird unter dem Ausdruck Granulieren die Überführung ungeformter Teilchen in eine körnige Form mit begrenztem Korngrößenspektrum und bestimmten

Tabelle 1-1. Abgrenzung von Begriffen

Agglomeration	mechanisches Verfahren Geologie	Zusammenballen von feinteiligen Stoffen zusammengeballte Gesteinstrümmer
Agglutination	Medizin	Verklumpung roter Blutkörperchen *Grubar-Wildalsche*-Reaktion
Aggregat	Mathematik Technik	Verknüpfung von + und – Satz von mehreren Maschinen Dampfturbine und Generator = Turboaggregat
	Mineralogie	Häufung dicht aneinander gedrängter Kristallindividuen Beispiel: Marmor
Aggregatzustand	Physik	feste, flüssige oder gasförmige Erscheinungsform

Tabelle 1-2. Gegenüberstellung von Begriffen der Agglomeration und der Zerkleinerung

Agglomeration	Zerkleinerung
Kornvergrößerung	Kornverkleinerung
Tätigkeit: agglomerieren *granulieren* pelletieren stückig machen	Tätigkeit: zerkleinern *granulieren* mahlen körnig machen
Resultate: Agglomerate *Granulate* Pellets	Resultate: Grieß, Körner Mehl, Pulver *Granulate*

Oberflächenverhältnissen verstanden. Mit dem Begriff Granulieren wird aber auch eine bestimmte Art der Zerkleinerung bezeichnet. *Reich* [2] hat vorgeschlagen, die direkte Herstellung von Granulaten oder Granulatkörpern als Granulat*formung* und die Erzeugung eines körnigen Produktes durch kornabbauende Verfahren (Zerkleinerung) als Granulation oder Granulierung zu bezeichnen. Dieser Vorschlag hat sich nicht durchgesetzt. Nach wie vor kann mit dem Begriff Granulieren ein Aufbau oder Abbau gemeint sein. In Tab. 1-2 sind die Begriffe Agglomeration und Zerkleinerung gegenübergestellt.

Zur eindeutigen Definition sollte man von *Brechgranulaten* sprechen, wenn sie über einen *Zerkleinerungsvorgang* gewonnen werden. Bei den durch *Agglomeration entstandenen Agglomeraten* wird zwischen *Aufbau- und Preßagglomeraten* unterschieden. Die Bezeichnungen sind vom Herstellungsvorgang abgeleitet. In der gängigen Terminologie der Praktiker werden beide Produkte oft mit einem Begriff belegt: *Pellets.* Man muß nach der Herstellung fragen, wenn man keine Möglichkeit der optischen Beurteilung hat. Die Aufbaugranulate haben eine mehr oder weniger kugel- oder haufenförmige Gestalt, während die Preßgranulate zylindrisch, kissenförmig oder brikettartig sind.

1.2 Erwünschte und unerwünschte Agglomeration

Bei allen technischen Abläufen, bei denen feinteilige Stoffe bewegt werden, entstehen mehr oder weniger viele, in der Größe unterschiedliche Agglomerate. Diese können erwünscht oder unerwünscht sein. In einer grundlegenden Arbeit über das Agglomerationsverhalten feiner Teilchen hat *Pietsch* [3] u.a. die unerwünschte Agglomeration behandelt. Tab. 1-4 zeigt eine Übersicht über die Agglomerationserscheinungen bei verfahrenstechnischen Prozessen; hier sind Grenzflächenvorgänge von entscheidender Bedeutung. In einer neuen Arbeit hat *Schulze*

Tabelle 1-3. Zusammenstellung häufig verwendeter Begriffe der Agglomerationstechnik

Begriff	Erläuterung
Agglomeration	Begriff der Technik des Agglomerierens
Agglomerationsverfahren	Granulieren, Pelletieren, Pelletisieren, Brikettieren, Kompaktieren, Tablettieren, Flockung u. a.
Aufbauagglomeration	Herstellung von Agglomeraten durch „aufbauende Verfahren". Synonym: Aufbaugranulation
Preßagglomeration	Herstellung von Agglomeraten durch mit Preßdruck arbeitende Verfahren. Synonym: Preßgranulation
Granulation/Granulieren	In vielen Fällen ein Synonym für Agglomeration; aber auch für Pelletieren, jedoch *nicht* für Brikettieren, Kompaktieren und Tablettieren
Pelletierung/Pelletieren	Herstellen von Pellets; synonym verwendet sowohl für Verfahren der Aufbau- als auch der Preßagglomeration. Man „pelletiert" sowohl im Teller (Pelletierteller, Granulierteller) als auch mit einer Lochwalzenpresse (Pelletierpresse, seltener: Granulierpresse)
Pelletisierung/Pelletisieren	Synonym für Pelletierung/Pelletieren
Kompaktierung/Kompaktieren	Verfahren zur Herstellung von Agglomeraten durch Preßagglomeration in Walzpressen, regelmäßige und unregelmäßige Formen
Brikettierung/Brikettieren	Im Sinne von Kompaktieren gebraucht; jedoch mit folgenden Abweichungen: nur regelmäßige Formen werden Briketts genannt Verwendung von Walzen- oder Stempelpressen
Tablettierung/Tablettieren	Verfahren zum Herstellen von Tabletten durch Preßagglomeration mit Spezialmaschinen, regelmäßige Formen vorwiegend flach und zylindrisch
Agglomerate, Granulate, Pellets, Briketts, Tabletten, Flocken usw.	Produkte der Agglomerationsverfahren, Zuordnung der Begriffe zum Verfahren nicht eindeutig definiert
Partikel (Mehrzahl: Partikeln)	Synonym für Teilchen; aus Teilchen (Partikeln) setzen sich die Agglomerate zusammen
Flockung	Bezeichnung einer „Zusammenballung", bei der disperse Feststoffe im Wasser eine absetzbare oder filtrierbare Form erhalten
Dispersität	Verteilung/Zerteilung

Tabelle 1-3 (Fortsetzung)

Disperse Systeme	Systeme, die nach ihrer Dispersität eingeteilt werden: molekulardispers (echte Lösungen): 10^{-10} bis 10^{-9} m kolloiddispers: 10^{-9} bis 10^{-6} m grobdispers: 10^{-6} bis 1 m
Dispersität der Ausgangsstoffe zum Granulieren	10^{-6} bis 10^{-2} m grobdisperse Teilchen
Feinteilige Stoffe	Nicht normgerechte Bezeichnung für ein feines Material, das zum Agglomerieren geeignet erscheint; ein relatives Unterscheidungsmerkmal

[4] die Grenzflächenvorgänge vieler Aufbereitungsprozesse ausführlich beschrieben.

In der Regel besteht ein direkter Zusammenhang zwischen Feinheit und Bildung der Agglomerate, Bindung der Agglomerate und Festigkeit der Agglomerate.

Für den praktischen Betrieb und für den Ingenieur, der die Aufgabe hat, einen feinteiligen Stoff zu agglomerieren, hat die Beziehung zwischen der *Feinheit* des zu agglomerierenden Stoffes und der *Bildung von Agglomeraten* entscheidende Bedeutung. Besonders zu bemerken ist dieser Zusammenhang bei der Aufbauagglomeration. Es gibt Praktiker, die vereinfacht sagen:

Jeder Stoff ist agglomerierbar, er muß nur fein genug sein.

Bei der Zerkleinerung von Stoffen auf eine Feinheit unter 0,1 mm entstehen fast immer unerwünschte Agglomerate. Entweder haften die feinen Teile an den Wänden der verwendeten Rohr- oder Kugelmühle und bilden zunächst kleine, dann aber immer größer werdende, sehr unerwünschte Ansätze, oder die Agglomerate sind im Mahlgut selbst zu finden.

Aus der Zement-Industrie ist bekannt, daß die Ansätze sowohl an den Wänden als auch an den Mahlkugeln selbst entstehen können. Wie *Ocepek* [5] nachgewiesen hat, sind die feinsten Teilchen in der unteren Partie der Ansätze zu finden. Sie lagern sich zuerst ab, und darauf bauen sich andere, etwas gröbere Schichten auf. Die Bildung der Wandansätze kann auf elektrostatische und van-der-Waals-Kräfte zurückgeführt werden. Es stellt sich ein Gleichgewicht ein, wie *Bradshaw* und andere [6] beobachtet haben. Um die Agglomeratbildung in Mühlen *zu vermeiden oder gar zu verhindern,* werden oberflächenaktive Stoffe, wie z.B. Natriumstearat, als Mahlhilfsmittel verwendet; auch eine Naßmahlung kann Abhilfe schaffen.

Beim Sieben soll ein Kornspektrum möglichst scharf in eine oder mehrere Fraktionen getrennt werden. Hier ist eine Agglomeration unerwünscht. Das Gleiche gilt auch für verfahrenstechnische Vorgänge wie Sichten und Flotieren. Manche Siebmaschinen sind für Stoffe mit mehr oder weniger großem Feuchtigkeitsgehalt geradezu prädestiniert für eine Agglomeratbildung. Hier muß man entweder

Tabelle 1-4. Übersicht über erwünschte und unerwünschte Agglomerationserscheinungen bei verfahrenstechnischen Prozessen (nach *Pietsch* [3])

Verfahrensstufen	Verfahrensart	Agglomeration erwünscht
Zerkleinern	Trockenmahlung	nein
	Naßmahlung	nein
Trennen	Sieben, Sichten	nein
	Klassieren	nein/ja
	Sortieren	nein/ja
	Flotieren	nein/ja
	Staubabscheidung	nein
	Analyse	nein
Mischen	Trockenmischen	nein
	Feuchtmischen	nein/ja
	Rühren	nein/ja
	Suspendieren	nein/ja
	Dispergieren	nein
	Fließbett	nein
Kornvergrößerung	Pelletieren	ja
	Brikettieren	ja
	Tablettieren	ja
	Granulieren	ja
	Pelletisieren	ja
	Sintern	ja
	Agglomerieren	ja
Fördern	Schwingförderung	nein
	pneumatische Förderung	nein
Lagern	Bunkern	nein
	Halden-Lagerung	nein
Dosieren		nein
Trocknen		nein

das Aufgabegut vorher trocknen oder eine heizbare Siebbespannung verwenden; in manchen Fällen ist man gezwungen, einem feuchten Gut Wasser zuzusetzen, um eine Naßsiebung durchführen zu können. Für eine Abscheidung oder Trennung in einem Sichter kommt nur absolut trockenes Gut in Frage. Aber auch bei ganz trockenen Stoffen können sich Agglomerate bilden. Dann ist man gezwungen, die Agglomerate vor der Aufgabe auf den Sichter zu zerstören.

Bei Mischvorgängen kennt man sowohl eine unerwünschte als auch eine gewünschte Agglomeration. Falls beim Mischen von trockenen oder feuchten Komponenten unerwünschte Agglomerate entstehen, werden hochtourig laufende Messer eingebaut, um sie zu zerkleinern. Häufig sucht man aber eine Agglomeration herbeizuführen, um in einem Vielstoffsystem Entmischungen zu vermeiden. Die

Agglomeration wird durch geringe Zusätze von Bindemitteln unterstützt, die in einem späteren Kapitel eingehend behandelt werden.

Literatur zu Kapitel 1

[1] Pietsch, W.: Center for Professional Advancement, New Jersey, USA, Course Briquetting, Pelletizing and Extrusion, Pressure agglomeration (1987)
[2] Reich, H.F.: Erzeugung von Granulaten aus staub- und rieselförmigem Gut; Chemie-Ing.-Technik 25. Jahrg. (1953), Nr. 8/9, S. 437
[3] Pietsch, W.: Das Agglomerationsverhalten feiner Teilchen; Staub – Reinhalt. Luft 27. Jahrg. (1967), Nr. 1, S. 20–33
[4] Schulze, H.J.: Grenzflächenvorgänge bei Aufbereitungsprozessen; Aufbereitungs-Technik 32 (1991), Nr. 4, S. 166–173
[5] Ocepec, D.: Proc. 2. Europ. Symp. „Zerkleinern" (1966)
[6] Bradshaw, B.C.: J. chem. Phys. Bd. 19 (1951), Nr. 8, S. 1057–1059

2 Die Technik des Agglomerierens

Die Definition, nach der die Mechanische Verfahrenstechnik die Umwandlung stofflicher Systeme mit vorwiegend mechanischen Einwirkungen erzielt (*Rumpf* [1]), gilt für die Agglomerationstechnik nur bedingt. Mechanische Einwirkungen sind notwendig, aber in den meisten Fällen nicht ausreichend. Ein „bindender Effekt" durch die Verwendung von Bindemitteln muß noch hinzukommen.

Agglomeration = Mechanische Einwirkung + Bindemittel

Die Maschinen für die mechanischen Einwirkungen werden in diesem Kapitel beschrieben, die Bindemittel und die Bindungen im nachfolgenden. Maschinen und Geräte betreffen die Technik des Agglomerierens. Die Technologie des Agglomerierens umfaßt die Verfahren unter Einschluß der verwendeten Bindemittel und auch die Kunstfertigkeit des Agglomerierens. Denn neben den Kenntnissen der ingenieurwissenschaftlichen Grundlagen über physikalische, chemische und biologische Abläufe gehört zum Agglomerieren auch ein Fundus an gesicherter Erfahrung.

2.1 Klassifizierung

Da es eine große Zahl von Verfahren des Agglomerierens und eine noch größere Zahl an Agglomerationsmaschinen gibt, ist eine Klassifizierung wünschenswert und notwendig. Es ist der Verdienst von *Ries* [2], das verwirrende Angebot an Verfahren und Geräten zu klassifizieren. Unter Verwendung dieser Klassifizierung ist das in Tab. 2-1 dargestellte Ordnungsschema entwickelt worden.

2.2 Agglomerationsmaschinen

Gruppe 1

Das Merkmal für die Gruppe 1 ist die *rollende Bewegung,* mit deren Hilfe die feinteiligen Stoffe zu Agglomeraten geformt werden. Die rollende Bewegung kann man in Granuliertrommeln und -tellern erzeugen. Der Granulierkonus wird hauptsächlich in den USA zur Agglomeration von Eisenerz eingesetzt. Bei der Granulation in diesen Maschinen ist es erforderlich, Granulierflüssigkeit beizugeben. Granulation durch rollende Bewegung ist ausführlich in Abschnitt 5.2.5 beschrieben.

Tabelle 2-1. Übersicht über Granulier- und Pelletiermaschinen (in Anlehnung an *Ries* [1])

Gruppe	Hauptmerkmal	Maschinen
1	Rollende Bewegung und Granulierflüssigkeit	Teller Trommel Konus Vibratoren
2	Trocknung und Verformung flüssiger oder feuchter Stoffe	Zerstäubungstrockner Walzentrockner Wirbelgranuliertrockner Fluidalbett Wirbelschicht Sprühgranuliertrockner Gefriertrockner
3	Mischgeräte mit hoher Energie, ggf. zusätzlich Feuchtigkeit, Wärme	Tellermischer Sprühmischtrommel Trogschneckenmischer Fluidmischer Wirbelmischgranulator
4	Schmelzbare oder geschmolzene Stoffe	Kühlwalzen Prillverfahren
	Schmelzen und Erstarren	Plasmabrenner Leimkrümelkühltische Kühlbänder Kühlteller
5	Kompaktieren und Brikettieren	Zweiwalzenpressen Ringwalzenpressen Granulatformmaschinen Kugelpressen Drehtischpressen Tablettenpressen
6	Lochpressen	Pelletierpressen Lochwalzenpressen Zahnradlochwalzen Lochtrommelpressen Rillenpressenwalzen Schneckenpressen Riffelwalzenpressen Lamellenpressen Ausstoßkneter und Extruder

Gruppe 2
Mit Hilfe von Zerstäubungstrockner, Walzentrockner, Fließbetttrockner und Einrichtungen ähnlicher Art kann man flüssige oder feuchte Stoffe in der Regel zu kleinen Agglomeraten granulieren. Vorrangiges Merkmal dieser Gruppe 2 ist der *Trocknungsvorgang*.

Gruppe 3
Unter bestimmten Bedingungen bilden sich in üblichen oder in dafür konstruierten *Mischern* Granulate, wenn gleichzeitig ein bestimmter Feuchtigkeitsbereich eingehalten wird.

Gruppe 4
In der Gruppe 4 sind die Verfahren zusammengefaßt, bei denen aus schmelzbaren oder geschmolzenen Stoffen über z. B. Kühlwalzen, Kühlbänder oder ähnliche Maschinen Granulate durch *Abkühlung* gebildet werden. Auch sog. Prilltürme, bei denen mit Luft oder Flüssigkeit gekühlt wird, gehören dazu.

Gruppe 5
Eine typische Gruppe für die Agglomerationstechnik. Hier wird durch *Verformen unter hohem Druck* agglomeriert. Geeignete Maschinen sind: Walzenpressen, Brikettmaschinen und ähnliche.

Gruppe 6
Zu dieser Gruppe gehören die Maschinen zur Pelletierung durch Lochpressen. Das sind Maschinen, bei denen das Ausgangsmaterial durch Löcher verschiedener Art zu Pellets verpreßt wird. Entsprechende Maschinen sind: Lochpressen in Form von Lochwalzpressen, Lochtrommelpressen, Pelletierpressen, Extruder und ähnliche Maschinen.

Literatur zu Kapitel 2

[1] Rumpf, H.: Mechanische Verfahrenstechnik; Karl Hanser Verlag, München Wien (1975)
[2] Ries, H.: Granuliertechnik und Granuliergeräte; Aufbereitungs-Technik (1970), Nr. 3, 5, 10, 12

3 Bindungen bei Agglomeraten

Das Agglomerieren von feinen Teilchen, den Partikeln, wird schon über hundert Jahre industriell betrieben. Die Grundlagen für die Bindungen der einzelnen Partikeln sind jedoch erst vor etwa 30 Jahren erarbeitet worden. Es war die Leistung von *Rumpf* [1–8] et al. im Institut für Verfahrenstechnik in Karlsruhe, Grundlagen und Systematik zu schaffen. Tab. 3-1 zeigt die Bindungsarten; man unterscheidet fünf Hauptgruppen, die anschließend in Abb. 3-1 dargestellt sind.

Agglomerieren heißt für den Praktiker, die einzelnen Partikeln eines feinteiligen Stoffes so miteinander zu verbinden, daß ein gröberer Formkörper entsteht. Auch das Bauen von Sandburgen im Urlaub an der See ist ein Agglomerationsvorgang: feinteiliger Sand wird mit Wasser gebunden. Der Sand ist der Feststoff und das Wasser das Bindemittel. Dadurch entsteht eine Bindung. Solche und andere Bindungsarten hat *Rumpf* [2] untersucht, definiert und mathematisch erfaßt.

Obwohl sich nicht jede Bindung eines zu schaffenden Agglomerates im voraus berechnen läßt, ist es doch gerade für den Praktiker von Nutzen, sich mit den Bindungsmechanismen zu beschäftigen, um auf der Grundlage der wissenschaftlichen Ergebnisse für sein Problem die Regel zu finden.

Tabelle 3-1. Bindungen bei der Agglomeration

Festkörperbrücken	1. Sintern 2. Schmelzhaftung 3. chemische Reaktion 4. erhärtende Bindemittel 5. Kristallisation beim Trocknen
Adhäsion zwischen Feststoffteilchen	1. van-der-Waals-Kräfte 2. elektrostatische Kräfte 3. magnetische Kräfte
Formschlüssige Bindungen	Fasern, eingefaltete Blättchen
Adhäsion Flüssigkeitsoberfläche, freibeweglich	1. Flüssigkeitsbrücken 2. Hohlraum, voll mit Flüssigkeit 3. Hohlraum, teilweise mit Flüssigkeit gefüllt 4. Teilchen in einem Tropfen
Adhäsion Kohäsion Flüssigkeit, nicht freibeweglich	1. zähflüssige Bindemittel 2. Adsorptionsschichten

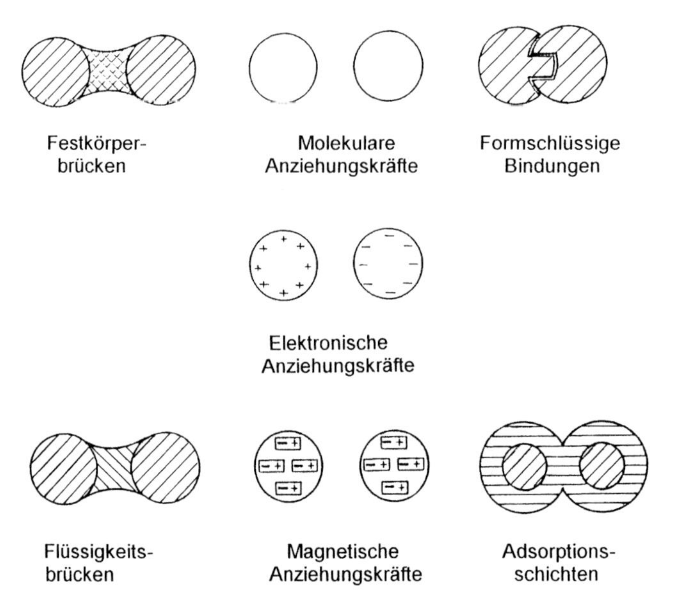

Abb. 3-1. Schematische Darstellung von Agglomerationsbindungen

3.1 Bindungen durch Festkörperbrücken

3.1.1 Sinterung

Beim Erhitzen eines aus einzelnen Partikeln bestehenden Kornverbandes wird die Beweglichkeit der Atome und Moleküle so angeregt, daß Diffusionsvorgänge stattfinden, die bei etwa zwei Drittel der Schmelztemperatur zu Sinterbrücken führen. Diese Sinterbrücken entstehen vorwiegend an den Koordinationspunkten, also dort, wo sich die Teilchen eines Agglomerates berühren.

3.1.2 Schmelzhaftung

Bei einer weiteren Temperaturerhöhung kommt es schließlich zu Schmelzerscheinungen, und es bilden sich Flüssigkeitsbrücken, die die Partikeln durch ihre Kapillarkräfte zusammenhalten. Beim Abkühlen dieses Systems erstarren die Flüssigkeitsbrücken zu Festkörperbrücken. Die zur Sinterung erforderliche Wärme kann auch durch Reibung oder plastische Verformung erzeugt werden und führt im Prinzip zu den gleichen Erscheinungen. Hierüber haben *Pietsch* und *Rumpf* [6] sowie *Späth* [9] berichtet.

3.1.3 Chemische Reaktionen

Eine chemische Reaktion kann zur Bindung von Partikeln führen. Als Beispiel sei die Bildung von Saccharaten aus Melasse (Bindemittel) und Calciumcarbonat (Zusatzstoff) angeführt. Aus beiden bilden sich Polysaccharate, die die Partikel fest miteinander verbinden. Eine chemische Reaktion kann auch durch das Zusammenkommen von flüssigen und gasförmigen Komponenten eingeleitet werden. Das Reaktionsprodukt bildet dann „Brücken" zwischen den Partikeln. Ein Beispiel: In der Gießereiindustrie werden Sandteilchen mit Wasserglas umhüllt, geformt und durch CO_2-Gas gehärtet.

3.1.4 Erhärtende Bindemittel

Die wichtigste Untergruppe der Festkörperbrücken-Bindung ist diejenige, bei der erhärtende Bindemittel eingesetzt werden. Die Grenze zwischen den Festkörperbrücken aufgrund von chemischen Reaktionen und derjenigen der erhärtenden Bindemittel ist fließend. Um die Bindung über die Eigenschaft der Zugfestigkeit des Agglomerates zu beschreiben, wird von einem Modellfall ausgegangen. Hierzu wird angenommen, daß der die Brücken bildende Feststoff gleichmäßig auf alle Berührungspunkte verteilt ist, und daß an den Koordinationspunkten Brücken mit konstanter Festigkeit gebildet werden. In einem solchen Modell ist der Querschnittsanteil der Brücken festigkeitsbestimmend. Es gilt nach *Debbas* [4, 5], daß in einer Zufallspackung im Mittel der Querschnittsanteil dem Volumenanteil gleich ist. Nach *Pietsch* [7] besteht für die Zugfestigkeit eines Agglomerates mit Festkörperbrücken folgende Beziehung:

$$\sigma_{ZF} = \frac{M_B \rho_T}{M_T \rho_B}(1 - \varepsilon)\sigma_B \tag{3-1}$$

Die Zugfestigkeit σ_{ZF} ist abhängig:

- vom Feststoffvolumenanteil, bezogen auf die Einheit des Agglomerationsvolumens $(1-\varepsilon)$
- von der Zugfestigkeit des brückenbildenden Feststoffes σ_B
- von den Massen des brückenbildenden Feststoffes und der agglomeratbildenden Teilchen M_B und M_T
- von den Dichten beider Feststoffe ρ_B und ρ_T

Diese Gleichung gilt nur, wenn folgende Voraussetzungen erfüllt sind:

- Die durch Zugfestigkeitsprüfung entstehende Bruchfläche darf nur durch die Feststoffbrücken verlaufen (Abb. 3-2).
- Der die Brücken bildende Feststoff muß gleichmäßig verteilt sein.
- Die Festigkeit der brückenbildenden Substanz muß überall gleich sein.

In der Praxis sind diese Voraussetzungen nicht zu erfüllen.

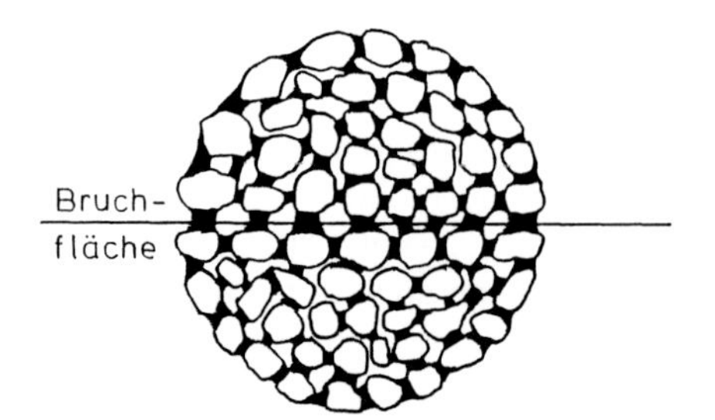

Abb. 3-2. Theoretische Bruchfläche bei einer Zugfestigkeitsprüfung

Die Feststoffbrücken aus erhärtendem Bindemittel können an den Kontaktstellen zu den agglomeratbildenden Partikeln fester sein als die Partikel selbst, so daß die Bruchflächen im Partikel und nicht in der Brücke auftreten. Eine gleichmäßige Verteilung des brückenbildenden Feststoffes ist in der Praxis nicht zu erreichen, da die Feststoffe nicht homogen sind; weder hinsichtlich der Form und Größe noch bezüglich der Oberfläche. Nur bei nahezu gleich großen Kugeln mit gleicher Oberflächenbeschaffenheit könnte eine so geforderte Gleichmäßigkeit in der Verteilung des brückenbildenden Feststoffes möglich sein. Schließlich ist auch eine Konstanz in der Festigkeit der Brücken bei der praktischen Herstellung von Agglomeraten nicht erzielbar. Die Gründe liegen in einer mehr oder weniger großen Inhomogenität des Bindemittels selbst, in dessen Verteilung und geometrischer Anordnung und in den unterschiedlichen örtlichen Bedingungen beim Härten der Agglomerate, z. B. den verschiedenen Wärmezonen beim Trocknen. Trotz dieser Einschränkungen ist die Formel eine gute Möglichkeit, die Arbeit des Praktikers zu unterstützen. So kann die Festigkeit eines Agglomerates dadurch erhöht werden, daß der Anteil des brückenbildenden Feststoffes, also des Bindemittels, erhöht wird. Voraussetzung hierfür ist, daß das Bindemittel selbst eine ausreichend hohe Zugfestigkeit besitzt, und daß die Haftkräfte zwischen dem Bindemittel und den agglomeratbildenden Teilchen groß genug sind.

Bindemittel in Form eines brückenbildenden Feststoffes können nicht in beliebiger Höhe den agglomeratbildenden Teilchen zugeführt werden.

Erstens, weil sie in der Regel teurer sind als die Grundsubstanz, und zweitens, weil ein zu hoher Anteil die chemische Zusammensetzung oder, ganz allgemein gesagt, die Rezeptur verändern würde. Üblich sind Zusätze zwischen 0,5–20%. Eine weitere Möglichkeit zu einer höheren Granulatfestigkeit zu gelangen, besteht darin, ein Bindemittel mit einer hohen Eigenzugfestigkeit zu verwenden. Allerdings tritt diese Eigenschaft hinter derjenigen zurück, die auf den Haftkräften zwischen dem Bindemittel und den agglomeratbildenden Feststoffen beruht. Anders ausgedrückt: Die Grenzflächenvorgänge zwischen Bindemittel und agglomerierendem Stoff sind entscheidend.

3.1.5 Bindung durch Kristallisation gelöster Stoffe

Schubert [10, 12] hat darauf hingewiesen, daß die Kristallisation gelöster Stoffe bei nahezu allen Trocknungsvorgängen eine Rolle spielt. Fast alle Agglomerate werden mit Anteilen von Flüssigkeit hergestellt und anschließend häufig getrocknet.

Da in Gegenwart von Feststoffoberflächen eine absolut reine Flüssigkeit nicht existieren kann, sind in den Flüssigkeiten mehr oder weniger große Anteile an Substanzen gelöst. Außerdem kann die zugesetzte Flüssigkeit selbst gelöste Stoffe enthalten. Die Entstehung von Feststoffkörperbrücken durch Kristallisation ist in der Regel an einen Trocknungsvorgang gebunden. Beim Trocknen werden anfangs die Lösungen konzentriert, und nach und nach verwandeln sich die Flüssigkeitsbrücken durch Kristallisation in Feststoffbrücken; gebildet aus Kristallen. Die Ausbildung der Kristalle ist abhängig von Zeit und Temperatur.

Wenn die Trocknungsgeschwindigkeit gering ist, dann bilden sich ***große*** *Kristalle, die nur wenig zur Festigkeit der Agglomerate beitragen. Umgekehrt entstehen bei einer hohen Trocknungsgeschwindigkeit Feststoffbrücken mit relativ großen Festigkeiten durch* ***kleinere*** *und schlecht formierte Kristalle.*

Pietsch [11] beschreibt das Trocknungsverhalten in der Kornschüttung so:

- Anfangs hängt die Trocknungsgeschwindigkeit von der Temperatur der Luft ab.
- Später wird sie hauptsächlich durch eine Dampfdiffusion bestimmt.

Wenn sich aus der Lösung Kristalle bilden und damit eine Verengung der Kapillarradien eintritt, dann folgt daraus: Kleine Kapillarradien bedingen eine verringerte Trocknungs- und Kristallisationsgeschwindigkeit und begünstigen damit die Bildung großer Kristalle.

Große Kristalle erbringen aber eine geringe Agglomeratfestigkeit.

Daraus folgt, daß die Festigkeit von Agglomeraten, die auf der Bindung durch Kristallisation gelöster Stoffe beruht, mit kleiner werdender Partikelgröße abnimmt. Das ist überraschend, weil sonst die Regel gilt: Je feiner die agglomerierenden Partikel, um so größer ist die Festigkeit der Agglomerate. Die Bestätigung hierfür zeigt Abb. 3-3. Die Zugfestigkeiten sind hier in Abhängigkeit von der Trocknungstemperatur eingetragen. Als Parameter sind verschiedene Körnungen eines Kalksteinpulvers gewählt, deren mittlere Korngrößen zwischen 17 und 76 µm liegen. Die Agglomerate mit den höchsten Festigkeitswerten sind aus der gröbsten Kalksteinfraktion hergestellt worden. Nach einer Trocknung bei 300 °C wurden ca. 2,25 daN/cm^2, gemessen. Für die feinen Körnungen, die in einer Kurve zusammengefaßt wurden, liegen die entsprechenden Werte bei ca. 1,27 daN/cm^2, also deutlich tiefer. Unter Lösungfüllungsgrad ψ soll der anfängliche Flüssigkeitsgehalt verstanden werden. In Abb. 3-4 sind die Beziehungen zwischen dem Lösungfüllungsgrad und der Zugfestigkeit aufgetragen.

Die Kalksteinkörnung blieb bei allen Versuchen konstant. Als Parameter wurden von *Pietsch* [22] die Trocknungstemperaturen gewählt. Zunächst gilt: je höher die

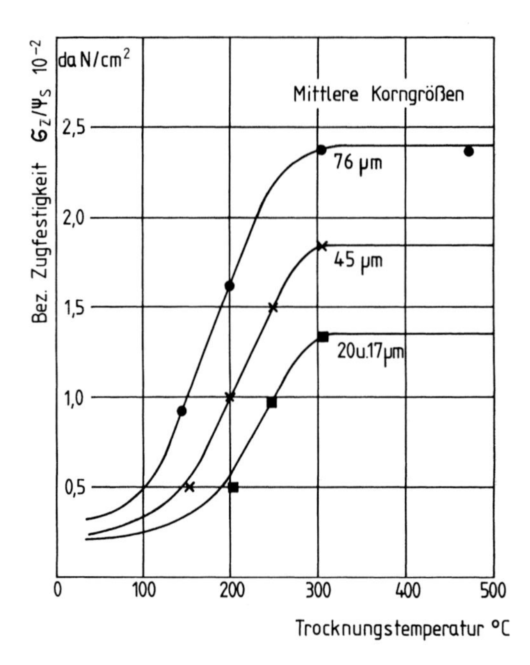

Abb. 3-3. Zugfestigkeit in Abhängigkeit von der Trocknungstemperatur

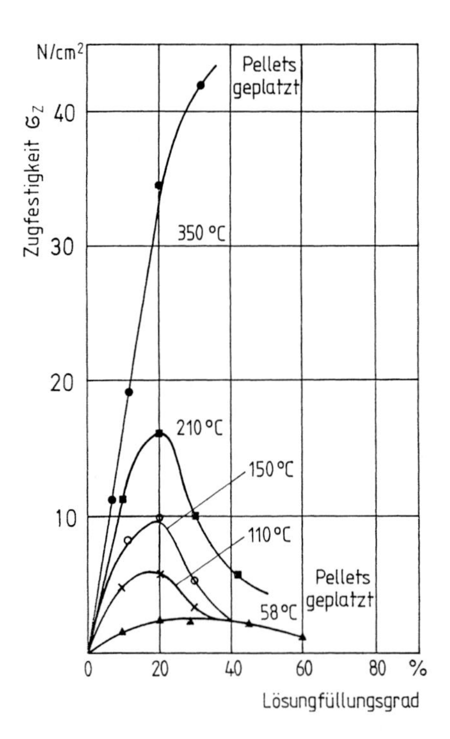

Abb. 3-4. Zugfestigkeit in Abhängigkeit vom Lösungfüllungsgrad

vorausgegangenen Trocknungstemperaturen desto höher die Zugfestigkeit. Durch das Trocknen entstehen an der Oberfläche Krusten und zwar um so stärker, je mehr gelöster Stoff vorhanden ist, also mit steigendem Lösungfüllungsgrad. Beim Trocknungsbeginn spielt die Krustenbildung noch keine wesentliche Rolle; die Festigkeit steigt und erreicht ein Maximum. Von hier an macht sich der Einfluß der Krusten stärker bemerkbar, was in einer verminderten Festigkeit resultiert. Die Krustenbildung verringert die Trocknungs- und Kristallisationsgeschwindigkeit, d. h., es bilden sich größere, für die Festigkeit der Agglomerate nachteilige Kristalle. Bei relativ hohen Lösungfüllungsgraden und entsprechenden Temperaturen und Krustenbildungen können die Agglomerate durch den inneren Dampfdruck aufplatzen.

3.2 Bindung durch freibewegliche Flüssigkeiten

Bindungen dieser Art kommen durch Flüssigkeiten zustande, die eine freibewegliche Oberfläche besitzen und in sich frei beweglich sind. Ein typisches Beispiel hierfür ist Wasser, das in vielen Fällen der Agglomerationstechnik, insbesondere bei der Aufbaugranulation, die Bindung übernimmt. Wie gut Wasser binden kann, wurde schon im Zusammenhang mit dem Bauen von Strandburgen erwähnt. Die Haftung der Körnung untereinander durch freibewegliche Flüssigkeiten kann verschiedenartig sein, je nachdem wie groß der Anteil an Flüssigkeit ist. Hierfür hat *Pietsch* [11] ein Modell entworfen, das in Abb. 3-5 dargestellt ist.

Wenn relativ wenig Flüssigkeit vorhanden ist, werden aufgrund der Kapillarkräfte diskrete, also voneinander getrennte Brücken gebildet (a). Die nächste Darstellung

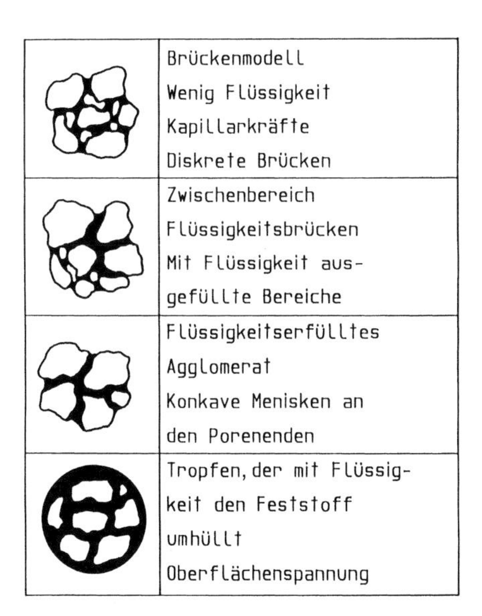

Abb. 3-5. Modell der Bindung durch freibewegliche Flüssigkeiten (nach *Pietsch* [11])

(b) beschreibt einen Zwischenbereich, in dem zu den Bereichen der reinen Brückenbildung solche kommen, die vollständig mit Flüssigkeit ausgefüllt sind. Die Bindung beruht auf Kapillarkräften. In der dritten Darstellung (c) sind die Hohlräume eines Agglomerates restlos mit Flüssigkeit ausgefüllt. Auch hier sind Kapillarkräfte wirksam. An der Oberfläche bilden sich konkave Flüssigkeitsmenisken. Wenn das Agglomerat vollkommen mit der Flüssigkeit umhüllt ist, dann ist es die Oberflächenspannung der Flüssigkeit, die den Zusammenhalt bewirkt (Abb. 3-5, d). Man kann diese Erscheinung auch so beschreiben: Beim Vorhandensein von viel Flüssigkeit entsteht ein mit Feststoffen angefüllter Tropfen. Für die Stärke einer Bindung im Agglomerat durch freibewegliche Flüssigkeiten soll die Zugfestigkeit wiederum ein Maß sein. *Rumpf* [3] hat eine Grundgleichung für die Festigkeit von Agglomeraten aus statistischen Betrachtungen abgeleitet. Sie gilt allerdings nur, wenn die Teilchen des Agglomerates gleich groß und kugelförmig sind. Voraussetzungen, die im praktischen Betrieb selten erfüllbar sind. Für die hier beschriebene Bindung lautet die Gleichung für die Zugfestigkeit σ_Z nach *Rumpf:*

$$\sigma_Z = \frac{1-\varepsilon}{\pi \cdot x^2} kH(x) \tag{3-2}$$

Hierin bedeuten:
ε = Hohlraum des Agglomerates
x = Durchmesser der agglomeratbildenden Teilchen
k = mittlere Koordinationszahl eines Teilchens im Agglomerat
$H(x)$ = Haftkraft.

Die Haftkraft setzt sich bei Flüssigkeitsbrücken nach *Schubert* [12] aus zwei Teilen zusammen:

1. Im Innern der Flüssigkeitsbrücke entsteht bei Benetzung ein kapillarer Unterdruck.
2. An der Berührungslinie fest-flüssig-gasförmig wirkt die Oberflächenspannung in Richtung der Flüssigkeitsoberfläche.

$$H = \alpha x f(\delta, \beta, a/x)$$

α = Oberflächenspannung
δ = Randwinkel der Flüssigkeit am Feststoff
β = halber Zentriwinkel
a = Abstand vom Koordinationspunkt

Die komplizierte Form der Funktion kann unter folgenden Bedingungen vereinfacht werden:

- die Benetzung ist vollkommen ($\delta = 0$)
- alle Partikeln berühren sich ($a/x = 0$)

Mit diesen Prämissen ergibt sich in einem wirklichkeitsnahen Bereich von $10^\circ < \beta < 40^\circ$ ein fast konstanter Wert:

$f(\beta) = 2{,}9 - 2{,}2 \approx 2{,}5$

Für den Ausdruck $k{\cdot}\varepsilon$ kann nach *Smith* [13] näherungsweise der Wert π eingesetzt werden [13].

Mit $f(\beta) \approx 2{,}5$ und $k{\cdot}\varepsilon \approx \pi$ läßt sich die Zugfestigkeit von Agglomeraten, deren Bindung auf diskreten Flüssigkeitsbrücken beruht, mathematisch so definieren:

$$\sigma_{ZB} \approx 2{,}5\,\alpha \frac{1-\varepsilon}{\varepsilon} \frac{1}{x} \tag{3-3}$$

Die Festigkeit von Agglomeraten, die durch Flüssigkeitsbrücken aus freibeweglichen Flüssigkeiten miteinander verbunden sind, ist also

1. der Oberflächenspannung (Kapillarkonstante) der Flüssigkeit direkt proportional,
2. umgekehrt proportional zur Teilchengröße und
3. sie erhöht sich mit geringer werdender Porosität.

Die dritte Darstellung in Abb. 3-5 zeigt ein vollkommen von einer Flüssigkeit erfülltes Agglomerat. In einem solchen Agglomerat entsteht ein kapillarer Unterdruck. Im Vergleich zu diesem Unterdruck sind die Membrankräfte an der Oberfläche klein und können vernachlässigt werden. Aus diesem Grund kann der kapillare Unterdruck P_K näherungsweise der Zugfestigkeit σ_{ZK} gleichgesetzt werden.

$$\sigma_{ZK} \approx P_K$$

Flüssigkeitserfüllte Agglomerate entstehen beispielsweise bei der Herstellung von Agglomeraten durch Rollbewegung – einer Art der Aufbauagglomeration. Die von *Rumpf* und *Herrmann* [14] angegebene Formel hierfür lautet:

$$P_K = a \frac{1-\varepsilon}{\varepsilon}\, \alpha \frac{1}{x} \tag{3-4}$$

Es bedeuten:
a = empirisch ermittelter Faktor zwischen 6 und 8
x = Größe der agglomeratbildenden Teilchen
α = Oberflächenspannung (Kapillarkonstante)
ε = Hohlraumvolumenanteil des Agglomerates

Wie schon bei der Bindung durch Flüssigkeitsbrücken beschrieben, bestehen auch hier mit Ausnahme des Faktors a Korrelationen zwischen der Festigkeit einerseits und der Korngröße, der Oberflächenspannung und dem Hohlraumvolumenanteil des Agglomerates andererseits. Abb. 3-6 zeigt die Zusammenhänge zwischen der Oberflächenspannung einer Granulierflüssigkeit und der Festigkeit der Agglomerate nach *Conway-Jones* [15].

Den Zusammenhang zwischen Teilchengröße und Zugfestigkeit für Agglomerate aus Kalksteinpulver verdeutlicht Abb. 3-7.

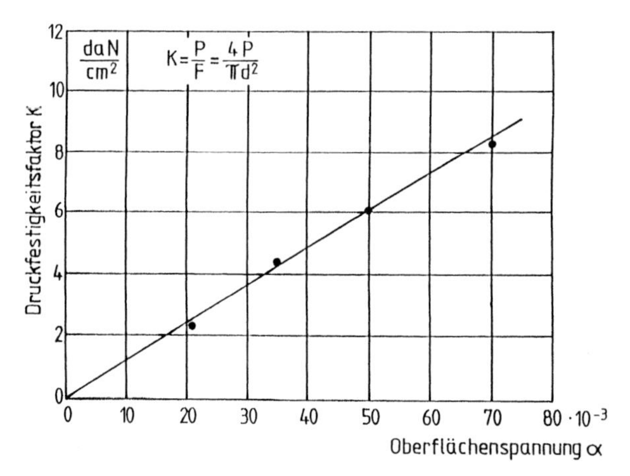

Abb. 3-6. Zusammenhang zwischen der Festigkeit von Agglomeraten und der Oberflächenspannung der Granulierflüssigkeit

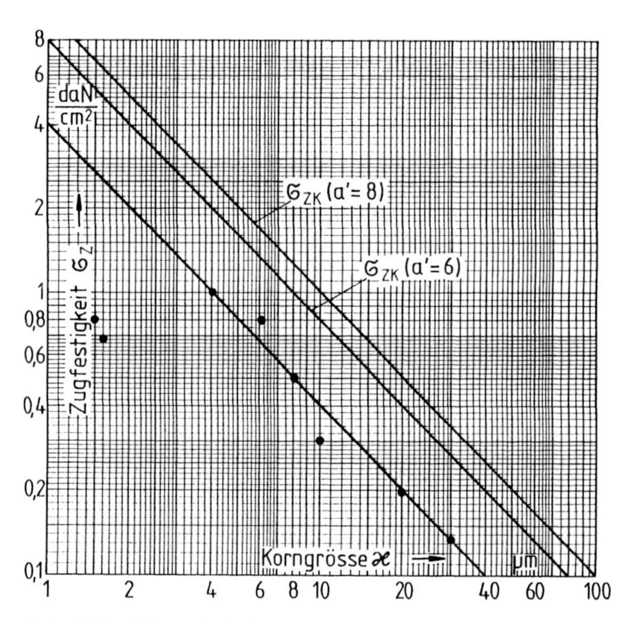

Abb. 3-7. Abhängigkeit der Zugfestigkeit von der Teilchengröße

Die Flüssigkeitserfüllung des Porenraumes lag zwischen 60–80%. Dadurch ist die Abweichung der experimentell bestimmten Kurve von den errechneten zu erklären. Bei den errechneten theoretischen Zugfestigkeiten wurde eine Porosität von $\varepsilon=0{,}35$ angenommen, auf die die experimentell gefundenen Werte umgerechnet wurden. Für eine Korngröße von 20 μm und den Faktor $a=6$ ist eine Zugfestigkeit δ_{ZK1} von 0,41 daN/cm^2 errechnet worden.

Mit $a=8$ ergibt sich $\sigma_{ZK2}=0{,}54$ daN/cm^2.

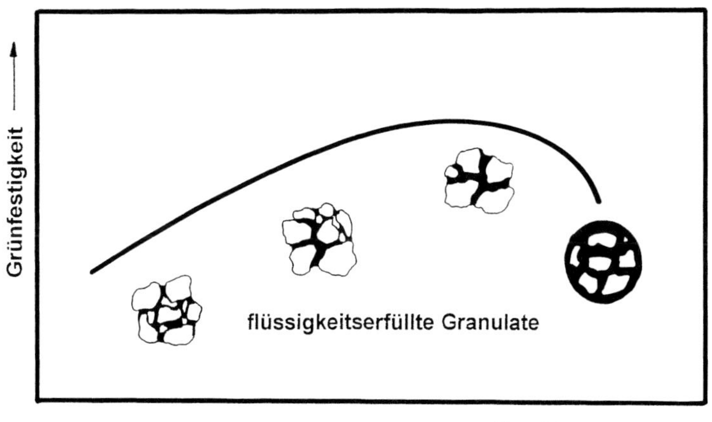

Abb. 3-8. Zusammenhang zwischen der Festigkeit und der Feuchte bei Aufbauagglomeration

Für die Zugfestigkeit von Agglomeraten mit diskreten Flüssigkeitsbrücken gilt unter Verwendung der Werte $\varepsilon = 0{,}35$ und $x = 20$ µm:

$$\sigma_{ZK} = 2{,}5\,a\,\frac{1-\varepsilon}{\varepsilon}\,\frac{1}{x} = 2{,}5 \cdot 0{,}722\,\frac{1-0{,}35}{0{,}35}\,\frac{1}{20} \qquad (3\text{-}4\,\mathrm{a})$$

$$\sigma_{ZK} = 0{,}17\ \mathrm{daN/cm^2}$$

Ein Vergleich der Werte

σ_{ZK1} =0,41 daN/cm^2
σ_{ZK2} =0,54 daN/cm^2
σ_{ZK} =0,17 daN/cm^2

sagt aus, daß die Zugfestigkeit eines flüssigkeitserfüllten Agglomerates etwa das Zwei- bis Dreifache eines durch diskrete Flüssigkeitsbrücken gebundenen Agglomerates beträgt.

Für die Herstellung von Granulaten durch Aufbauagglomeration sind diese mathematischen Beziehungen von großem praktischem Wert. Nur wenn genügend Granulierflüssigkeit verwendet wird, werden ausreichende Festigkeiten der Agglomerate erreicht.

Jedes zu granulierende Material braucht zum Erreichen einer optimalen Grünfestigkeit (Festigkeit der Granulate beim Verlassen des Granuliergerätes) einen bestimmten Flüssigkeitsgehalt. Die Festigkeit einer Bindung nur durch diskrete Flüssigkeitsbrücken reicht im allgemeinen nicht für einen schadlosen Transport aus. Den schematischen Zusammenhang zwischen der Feuchte und der Festigkeit bei Aufbauagglomeraten zeigt Abb. 3-8.

3.3 Bindung durch nicht freibewegliche Flüssigkeiten

Bei einer Bindung durch Brücken aus freibeweglichen Flüssigkeiten wird bei Überlastung diese Kohäsionsbindung nicht zerrissen, sie schnürt sich ein, teilt sich schließlich und an den Partikeln verbleiben zwei Tropfen. Werden zur Bindung *nicht* freibewegliche, sondern zähflüssige Bindemittel verwendet, werden die Kohäsionskräfte im Bindemittel bei einer entsprechenden Beanspruchung bis zum Zerreißen der Brücke genutzt (Abb. 3-9).

Die Kohäsionskräfte eines Bindemittels werden bei nicht freibeweglichen Flüssigkeiten voll genutzt; bei freibeweglichen Flüssigkeiten nicht vollständig. Die Adhäsionskräfte an den Grenzflächen fest – flüssig verhalten sich analog. Daraus folgt, daß die Bindungen mit zähflüssigen Bindemitteln weitaus stärker sind, als diejenigen von freibeweglichen Flüssigkeiten. Ein typischer Vertreter einer nicht freibeweglichen Flüssigkeit ist die Melasse.

Um eine hohe Festigkeit in Agglomeraten zu erreichen, werden nicht freibewegliche Flüssigkeiten eingesetzt; besonders dann, wenn der Verfahrensablauf nach dem Agglomerieren beendet und nicht durch weitere Verfahren, wie Trocknen und Härten, ergänzt wird.

Die zähflüssigen Bindemittel weisen entsprechend ihrer Definition hohe Viskositätswerte auf. Im praktischen Betrieb sind sie nicht einfach zu handhaben. Außerdem sind sie nur schwer durch einen einfachen Mischvorgang an die Oberfläche der zu agglomerierenden Partikeln zu bringen. Deshalb wird die Viskosität

- durch Verdünnung oder
- durch Erwärmung

herabgesetzt.

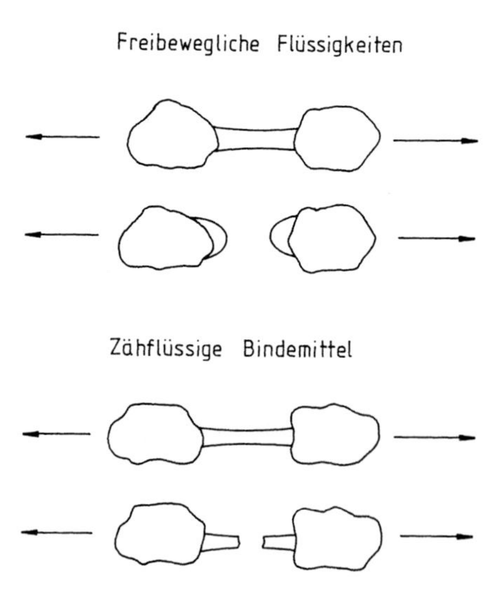

Abb. 3-9. Schematische Darstellung der Kohäsions- und Adhäsionskräfte bei Bindung durch nicht freibewegliche Flüssigkeiten

Um bei dem Beispiel Melasse für eine nicht freibewegliche Flüssigkeit zu bleiben:

- sie kann mit Wasser verdünnt werden; allerdings bedingt diese Maßnahme eine Verminderung der Bindekraft oder
- sie wird vor der Zugabe zu den Feststoffpartikeln erwärmt oder
- beides gemeinsam in einem heizbaren Mischer

Technische Kompromisse müssen der Aufgabe gemäß eingegangen werden. Im Fall der Erwärmung wird zumeist eine Kühlung nachgeschaltet, um den Härtungsprozeß zu beschleunigen. Zu den nicht freibeweglichen Bindemittelbrücken gehören auch dünne Adsorptionsschichten, die aus Wasser bestehen. Wasserschichten, deren Dicke weniger als 3 nm beträgt, übertragen die molekularen Anziehungskräfte von Korn zu Korn. Voraussetzung ist, daß sich die Wasserschichten berühren und durchdringen. Beides kann unter Druck verbessert werden. In Abb. 3-10 ist die Bindung über eine Wasseradsorptionsschicht schematisch dargestellt.

Abb. 3-11 zeigt eine graphische Darstellung von entsprechenden Messungen an gepreßten Agglomeraten mit und ohne Adsorptionsschicht.

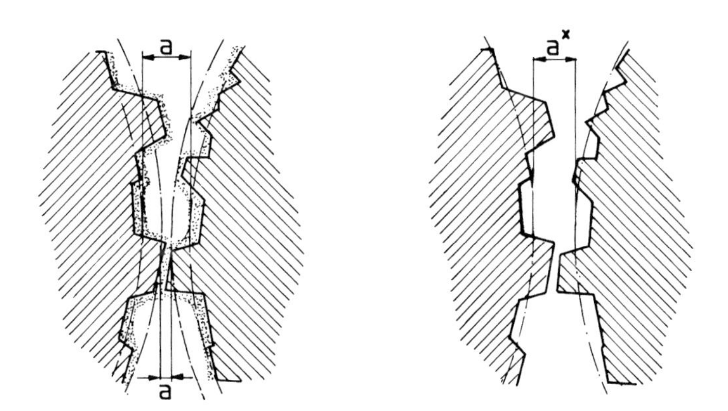

Abb. 3-10. Einfluß von Wasseradsorptionsschichten auf die Festigkeit

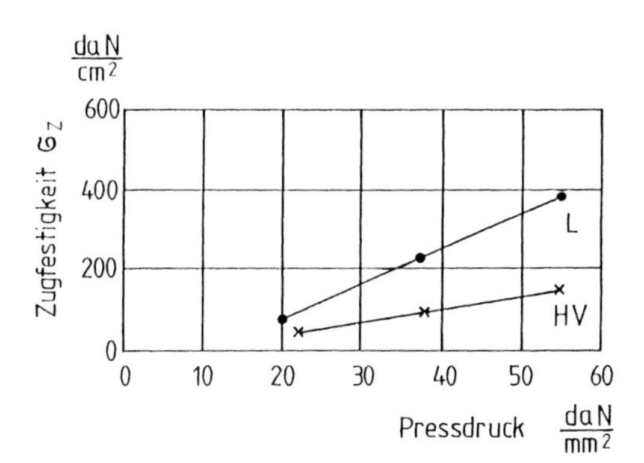

Abb. 3-11. Abhängigkeit der Festigkeit von einer Adsorptionsschicht (L) bei Preßagglomeraten

3.4 Bindung zwischen Feststoffpartikeln

Die Tatsache, daß sich auch ohne stoffliche Brücken Agglomerate aus feinen Partikeln bilden, ist in der verfahrenstechnischen Praxis bekannt. Häufig betrifft sie die unerwünschte Agglomeration, der ein gesonderter Abschnitt gewidmet ist. Es wirken drei *Arten von Kräften* (*Rumpf* und *Herrmann* [14], *Pietsch* [11]):

1. Molekularkräfte: van-der-Waals-Kräfte
2. elektronische Kräfte
3. magnetische Kräfte

Diese Kräfte sind an sehr feine Pulver gebunden.

3.4.1 Molekularkräfte

Molekularkräfte haben eine kurze Reichweite; sie können erst unter weniger als 100 nm stärker wirksam werden. Das Auftreten von molekularen Kräften bei Agglomeraten ist an die Größe der zu agglomerierenden Partikeln gebunden, denn je kleiner die Partikeln, um so größer die Wahrscheinlichkeit der Berührung innerhalb eines bestimmten Bereiches. Bei Partikeln, deren mittlerer Durchmesser in der Größenordnung von einigen 100 nm liegt, können die Molekularkräfte nur an ihren Erhebungen wirksam werden. Fast immer ist es nur eine momentane Bindung, die durch das Eigengewicht der Partikeln wieder zerrissen wird. Die Partikelgröße muß deutlich unterhalb von 100 nm liegen, damit eine dauerhafte Bindung zustande kommen kann. *Meissner* et al.[16] haben darauf verwiesen, daß eine augenblickliche Agglomeration bei Partikeln unter 1 nm aufgrund von van-der-Waals-Kräften eintritt. Für gleich große kugelförmige Partikeln mit einem Durchmesser x und einem Abstand $a<100$ nm gilt für die Haftkraft H nach *Hamaker* [17] basierend auf der Theorie von *London-Heitler* [18]:

$$H = \frac{Ax}{24a^2} \tag{3-5}$$

Die Größe A ist eine Stoffkonstante, die *Overbeck* und *Sparnay* [19] mit 0,0624–0,624 eV angegeben haben.

Für die theoretische Zugfestigkeit von Molekularkräften gilt:

$$\sigma_{ZM} = \frac{1-\varepsilon}{\varepsilon}\frac{A}{24\,a^2}\frac{1}{x} \tag{3-6}$$

In Abb. 3-12 sind Berechnungsbeispiele graphisch dargestellt.

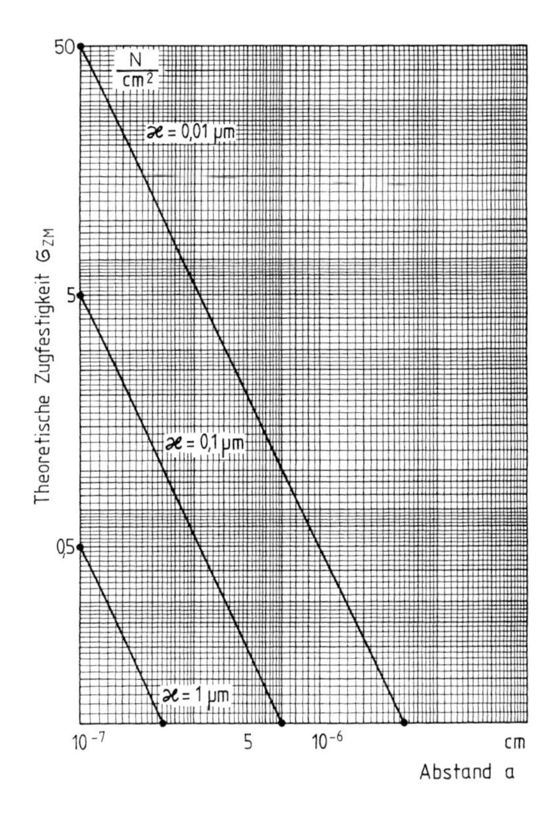

Abb. 3-12. Theoretische Zugkräfte von Molekularkräften bei verschiedenen Abständen der Partikel voneinander

3.4.2 Elektrostatische und magnetische Kräfte

Die bei Bewegungen durch Reibung und Stoß auftretenden elektrischen Ladungen können zu unerwünschten Agglomerationserscheinungen führen. In der Agglomerationstechnik, zur gezielten Herstellung von verkaufsfähigen Produkten, spielen sowohl elektrostatische als auch magnetische Kräfte zur Bindung keine wesentliche Rolle.

3.5 Formschlüssige Bindungen

Formschlüssige Bindungen basieren auf dem Verhaken oder Verfilzen von faserigen oder plättchenförmigen Partikeln, ohne Verwendung eines Bindemittels. Als Beispiel kann man Torf oder Naturgraphite nennen. Naturgraphite aus Madagaskar oder Sri Lanka haben eine ausgesprochene Plättchenstruktur. Man nennt Graphite dieser Provinzen auch Flinzgraphite. Sie lassen sich ohne Bindemittel, nur aufgrund ihrer plättchenförmigen Struktur, zu Agglomeraten verpressen. Torf hat eine faserige Struktur, die beim Agglomerieren durch Pressen eine formschlüssige Bindung bewirkt. Weitere Stoffe dieser Art sind: Asbest, Holzspäne und Holzmehl, Papier, pflanzliche Stoffe verschiedener Art wie Zuckerrohrreste, Baumwollreste, Stroh, Heu u. ä. Beidc Stoffgruppen – die plättchenförmigen und die faserigen – lassen sich durch Pressen zu Agglomeraten formen.

Faserige Stoffe können auch durch eine Rollgranulation unter Zugabe einer Flüssigkeit zu Agglomeraten verarbeitet werden. Da faserige Stoffe durchweg ein hohes Porenvolumen haben, muß viel Granulierflüssigkeit zugesetzt werden. Es sind bei der Verarbeitung von Fasern Flüssigkeitsgehalte im Granulat von über 60% festgestellt worden. Für manche Verfahren kann das von besonderem Vorteil sein, z. B. bei der Verarbeitung von tierischen Reststoffen, besonders bei der Entsorgung und Verwertung von Gülle (Kot und Urin). Die Gülle wird nach dem DELA-Verfahren zu einem vollwertigen organisch-mineralischen Dünger verarbeitet, der zudem noch umweltfreundlich ist, weil er die Belastung der Böden durch die Pflanzennährstoffe Stickstoff, Phosphor und Kalium drastisch senkt [20, 21]. Auch blätterförmige Stoffe lassen sich zu Agglomeraten „aufrollen“. Dann aber ist der Zusatz eines Bindemittels mit hohen Kleb- und Hafteigenschaften notwendig.

3.6 Formelübersicht und Kommentar

In Tab. 3-2 sind alle Bindungsarten bei Agglomerationen in einer Übersicht zusammengestellt. Von den insgesamt sieben aufgelisteten Bindungsarten sind die Zugfestigkeiten von drei Arten mathematisch erfaßbar; jedoch mit der Einschränkung, daß es sich um Modellberechnungen handelt, für die bestimmte Voraussetzungen gelten. Die in Tab. 3-2 aufgeführten mathematischen Beziehungen sind in der Regel an nicht erfüllbare Bedingungen gebunden. Zwei der fünf Bindungsarten lassen keine mathematisch definierbaren Zusammenhänge erkennen. In der praktischen Agglomerationstechnik wird deshalb empirisch gearbeitet, um Erfahrungswerte zu schaffen, mit denen man arbeiten kann, um beispielsweise Massenströme von Betriebsmaschinen zu berechnen. Aus den Erfahrungswerten lassen sich zudem Regeln ableiten, die der Praktiker beherrschen muß, um Aufgaben der Agglomerationstechnik zu lösen. Diese Regeln sind nachfolgenden Kapiteln zu entnehmen.

3.7 Bindemittel

3.7.1 Definition und Allgemeines

Bindemittel sind feste oder flüssige Stoffe, deren Haftkräfte einen Zusammenhalt zwischen Partikeln bewirken. Sie zu verwenden ist dann zwingend, wenn die Haftkräfte und Strukturen der Partikel nicht ausreichen, um Agglomerate zu bilden. Wenn die zuvor beschriebenen Bindungsgruppen nach dieser letzten Aussage untersucht werden, ergibt sich folgendes Regel:

Die Verwendung von Bindemitteln ist bei formschlüssigen Bindungen und bei wirksamen Adhäsionskräften zwischen Feststoffen nicht notwendig.

Bindemittel bewirken Bindungen
- als Festkörperbrücken
- als Brücken aus freibeweglichen und
- als Brücken aus nicht freibeweglichen Flüssigkeiten

Tabelle 3-2. Formelübersicht der Bindungen bei Agglomeraten

Zugfestigkeit	Mathematische Beziehung
Festkörperbrücken	$\sigma_{ZF} = \frac{MB}{MT} \frac{\sigma T}{\sigma B} (1 - \varepsilon) \sigma B$
1. Freibewegliche Flüssigkeiten	Nicht voll erfülltes Agglomerat:
	$\sigma_Z = \frac{1 - \varepsilon}{\pi \cdot x^2} kH(x)$
	$H = a \cdot f(\delta, \beta, a/x)$
	Vereinfachte Form:
	$\sigma_{ZB} \approx 2{,}5\, a \frac{1 - \varepsilon}{\varepsilon} \frac{1}{x}$
2. Freibewegliche Flüssigkeiten	Voll erfülltes Agglomerat:
	$\sigma_{ZK} \approx P_K$
	$P_K = a \frac{1 - \varepsilon}{\varepsilon} a \frac{1}{x}$
Nicht freibewegliche Flüssigkeiten	Mathematisch schwierig erfaßbar; unterschiedliche Haft- und Klebeigenschaften der nicht freibeweglichen Bindemittel
Feststoffpartikel Molekularkräfte	$\sigma_{ZM} = \frac{1 - \varepsilon}{\varepsilon} \frac{A}{24a^2} \frac{1}{x}$
Elektrostatische und magnetische Kräfte	Keine praktische Bedeutung
Formschlüssige Bindungen	Mathematisch schwierig erfaßbar wegen der unterschiedlichen Strukturen der Feststoffe

So sind beim Agglomerieren *zwei Vorgehensweisen* zu unterscheiden:
- Agglomerieren ohne Bindemittel und
- Agglomerieren mit Bindemitteln.

Die erste Gruppe ist klein im Vergleich zur zweiten. Mit anderen Worten: Die Bindemittel spielen beim Agglomerieren eine ganz wesentliche Rolle.

Demzufolge ist der schon zitierte Satz der Praktiker:
„Es lassen sich alle Feststoffe agglomerieren, sie müssen nur fein genug sein."
so zu erweitern:
„... und das geeignete Bindemittel muß verwendet werden."

Hinter vielen Agglomerationsverfahren verbirgt sich als Betriebs-Know-how das *gefundene* oder auch *erfundene* Bindemittel.

3.7.2 Einteilung der Bindemittel

In alphabetischer Reihenfolge sind die bekanntesten Bindemittel in Tab. 3-3 aufgelistet.

Es gibt Vorschläge, Bindemittel in organische und anorganische Bindemittel oder nach *Rieschel* [23] in thermoplastische Bindemittel, wasserlösliche Klebstoffe und wasserlösliche Salze zu klassifizieren. Zweckmäßig erscheint eine Einteilung, die auf die Funktion und auf die stoffliche Beschaffenheit abgestimmt ist. Eine solche Einteilung hat *Pietsch* [24] vorgenommen; er unterscheidet:

A. Matrix-Typ
(Grundmasse-bildend – nicht freibeweglich):

Beispiele:
Kohlenteerpech – Asphalt – Bitumen – Zement – Portlandzement – Carnaubawachs – Paraffin – Ton – Holzteer – Gilsonite.

Bei diesen Typen sind die Partikel in einer Matrix des Bindemittels eingebettet. Man benötigt relativ viel Bindemittel, um die erforderliche Festigkeit der Agglomerate zu erreichen, da eine zusammenhängende Bindemittelmasse zur Festigkeitsbildung notwendig ist.

B. Film-Typ
(Film-bildend – freibeweglich):

Beispiele:
Wasser – Wasserglas – Kunstharz – Leim – Stärke – Gummiklebstoff – Kautschuk – Gummilösung – Bentonit – Tapioka – Glucose – Rohr- und Rübenzucker – Dextrin – Ligninsulfonate – Melasse – Alginate.

Tabelle 3-3. Wichtige Bindemittel

Bentonit	Pech
Bitumen	Soda
Calciumcarbonat und Phosphorsäure	Stärke
Dextrin	Teer
Kalk	Ton
Kunstharz	Wachs
Kunststoffe	Wasserglas
Ligninsulfonate	Wasserglas und Kohlensäure
Melasse und Kalk	Zement
Paraffin	Zucker

Diese Bindemittel werden meistens in Form von Lösungen oder Dispersionen eingesetzt. Neben Wasser werden auch Flüssigkeiten wie Alkohol, Aceton, Tetrachlorkohlenstoff u. a. verwendet.

Agglomerate, die mit diesen Bindemitteln hergestellt werden, besitzen eine geringe Grünfestigkeit. Erst durch eine nachfolgende Trocknung erhalten sie ihre Festigkeit. Wasser als freibewegliche Flüssigkeit kann die Oberfläche eines in Wasser löslichen Stoffes anlösen. Das führt beim nachfolgenden Trocknen zur Kristallisation der gelösten Stoffe und damit zu Bindemittelbrücken zwischen den Partikeln. Bei in Wasser unlöslichen Stoffen wirkt das Wasser aufgrund seiner hohen Oberflächenspannung als Bindemittel.

C. Chemie-Typ
(Chemische Reaktionen – zwei und mehr Komponenten):

Beispiele:
$Ca(OH)_2$ + CO_2
$Ca(OH)_2$ + Melasse
MgO + Fe_3O_4
MgO + $MgCl_2$
Wasserglas + $CaCl_2$
Wasserglas + CO_2

Chemische Bindemittel verdanken ihre Wirkung entweder einer chemischen Reaktion zwischen den Komponenten des Bindemittels oder zwischen dem Bindemittel und den Feststoffteilchen des Agglomerates.

Zwei Beispiele hierfür:
1. Feinteilige Erze werden mit Melasse und Calciumhydroxid als Bindemittel brikettiert. Die Reaktion zwischen Kalk und Zucker führt zu einem festen, wasserunlöslichen Verbund.

2. Magnesiumoxid wird unter Zusatz einer Magnesiumchloridlösung agglomeriert. Durch die chemische Reaktion bilden sich basische Chloride („Magnesiazement" und „Sorelzement").

Viele chemische Reaktionen sind der keramischen Industrie als sogenannte keramische Bindungen bekannt, die beim Brennen der Keramikteile ablaufen. Chemische Bindemittel werden sowohl beim Matrix-Typ als auch beim Film-Typ eingesetzt.

3.7.3 Agglomerieren ohne Bindemittel

Bindemittelloses Agglomerieren kann durch formschlüssige Bindungen und durch Adhäsionskräfte ermöglicht werden. Formschlüssige Bindungen sind von der Struktur des Stoffes abhängig. Adhäsionskräfte wirken nur bei einem hohen Dispersitätsgrad, also nur bei sehr fein zerkleinertem Material. Bindemittellos kann in der Regel nur bei der Preßagglomeration gearbeitet werden. Für das Brikettieren als Teilgebiet der Preßagglomeration geht *Rieschel* [29] davon aus, daß nur solche Stoffe ohne Bindemittel brikettiert werden können, deren Härte nach der *Mohs*schen Härteskala (Tab. 3-4) maximal 3 beträgt.

Weiche Stoffe sind in den Härteklassen 1–3; mittelharte Stoffe in den Klassen 3,5–5 angesiedelt. Stoffe in den darüberliegenden Klassen gelten als hart.

Tabelle 3-4. *Mohs*sche Härteskala

Mineral	Härteklassen nach der Ritzhärte
Talk	1 mit dem Fingernagel ritzbar
Steinsalz	2 mit dem Fingernagel ritzbar
Kalkspat	3 mit dem Messer ritzbar
Flußspat	4 mit dem Messer ritzbar
Apatit	5 mit dem Messer ritzbar
Orthoklas	6 ritzt Fensterglas
Quarz	7 ritzt Fensterglas
Topas	8 ritzt Fensterglas
Korund	9 ritzt Fensterglas
Diamant	10 ritzt Fensterglas

3.7.4 Kriterien zur Auswahl der Bindemittel

Das Hauptproblem bei der Auswahl der Bindemittel besteht darin, aus der Vielzahl von Bindemitteln das für den jeweiligen Verwendungszweck richtige auszuwählen. Die Wahl des Bindemittels kann nicht nur nach der Haft- und Klebkraft erfolgen, sondern muß weitere Kriterien berücksichtigen:

Es muß die Oberfläche der Partikel benetzen. Falls das nicht in ausreichender Form geschieht, muß ein Netzmittel zugesetzt werden. Das trifft z. B. bei Flotationsprodukten zu, weil das an den Teilchen haftende Flotationsöl die Benetzung

Tabelle 3-5. Gesichtspunkte zur Auswahl eines Bindemittels

Kriterien	Merkmale/Beispiele
• Produktverträglichkeit	– Für Lebensmittel: rechtliche Zulassung – Kohleprodukte und kohlenstoffhaltige Binder usw.
• Haft- und Klebkraft	– Benetzbarkeit – Festigkeitsgerüst – Wasserfestigkeit oder gewünschte Auflösung usw.
• Umweltverträglichkeit	– frei von Verunreinigungen – keine umweltfeindlichen Nach- oder Spätreaktionen usw.
• Wirtschaftlichkeit	– Verhältnismäßigkeit – Binder nach Möglichkeit nicht teurer als die Agglomeratsubstanz
• Agglomerationstechnik	Prüfung der Einsetzbarkeit: a) Aufbauagglomeration b) Preßagglomeration

durch Wasser verhindern kann. Das Bindemittel muß den Agglomeraten eine ausreichende Grünfestigkeit verleihen, damit sie transportiert werden können. Als Grünfestigkeit wird die Festigkeit der Agglomerate beim Verlassen der Maschine bezeichnet. Agglomerate, die im Freien gelagert werden, müssen wasserfest sein.

Das Bindemittel darf keine Verunreinigungen enthalten, die die Qualität der Agglomerate mindern. Das gilt besonders für Nahrungsmittel, Pharmazeutika, Futtermittel u. a., aber auch für chemische und mineralische Stoffe, besonders dann, wenn nachfolgende Prozesse durch ein ungeeignetes Bindemittel gestört werden können. Das Lebensmittelrecht sieht eine Reihe von Stoffen vor, die nur beschränkt und begrenzt zugelassen sind. Bei der Auswahl des Bindemittels spielt die Wirtschaftlichkeit eine große Rolle. In der Regel sind Bindemittel teurer als die zu bindenden Stoffpartikeln, weil diese oft als Nebenprodukte anfallen, während das Bindemittel in der Regel ein Hauptprodukt ist. Der bei der Herstellung eines Produktes anfallende Staub ist von geringerem Wert. Ein solcher Stoff soll häufig durch Agglomeration zum Produkt werden. Vom wirtschaftlichen Standpunkt aus dürfen die Kosten der Agglomeration und die für das Bindemittel nicht die Differenz zwischen dem Wert des Produktes und dem Wert des Staubes überschreiten. Wenn das nicht der Fall ist, muß man auf die Agglomeration verzichten, es sei denn, daß Umweltfragen relevant sind. In Tab. 3-5 sind alle Gesichtspunkte zur Auswahl eines Bindemittels zusammengestellt.

3.7.5 Praktische Durchführung von Versuchen zur Bindemittelauswahl

Um ein geeignetes Bindemittel zu finden, werden nach den zuvor genannten Regeln die nicht zulässigen Bindemittel ausgeschieden. Mit den verbleibenden Bindemitteln wird experimentiert. Ein Weg ist die Herstellung von kleinen Formlingen mit einer Handpresse aus verschiedenen Mischungsverhältnissen. Ein anderer und empfehlenswerter Weg ist, den Versuch im Labormaßstab auszuführen. Fast alle Hersteller von Agglomerationsgeräten verfügen über entsprechende Laboratorien.

3.7.6 Gleitmittel

Neben den Bindemitteln spielen die Gleitmittel in der Agglomerationstechnik eine Rolle. Da einige Gleitmittel gleichzeitig als Bindemittel wirken, sind sie im Zusammenhang mit den Bindemitteln zu besprechen. Die Gleitmittel vermindern den Reibungskoeffizienten zwischen der Oberfläche der Agglomerate und den formgebenden Elementen einer Maschine. Außerdem verringern die Gleitmittel die Reibung zwischen den einzelnen Partikeln bei der Preßagglomeration.

Gleitmittel werden fast ausschließlich bei der Preßagglomeration eingesetzt.

Gleitmittel können sowohl flüssig als auch fest sein, Beispiele hierfür sind in Tab. 3-6 zusammengestellt.

Man unterscheidet innere und äußere Gleitmittel. Mittel, die in die zu agglomerierende Mischung eingegeben werden, gelten als innere Gleitmittel. Mit den äußeren Gleitmitteln werden die formgebenden Elemente einer Agglomerationsmaschine besprüht oder belegt: Gesenke, Matrizen, Preßbohrungen, Stempel etc.

Wasser ist sowohl ein Binde- als auch ein Gleitmittel. Als Flüssigkeit bildet es einen Film um die Partikel eines Agglomerats und reduziert so die Reibungskräfte zwischen den Partikeln. Feste Gleitmittel werden dann eingesetzt, wenn höhere Drücke zum Agglomerieren notwendig sind. Manche dieser festen Gleitmittel wirken aufgrund ihrer Schichtgitterstruktur, die ein Verschieben und damit ein Gleiten der Schichten gegeneinander zuläßt. Andere wiederum schmelzen bedingt durch den Druck und die dabei entstehende Reibungswärme. Typische Vertreter für Gleitmittel mit Schichtgitterstruktur sind Talk und Graphit; als schmelzendes Gleitmittel wird oft Wachs eingesetzt.

Tabelle 3-6. Gleitmittel

Flüssige Gleitmittel	Feste Gleitmittel
Wasser	Talk
Schmieröl	Graphit
Glycerin	Stearinsäure
wasserlösliches Öl	Magnesiumstearat
Ethylenglycol	metallische Stearate
Silicone	Molybdändisulfat
	trockene Stärke
	Paraffin
	Wachs

Gleitmittel sind für den Praktiker ein nicht zu unterschätzendes Hilfsmittel. Vom Feuchtigkeitsgehalt eines zu verpressenden Stoffes hängen dessen Preßbarkeit und der Massendurchsatz ab.

3.7.7 Beschreibung von Bindemitteln

Die Vielzahl an Bindemitteln und die verschiedenen Möglichkeiten ihrer Klassifikation sind entweder an ihre Stoffeigenschaften oder an die Qualität ihres Einsatzes (Matrix oder Film) gebunden. Für den Praktiker ist von Bedeutung, welche Agglomerationstechniken einzusetzen sind. Ist beispielsweise die Melasse sowohl für die Aufbauagglomeration, insbesondere für die Rollgranulation, als auch für die Preßagglomeration einzusetzen? Beides ist zu bejahen. Vorrangig allerdings wird das Bindemittel Melasse bei der Preßagglomeration eingesetzt. Unter dem Gesichtspunkt der Verwendbarkeit in der Agglomerationstechnik sollen die wichtigsten Bindemittel in den nachfolgenden Abschnitten besprochen werden. Die Auswahl orientiert sich an der Bedeutung für die Praxis. Beschreibungen von anderen Bindemitteln können beim Hersteller erfragt werden.

Dem Praktiker wird empfohlen, Daten über Bindemittel zu sammeln, die durch eigene Erfahrungswerte, Versuchs- und Betriebsergebnisse ergänzt werden. Oft müssen große Geldmittel für das Auffinden neuer und geeigneter Bindemittel aufgewendet werden, so daß es nützlich ist, über eine Datei für Bindemittel zu verfügen.

3.7.7.1 Bentonit

Bentonit ist ein Verwitterungsprodukt vulkanischer Gesteine und enthält in einem hohen Prozentsatz das Tonmineral Montmorillonit. Bentonit ist ein spezieller Ton. Im Idealfall lautet die Formel für Montmorillonit:

$$(OH)_4Si_8Al_4O_{20} \cdot 11\,H_2O$$

Der in der Natur vorkommende Montmorillonit hat eine komplizierte Formel, da stets ein Teil des Al^{3+} durch Mg^{2+} ersetzt ist. Es handelt sich um ein Dreischichtmineral, wie in Abb. 3-13 dargestellt. Der hohe Anteil an Montmorillonit im Bentonit (70% und mehr) bedingt auch dessen Eigenschaften:

- Ionen-Austauschvermögen
- Thixotropie
- Wasseraufnahmefähigkeit

Das Verhalten der Tonminerale gegenüber Wasser hat *Kirsch* [25] beschrieben. Danach werden drei Arten des an Ton gebundenen Wassers unterschieden, nämlich das Porenwasser, das adsorptiv gebundene Wasser und das Zwischenschichtwasser. Das letztgenannte dringt zwischen die Schichtpakete der Kristallstrukturen

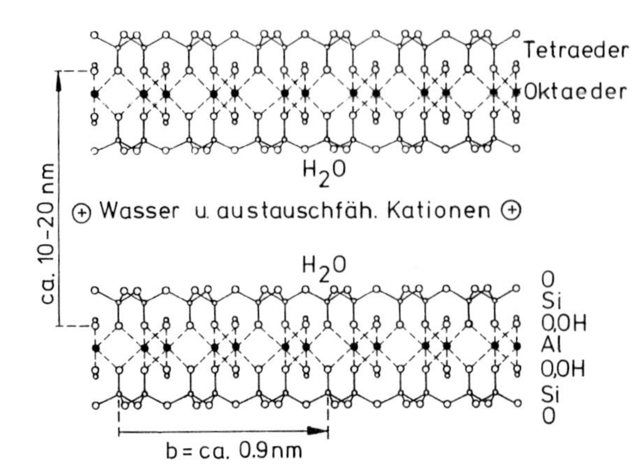

Abb. 3-13. Struktur des Dreischichtminerals Bentonit

ein, weitet sie auf und führt so zu einer sogenannten innerkristallinen Quellung. Besonders die Montmorillonit-Minerale sind zur Aufnahme des Zwischenschichtwassers befähigt. Man bezeichnet diesen Vorgang auch als das Quellvermögen des Bentonits. Manche Bentonite – besonders die aktiven – können auf 600–900% ihres Ausgangsvolumens aufquellen. Man kennt als natürliche Vorkommen Natrium- und Calcium-Bentonit. Letzte zeigen im allgemeinen ein schlechteres Quellvermögen. Solche Bentonite werden mit Soda „aktiviert“, wobei das Calciumion durch das Natriumion des Sodas ersetzt wird (*Koch* [26]). Über die Eignung verschiedener Bentonite für den Einsatz bei der Eisenerz-Pelletisierung haben *Kortmann* und *Mai* [27] ausführlich berichtet. Sie untersuchten, ob mit Hilfe von spezifischen Kennzahlen die Eignung eines Bentonits als Bindemittel für die Eisenerz-Pelletierung vorab festgestellt werden kann. Sie kamen zu dem Schluß, daß in erster Linie der sogenannte Enslin-Wert ein wesentliches Charakteristikum eines Bentonits darstellt. Mit Hilfe dieser Wertzahl kann man sowohl eine erste Beurteilung der Eignung eines Bentonits feststellen als auch eine Kontrolle der laufenden Lieferungen durchführen. Allerdings muß in diesem Zusammenhang darauf hingewiesen werden, daß sich die Relationen, die von *Kortmann* und *Mai* gefunden wurden, auf ein bestimmtes Eisenerzkonzentrat beziehen. Der Enslin-Wert ist eine Kenngröße für das Quellvermögen des Bentonits. *Gründer* [28] hat das Enslin-Gerät beschrieben. Die wesentliche Funktion dieses Gerätes besteht darin, die vom Bentonit aufgenommene Wassermenge zu messen. Der Enslin-Wert wird nach der folgenden Formel berechnet:

$$E_W = \frac{V \cdot 100}{P} \tag{3-7}$$

E_W = Enslin-Wert in %
V = aufgenommene Wassermenge in %
P = Bentonit-Einwaage in g

Tabelle 3-7. Eigenschaften von Bentonit zum Agglomerieren/Pelletieren von Eisenerz (Firmenschrift *Süd-Chemie AG*)

Chemische Zusammensetzung		
SiO_2	57,9%	MgO 5,0%
Al_2O_3	16,2%	Na_2O 3,4%
Fe_2O_3	5,7%	K_2O 0,6%
CaO	3,2%	Gl. V. 7,7% (Glühverlust)
Körnung	**granuliert**	**gemahlen**
>25 mm	0%	–
20–25 mm	max. 2%	–
<0,147 mm	max. 2%	–
<0,06 mm	–	8–12
Rohdichte	1,0 m^3/t	0,75
Wassergehalt	max. 15%	9–11
pH-Wert	9–10	9–10
Enslin-Wert	400–550%	400–550
Pelleteigenschaften		
Eisenerzkonzentrat mit einem Zusatz von 0,7 Gew.% Pelletier-Bentonit		
Pelletfeuchte	%	9
Pelletdurchmesser	mm	10–12,5
Gründruckfestigkeit	kg/Pellet	1,1–1,3
Fallzahl 45 cm	pro Pellet	6–8
Trockendruckfestigkeit	kg/Pellet	4,5–5,5

Die für eine bestimmte Bentonit-Sorte gültigen Enslin-Werte und die weiteren Qualitätsmerkmale können von den Bentonit-Produzenten erfragt werden. Einige typische Eigenschaften zeigt Tab. 3-7.

Bentonit ist ein Naturprodukt und wegen seiner guten Bindeeigenschaften mit Erfolg bei vielen Agglomerationsprozessen verwendbar.

3.7.7.2 Melasse

Bei der Zuckergewinnung aus Zuckerrohr und aus Zuckerrüben fällt als Nebenprodukt die sogenannte Melasse an. Es ist eine sirupähnliche Flüssigkeit, aus der weiter kein Zucker gewonnen werden kann. Rohrzuckermelasse enthält etwa 30–40% Saccharose, die Rübenmelasse ca. 45–50%. In Tab. 3-8 sind die wichtigsten Daten beider Melassen angegeben. Mischfuttermittel für die Ernährung von Tieren können bis zu 10% Melasse enthalten. Hier wirkt die Melasse als Bindemittel, ist aber zugleich ein wertvolles Futtermitel. In der Agglomerationstechnik kann man die Melasse für

Tabelle 3-8. Eigenschaften von Melasse (Firmenschrift *Hansa Melasse*)

Chemische Eigenschaften:	
Gesamtzucker	43–48%
sonstige organische Stoffe	9–12%
Asche	10–15%
Wasser	26–30%
Physikalische Eigenschaften:	
Dichte bei 20 °C	1,45 g/cm^3
Viskosität	3,250–20,300 mm^2/s (je nach Ursprung)
pH-Wert	5–5,5
Löslichkeit im Wasser	gut löslich ab 25–30 °C
thermische Zersetzung	ab etwa 100 °C
Umweltverhalten:	
gefährliche Zersetzungsprodukte:	keine
gefährliche Reaktionen:	keine
Lagerverhalten:	Gärung nur bei Infektion mit Schimmelpilzen bei Wasserzugabe und Wärme
Toxikologisches Verhalten:	nicht giftig

viele Stoffe verwenden: sowohl für die Preß- als auch für die Aufbauagglomeration. *Rieschel* [29] beschreibt die Verwendung von Melasse in Verbindung mit Calciumhydroxid als Bindemittel zur Brikettierung von Eisenschwamm. Durch den Zusatz von Calciumhydroxid zur Melasse wird durch die Bildung von Calciumsaccharaten die Bindekraft erhöht. Da die Reaktion sehr schnell einsetzt, verfügen die Briketts nach dem Verlassen der Presse über ausreichend hohe Festigkeit, um sie zu transportieren und zu lagern. *Rieschel* weist darauf hin, daß die mit einem solchen Bindemittel hergestellten Briketts vor Nässe zu schützen sind. Eine starke Durchnässung führt zu einem Verlust der Festigkeit. Dem Verlust der Festigkeit durch Nässe kann man dadurch begegnen, daß man die Briketts einem Trocknungsprozeß unterwirft. Der Bindungsmechanismus verläuft folgendermaßen: zunächst bilden sich zwischen den einzelnen Partikeln des zu agglomerierenden Stoffes Flüssigkeitsbrücken, die später durch die chemische Reaktion zwischen Melasse und dem Hydratkalk zu einer Festkörperbrücke werden.

Da Melasse ein vergleichsweise preiswertes Bindemittel ist, kann es für viele Zwecke der Agglomeration eingesetzt werden. Weltweit fallen etwa 2 Mio. t an.

3.7.7.3 Wasserglas

Die aus den Komponenten Alkali, Kieselsäure und Wasser in unterschiedlichen Mengenverhältnissen bestehenden Silicatlösungen bezeichnet man als „Wasserglas“. Wasserglas war schon im alten Ägypten bekannt, man benutzte es zur Mumi-

Tabelle 3-9. Chemische und physikalische Daten von Natron- und Kaliwassergläsern (Firmenschrift *Woellner*)

Chemische Daten					
Natronwasserglas	% Na_2O	% SiO_2	% Feststoff	Gew.-Verh. $SiO_2:M_2O$	Mol.-Verh. $SiO_2:M_2O$
37/38	8,0 ± 0,2	26,2 ± 0,5	34,2 ± 0,5	3,28 ± 0,1	3,39 ± 0,1
38/40	8,3 ± 0,4	27,5 ± 0,5	35,8 ± 0,7	3,31 ± 0,1	3,42 ± 0,1
40/42	9,0 ± 0,4	29,0 ± 1,0	38,3 ± 0,7	3,25 ± 0,1	3,30 ± 0,1
48/50	12,6 ± 0,3	32,0 ± 0,3	44,6 ± 0,6	2,55 ± 0,1	2,60 ± 0,1
Kaliwasserglas	% K_2O				
K28	8,2 ± 0,2	20,5 ± 0,5	28,7 ± 0,7	2,50 ± 0,1	3,90 ± 0,1
K35	10,9 ± 0,3	24,0 ± 0,6	34,9 ± 0,7	2,20 ± 0,1	3,45 ± 0,1
K42,5	14,0 ± 0,5	26,0 ± 1,0	40,0 ± 1,0	1,85 ± 0,1	2,90 ± 0,1
Physikalische Daten					
Natronwasserglas		°Be [20 °C]	Dichte [20 °C]	Viskosität [20 °C] mPas	pH-Wert
37/38		37–38	1,34–1,36	70 ± 20	ca. 12,0
38/40		38–40	1,36–1,38	120 ± 30	ca. 12,0
40/42		40–42	1,38–1,40	170 ± 70	ca. 12,0
48/50		48–50	1,505–1,525	1500 ± 1000	ca. 12,5
Kaliwasserglas					
K28		28–30	1,245–1,255	28 ± 10	ca. 11,2
K35		34–36	1,31–1,33	70 ± 40	ca. 11,6
K42,5		40–43	1,38–1,42	60 ± 30	ca. 12,5
45/47 DS	13,25 ± 0,5	27,6 ± 1,0	41 ± 1	2,05 ± 0,05	2,1 ± 0,05
		45–47	1,46 ± 0,01	90 ± 40	ca. 12,5
50/57 DS	15,0 ± 0,5	30,0 ± 1,0	45 ± 1	2,0 ± 0,1	2,05 ± 0,1
		50–52	1,54 ± 0,01	350 ± 150	ca. 12,5

fizierung. *Johann Nepomuck von Fuchs* hat 1825 eine ausführliche Abhandlung über Wasserglas und seine Herstellung veröffentlicht. Zur Darstellung von Wasserglas werden Alkalisilicate durch Schmelzen von reinem Sand mit Soda (Natron-Wasserglas) oder mit Pottasche (Kali-Wasserglas) bei Temperaturen von 1300–1500 °C erzeugt. Die abgekühlten Schmelzen, die man als „Stückgläser" bezeichnet, werden unter Druck in rotierenden Lösetrommeln in Wasser gelöst. So erhält man farblose Lösungen, die nach der Filtration als flüssige Wassergläser gehandelt werden.

Tabelle 3-10. Chemische und physikalische Daten der Betol-Gruppe (Firmenschrift *Woellner*)

Betol	% Me_2O	% SiO_2	% Feststoff	Gew.-Modul $SiO_2:Me_2O$	Mol.-Modul $SiO_2:Me_2O$
39 T 1	8,3 ± 0,3	27,5 ± 0,5	35,9 ± 0,5	3,30 ± 0,1	3,40 ± 0,1
39 T 3	8,3 ± 0,3	27,5 ± 0,5	35,9 ± 0,5	3,30 ± 0,1	3,40 ± 0,1
48 T 3	14,3 ± 0,2	28,6 ± 0,5	43 ± 0,7	2,0 ± 0,1	2,05 ± 0,1
50 T	12,7 ± 0,2	31,7 ± 0,5	44 ± 0,7	2,50 ± 0,02	2,58 ± 0,02
50 T 1	12,7 ± 0,2	31,7 ± 0,5	44 ± 0,7	2,50 ± 0,02	2,58 ± 0,02
50 T 3	12,7 ± 0,2	31,7 ± 0,5	44 ± 0,7	2,50 ± 0,02	2,58 ± 0,02
5020 T 1	18,5 ± 0,3	30,0 ± 0,5	48,5 ± 1,0	1,62 ± 0,05	2,58 ± 0,08
39 T 1	1,37 ± 0,01		100 ± 30		ca. 12
39 T 3	1,37 ± 0,01		100 ± 30		ca. 12
48 T 3	1,515 ± 0,015		ca. 250		ca. 12,5
50 T	1,51 ± 0,01		ca. 100		ca. 12,5
50 T 1	1,51 ± 0,01		ca. 100		ca. 12,5
50 T 3	1,51 ± 0,01		ca. 100		ca. 12,5
5020 T 1	1,53 ± 0,01		ca. 225		ca. 15,5
	Dichte (20 °C) 9/cm^3		Viskosität (20 °C) m Pa·s		pH-Wert

Anmerkung: Je höher der T-Index desto besser die Benetzung des zu agglomerierenden Gutes durch die Spezialwassergläser der Betol-Gruppe

Für die Agglomerationstechnik werden im allgemeinen Wassergläser aus Silicaten von Natrium und Kalium verwendet. Die chemischen und physikalischen Daten von Natron- und Kaliwassergläsern sind in Tab. 3-9 zusammengefaßt.

Die Charakterisierung der Wassergläser erfolgt durch die in der Lösung befindlichen Gesamtstoffe. Die Viskosität der Wasserglaslösung ist von den Faktoren Konzentration und Temperatur sowie von dem Verhältnis SiO_2 zu M_2O abhängig. Sie nimmt mit steigendem Feststoffgehalt zu. Wasserglas ist keine einheitliche chemische Verbindung, sondern ein Gemisch aus verschiedenen Silicaten, für das sich also auch keine genaue chemische Formel angeben läßt. Man beschreibt Wassergläser unter anderem durch das Verhältnis von Kieselsäure zu Alkalioxid ($SiO_2:M_2O$, wobei M für ein Alkalimetall steht). Nach *Gettwert* [30] sind die Wasserglaslösungen durch die Mengenverhältnisse von Kieselsäure (SiO_2) zu Alkalioxid (M_2O), dem sog. Gewichtsmodul, und durch ihre Dichte definiert. Die Dichten werden in der Bundesrepublik Deutschland in °Baumé [°Bé] und in Großbritannien in °Twaddle [°Tw] angegeben. Wasserglas – ein Silicat der Alkalimetalle – ist wasserlöslich. Die im Handel befindlichen Wassergläser enthalten einen mehr oder weniger großen Anteil an Wasser (Tab. 3-9 und 3-10).

Für Wasserglas bestehen viele Anwendungsmöglichkeiten: Papier- und Pappindustrie, Baustoffindustrie, Feuerfestindustrie, Gießereiindustrie usw.

Weitere Analysendaten stellen die im Bezugsquellenverzeichnis aufgeführten Hersteller von Wasserglas zur Verfügung.

Gettwert [32] beschreibt die Alkalisilicate in einer Jubiläumsschrift.

Da Wasserglas wasserlöslich ist, bedeutet das für den praktischen Betrieb der Agglomeration, daß die Viskosität den Bedürfnissen bei der Agglomeration angepaßt werden kann. Um eine Bindung der Partikel durch Festkörperbrücken und damit eine geforderte Festigkeit der Agglomerate zu erreichen, genügt oft eine 5- oder 10%ige Lösung.

Für den Praktiker: Wasserglasgebundene Agglomerate müssen gehärtet werden (Rieber und Gettwert [31]).

Hier gibt es eine Vielzahl von Möglichkeiten, von denen die wichtigsten sind:

- Härtung an der Luft durch Einwirkung von Kohlendioxid
- Härtung durch Trocknen
- Härtung durch chemische Zusätze

Um eine schnellere Aushärtung zu ermöglichen, muß entweder nach dem Herstellen der Agglomerate getrocknet oder es müssen chemische Stoffe zugesetzt werden. Wie bei der Melasse kann man auch hier Hydratkalk als Zusatzstoff verwenden. Natronwasserglas erweicht bei Temperaturen um 600 °C und beginnt im Temperaturbereich zwischen 730 und 900 °C zu fließen. Bei bestimmten Anwendungsgebieten, z. B. bei der Herstellung von Eisenschwammbriketts, ist ein derartiges Temperaturverhalten von Vorteil, um eine gleichmäßige Bindemittelverteilung zu erzielen. In der Arbeit von *Rieschel* (29)ist auf die Verwendung von Wasserglas als Bindemittel zum Brikettieren hingewiesen worden.

Wasserglas als Bindemittel kann sowohl für die Roll- als auch für die Preßgranulation eingesetzt werden. Die Handhabung von Wasserglas ist problemlos. Wie bei allen Bindemitteln, die man zur Agglomeration einsetzen will, sollte man vor deren Verwendung von den Lieferanten die entsprechenden Sicherheitsdatenblätter anfordern, um hier genaueres über Handhabung, Transport, Lagerung und eventuelle Gefährlichkeiten zu erfahren.

Es ist erforderlich, Wasserglas frostfrei zu lagern. Das Gefrierverhalten flüssiger Wassergläser hängt stark vom Modul und von der Konzentration ab. Sie „kristallisieren" schon bei 0 bis –3 °C, wenn der Modul hoch ist. Hierbei kann es zu Entmischungen kommen. Wassergläser mit einem Modul unter 2,7 „kristallisieren" erst bei Temperaturen unterhalb von –7 bis –13 °C. Agglomerate mit Wasserglas als Bindemittel sind selbst nach einem Trocknungsvorgang nur zeitlich begrenzt lagerfähig, weil die durch das Trocknen gebildete glasige Masse nicht wasserfest ist. Eine Wasserfestigkeit der Agglomerate läßt sich nur durch eine chemische Härtung erreichen. Hierfür eignen sich eine Reihe von Stoffen, wobei für den Praktiker nur die technischen Produkte von Interesse sind: Portlandzement, Hochofenzement, Kalk, Kreide, Ziegelmehl u. a.

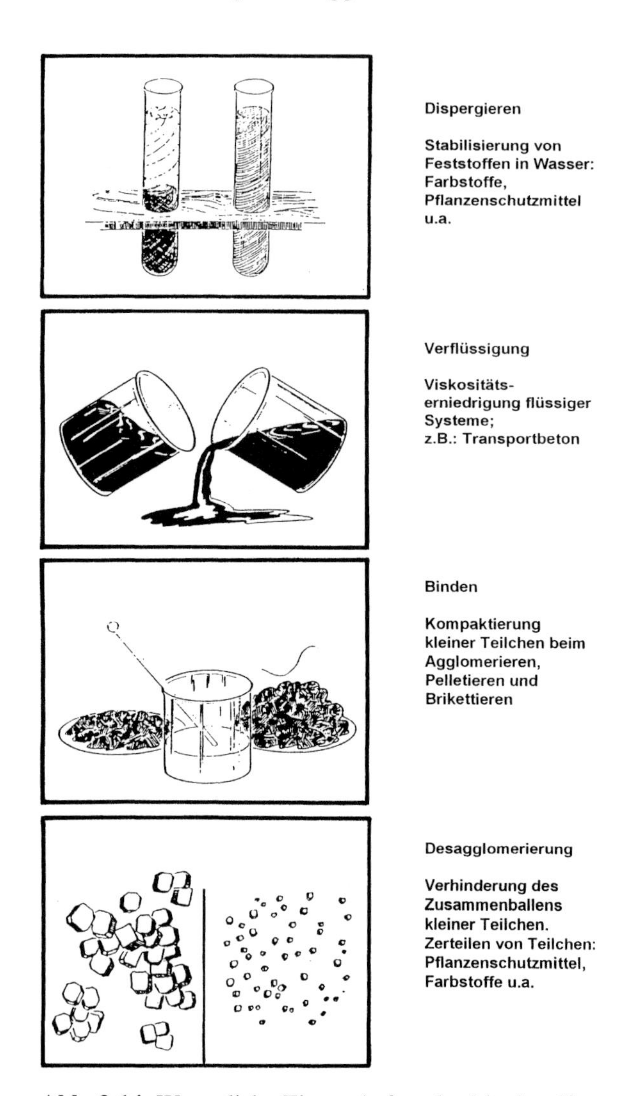

Abb. 3-14. Wesentliche Eigenschaften der Ligninsulfonate (Firmenschrift *Lignin-Chemie*)

3.7.7.4 Ligninsulfonate

Bei der Zellstoffgewinnung aus Holz und bei der Holzverzuckerung fallen als Nebenprodukte die technischen Lignine an. Von den verschiedenen Aufschlüssen des Holzes ist in diesem Zusammenhang der Sulfitaufschluß von Bedeutung; er macht etwa 20% aller Holzaufschlüsse aus. Die bei dem Verfahren aus dem Kocher kommende „Urlauge“ wird als Sulfitablauge bezeichnet. Ein Teil der anfallenden Sulfitablauge wird im Zellstoffwerk verbrannt, der andere veredelt und modifiziert. Es entstehen flüssige und pulverförmige Ligninsulfonattypen (Tab. 3-11). Aufgrund ihrer verschiedenartigen Eigenschaften (Abb. 3-14) können die Lignin-

Tabelle 3-11. Veredelte und modifizierte, flüssige und pulverförmige Ligninsulfonat-Typen (Firmenschrift *LignoTech*)

Ligninsulfonat-Typ	Handelsnamen
Calcium-Ligninsulfonat: zuckerhaltig, entzuckert, zuckerfrei, gereinigt, modifiziert	BORREMENT
Natrium-Ligninsulfonat: entzuckert, zuckerfrei, gereinigt, modifiziert	BORRESPERSE
Ammonium-, Eisen-, Magnesium-, Aluminium-Ligninsulfonat: zuckerhaltig, entzuckert, gereinigt, modifiziert	BORRESPERSE
Calcium-, Magnesium-, Ammonium-, Natrium-Ligninsulfonat: (Sondereinstellungen) zuckerhaltig, entzuckert	BORREKOL
Spezialveredelte Ligninsulfonate (Pulver): für die Lederherstellung	WANIN

sulfonate vielseitig verwendet werden: zum Dispergieren, Verflüssigen, Desagglomerieren und Binden.

Dem Sulfitaufschluß gemäß werden Ca-, Mg-, NH_4- und Na-Ligninsulfonate hergestellt.

Eine typische Durchschnittsanalyse eines Ca-Ligninsulfonates zeigt Tab. 3-12. Ligninsulfonate sind in Wasser leicht löslich; aber sie sind unlöslich in Lösungsmitteln, die mit Wasser nicht mischbar sind.

Die für die Agglomerationstechnik wesentliche Eigenschaft der Ligninsulfonsäure und ihrer Salze ist deren Binde- und Klebkraft; deshalb werden die Ca- und Mg-Ligninsulfonate als Bindemittel eingesetzt.

Die Art der Bindungen der Ligninsulfonate ist temperaturabhängig:

- Kaltklebrigkeit ca. 20 °C
- Grünstandfestigkeit organischer oder anorganischer Agglomerate ca. 20 °C
- Chemische Bindungen der Agglomerate bei Temperaturen zwischen 100–240 °C
- Kohlenstoffbindungen bei Temperaturen zwischen 240–650 °C

Ligninsulfonate werden sowohl in flüssiger Form als auch in Pulverform geliefert. Der Gehalt an Trockensubstanz (TS) liegt zwischen 40–60%. Es ist eine dunkelbraune, viskose Flüssigkeit. Das Pulver ist rieselfähig und in Wasser löslich. Die Schüttdichte liegt bei ca. 500 kg/m^3. Ligninsulfonate sind untoxisch und deshalb auch als Pelletierhilfsmittel für Futtermittel zugelassen.

Tabelle 3-12. Durchschnittsanalysen eines Ca-Ligninsulfonates

Flüssige, 50%ige Lösung				
spez. Gewicht	g/ml	1,24	–	1,28
Dichte	°Be bei 20 °C	28,00	–	32,00
Viskosität	mPas bei 20 °C	500	–	2500
Gips	Gew.%	0,10	–	1,00
Acidität	pH	3,50	–	5,00
Pulver-reduzierende				
Substanzen	% bez. auf TS	6,00	–	15,00 [a]
Hexosen	% bez. auf TS		bis	2,50
Pentosen	%		bis	9,00 [b]
Asche bei 800 °C	%	8,00	–	14,00 [b]
Calciumoxid	% bez. a. Asche	35,00	–	45,00
Calciumsulfat	% bez. a. Asche	40,00	–	50,00
Calciumcarbonat	% bez. a. Asche	2,00	–	10,00
Sulfatasche	%	16,00	–	22,00 [b]
Kohlenstoff	% C		ca.	42,00 [b]
Wasserstoff	% H		ca.	5,00 [b]
Schwefel	% S	4,00	–	7,00 [b]
Calcium	% CaO	6,00	–	9,00 [b]
Stickstoff	% N		bis	0,80
Magnesium	% MgO		bis	0,10
Natrium	% Na_2O		bis	0,10 [b]
Kalium	% K_2O		bis	0,20 [b]
Eisen	% Fe_2O_3		bis	0,06 [b]
Methoxylgehalt	% OCH_3	6,00	–	10,00 [b]
Phen. Hydroxylgehalt	% OH bez. auf org. Substanzen	1,00	–	2,00
Ligningehalt	%	50,00	–	70,00 [b]
Mol.-Gew.-Distribution	% 2000–30 000	80,00	–	95,00
Trockengehalt	bei 103 + 2 °C	92,00	–	96,00
Oberflächenspannung	5%ige Lösung dyn/cm	55,00	–	58,00
Löslichkeit	% im Wasser		ca.	100,00
Schüttgewicht	kg/m^3		ca.	500,00
Farbe		hellbraun	–	braun
Geruch		karamelartig		

[a] TS = Trockensubstanz bei 130 + 2°C
[b] bezogen auf TS

Literatur zu Kapitel 3

[1] Rumpf, H.: Chemie-Ing.-Technik 30. Jahrg. (1958), Nr. 3, S. 144–158
[2] Rumpf, H.: Staub, Bd. 19 (1959), Nr. 6, S. 150–160
[3] Rumpf, H: In W. A. Knepper „Agglomeration", Int. Symp. Philadelphia, Pa. (1961), S. 379–418
[4] Debbas, S., Rumpf, H.: Chem. Engng. Sci. Bd. 21 (1966), S. 583–607
[5] Debbas, S.: Dissertation TH Karlsruhe (1965)
[6] Pietsch, W., Rumpf, H.: Comterendu de Coll. Int. Du CNRS, Phenomenes de Transp. Avec Changement de Phase dans les Milieux porex ou colloidaux, Paris, 18.–20. 4. 1966
[7] Pietsch, W: Dissertation TH Karlsruhe (1965)
[8] Rumpf, H.: Grundlagen und Methoden des Granulierens; Chemie-Ing.-Technik 30. Jahrg. (1958), Nr. 5, S. 329–336
[9] Späth, W.: Fließen und Kriechen der Metalle; Metall-Verlag, Berlin (1955)
[10] Schubert, H.: Chemie-Ing.-Technik 51. Jahrg. (1979), S. 266
[11] Pietsch, W.: Einfluß der Verkrustung auf Trocknung kapillarporöser Körper; Staub-Reinhalt. Luft 27. Jahrg. (1967), Nr. 2, S. 64
[12] Schubert, H.: Haftung zwischen Feststoffteilchen aufgrund von Flüssigkeitsbrücken; Chemie-Ing.-Technik 46. Jahrg. (1974), Nr. 8, S. 333
[13] Smith, U. W.: In E. Manegold „Kapillarsysteme" , Bd. 1, S. 294
[14] Rumpf, H., Herrmann, W.: Eigenschaften, Bindungsmechanismen und Festigkeit von Agglomeraten; Aufbereitungs-Technik (1970), Nr. 3, S. 117
[15] Conway-Jones, J. M.: Ph. D. Thesis, University of London (1957)
[16] Meissner, H. P., Michaels, A. S., Kaiser, R.: I & EC Proc. Design Development Bd. 3, (1964), S. 197–201
[17] Hammaker, H. C.: Physica Bd. 4 (1937), Nr. 10, S. 1058–1072
[18] London, F.: Trans. Faraday Soc. Bd. 33 (1937), S. 8–26
[19] Overbeck, J. Th. G., Sparnay, M. J.: Discuss. Faraday Soc. Bd. 18 (1954) Nr. 12, S. 12–23
[20] Heinze, G.: „Umweltgerechte Verwertung von Gülle", Handbuch der tierischen Veredlung, Verlag H. Kamlage (1992)
[21] Heinze, G.: „Gülle – ein Wirtschaftsprodukt", Wirtschaftliche Tierproduktion (1991), Nr. 3, Verlag H. Kamlage
[22] Pietsch, W.: Die Festigkeit von Granulaten mit Salzbrückenverbindungen und ihre Beeinflussung durch das Trocknungsverhalten; Aufbereitungs-Technik (1967), Nr. 6, S. 297
[23] Rieschel, H.: Zur Anwendung der Brikettierung in der chemischen Industrie; CZ-Chemie-Technik 3. Jahrg. (1974), Nr. 7, S. 259–264
[24] Pietsch, W.: Roll Pressing Monographs in Powder Scienec and Technology; Heyden, London New York Rheine (1976)
[25] Kirsch, H.: Technische Mineralogie; Vogel-Verlag, Würzburg
[26] Koch, D.: Bentonit als Bindemittel zur Agglomerierung; VDI Bildungswerk Seminar „Verfahrenstechnik des Agglomerierens" München (1989)
[27] Kortmann, H., Mai, A.: Untersuchungen über die Eignung verschiedener Bentonite für den Einsatz bei der Eisenerzpelletierung; Aufbereitungs-Technik 11. Jahrg. (1970), Nr. 5, S. 251–256
[28] Gründer, W.: Aufbereitungskunde, Bd. 2, Goslar, Hermann Hübner Verlag (1957), S. 432

[29] Rieschel, H.: Gegenwärtiger Stand der Eisenschwammbrikettierung unter Berücksichtigung der Bindemittelauswahl; Stahl und Eisen (1980), Nr. 24
[30] Gettwert, G.: „Bindemittel zum Agglomerieren"; VDI Bildungswerk Seminar „Verfahrenstechnik des Agglomerierens" München (1989)
[31] Rieber, W., Gettwert, G. Mdl. Mitt. (1988/1989)
[32] Gettwert, G.: „Alkalisilikate", Jubiläumsschrift der Woellner-Werke (1996)

4 Eigenschaften der Agglomerate und deren Prüfmethoden

Jede Agglomerationsaufgabe ist mit Zielvorstellungen über die Eigenschaften der Produkte verbunden.

Die Auswahl eines bestimmten Agglomerationsverfahrens ist eng mit den gewünschten Eigenschaften verknüpft.

Die Stoffgrößen des Ausgangsmateriales sind so vielseitig, daß eine Aussage über die Eigenschaften des fertigen Agglomerates selten vorher gemacht werden kann.

Die ersten Ergebnisse der quantitativen Eigenschaftsbestimmungen an den Agglomeraten, können unter Umständen die Wahl eines anderen Agglomerationsverfahrens oder die Verwendung eines anderen Bindemittels erzwingen.

4.1 Größe

Wie man von fast allen Dingen eine Vorstellung und insbesondere eine Größenvorstellung hat, so hat man diese auch von den Agglomeraten. Hier ist es meist eine Frage der persönlichen Fachrichtung oder des eigenen Interessengebietes. Pharmazeuten, Chemiker und Nahrungsmitteltechniker denken an Größen bis zu 20 mm. Durch das Pressen können sehr große Ausmaße erreicht werden, z.B. bei Graphit-Elektroden für die Lichtbogenöfen in Stahlwerken. Tab. 4-1 macht einen Versuch, die Größen beim Agglomerationsverfahren einzugrenzen.

Tabelle 4-1. Korngrößen von Agglomeraten

Agglomerationsverfahren	Korngröße
Aufbauagglomeration	0,1 – 30 mm
Durchmesser im Mittel	3 – 10 mm
Preßagglomeration	0,1 – 100 mm
Durchmesser im Mittel	4 – 80 mm

4.2 Kornspektrum

Das Kornspektrum der Agglomeration ist mit dem Herstellungsprozeß verbunden.

Granulate aus der Aufbauagglomeration haben ein weiteres Kornspektrum als solche aus der Preßagglomeration, wenn man an Pellets und Briketts denkt. Allerdings gibt es auch Preßagglomerationsverfahren, bei denen ein weites Kornspektrum anfällt; beispielsweise bei der Verwendung bestimmter Wälzdruckmaschinen (siehe Abschnitt 6.2.1). Bei der Aufbauagglomeration ist das Kornspektrum von der Art der verwendeten Maschine oder des Apparates abhängig. Die einfachste Methode, um die Größe und das Kornspektrum meßtechnisch zu erfassen, ist neben dem Messen der geometrischen Form die Anfertigung einer Siebanalyse. Bei fast allen Agglomerationsverfahren legt man Wert auf ein enges Kornspektrum.

4.3 Form

Die äußere Form eines Agglomerates läßt in den meisten Fällen auf das Agglomerationsverfahren schließen, mit dem gearbeitet wurde.

Bei der *Aufbauagglomeration* entstehen Kugeln. Die Kugelform hat keine abriebgefährdeten Kanten und könnte deshalb die Idealform sein, um niedrige Abriebwerte einzuhalten. Das entspricht nicht der praktischen Erfahrung, weil neben der äußeren Form des Agglomerates die inneren Bindungskräfte entscheidend sind. Durch die *Preßagglomeration* können sehr unterschiedliche Agglomeratformen erzeugt werden: Zylinder, bei denen der Durchmesser kleiner ist als die Länge; Zylinder mit größerem Durchmesser als die Länge (Tabletten); Würfel, Prismen, Ringe und andere geometrische Formen, aber auch unregelmäßige Formen (Schülpen). Schülpen sind Produkte einer Kompaktionsmaschine: durch zwei gegenläufige Walzen wird das Material hindurchgepreßt. In der Draufsicht sind sie unregelmäßig; in der Vorder- und Seitenansicht regelmäßig. Die Form kann für manche Anwendungszwecke von entscheidender Bedeutung sein. Vor Beginn einer Aufgabenlösung sollten Verwendung und Form überprüft werden. Vielfach spielt es keine Rolle, ob ein Agglomerat kugelförmig oder zylindrisch ist, wenn nur die Agglomeratgröße ein Limit nicht überschreitet. Und doch gibt es Beispiele aus der Praxis, bei denen *keine* gründlichen Überlegungen zum Thema Anwendung und Herstellungsart erfolgten und zum Verkaufsflop führten. Hier ist ein Beispiel: Durch Aufbaugranulation hergestellte Katzenstreu verführte die Katzen, damit zu spielen, anstatt sie zu benutzen.

4.4 Festigkeit, Härte und Abrieb

Die üblicherweise im Zusammenhang mit Agglomeraten genannten Begriffe Festigkeit und Abrieb müßten noch um den Begriff Härte erweitert werden, um den Grad der Bindung der Einzelpartikel in einem Agglomerat zu charakterisieren.

Die Prüfwerte der Festigkeit, der Härte und des Abriebs sind Zahlen, mit denen das Verhalten eines Agglomerates bei der Handhabung beurteilt werden kann.

Die *Festigkeit* kann nach verschiedenen Methoden und mit verschiedenen Apparaten gemessen werden. Demzufolge werden unterschieden: Druckfestigkeit, Biegefestigkeit, Scherfestigkeit, Fallfestigkeit, Prallfestigkeit und Zugfestigkeit (Abb. 4-1).

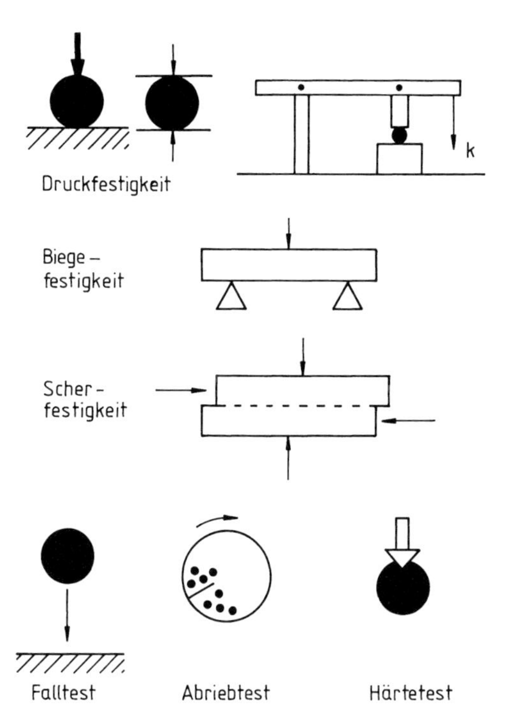

Abb. 4-1. Schematische Darstellung von Festigkeitsmeßmethoden

Rumpf [1] hat vorgeschlagen, für vergleichende Untersuchungen die Zugfestigkeit zu benutzen. Darunter ist die auf den Pelletquerschnitt bezogene Zerreißkraft zu verstehen. Allgemein läßt sich formulieren: Wirkt auf ein Agglomerat eine Kraft ein, die zur Trennung seiner Teile führt, so wird diese Kraft einen Widerstand überwinden müssen, den das Agglomerat aufgrund seiner Festigkeit der Beanspruchung entgegenstellt. Die allgemeine Definition für *Härte* lautet: Härte ist der mechanische Widerstand fester Körper, den sie anderen beim Eindringen entgegensetzen. So gibt es eine Reihe von Prüfmethoden, bei denen harte Gegenstände, z. B. Diamantenspitzen, in die Oberfläche eines Körpers eindringen. Besonders gilt dieses für die *Brinell*härte und *Vickers*härte. Weitere Prüfverfahren arbeiten nach anderen Prinzipien: Rückprallhärte, Schlaghärte, Schleifhärte u. a. Nach *Gründer* [2] hängt das Zerkleinerungsverhalten der Körner von ihrer physikalischen Beschaffenheit ab, wobei Härte, Spaltbarkeit, Sprödigkeit, Zähigkeit und die Struktur des Rohstoffes bestimmend sind. Agglomerate sind End- oder Zwischenprodukte. In beiden Fällen wird gewünscht, daß sie als solche erhalten bleiben und nicht zerfallen. Ihr Zerfallsverhalten (Zerkleinerungsverhalten) hängt von ihrer Härte ab. Der *Abrieb* ist eine wichtige Größe, um die Staubentwicklung bei der Handhabung der Agglomerate beurteilen zu können. Hier gibt es konventionelle Methoden, um das Abriebverhalten ermitteln zu können: Die Agglomerate werden über eine bestimmte Zeit hinweg in einer rotierenden Trommel bewegt. Anschließend mißt man den Kornanteil unterhalb einer festgelegten Siebmaschenweite und hat eine Maßzahl für den Abrieb.

4.5 Spezifische Oberfläche

Die Kenntnis der spezifischen Oberflächen eines Agglomerates ist von Bedeutung, wenn man Agglomerate herstellt, deren Oberfläche beim späteren Verwendungszweck als Adsorptionsfläche für Gase, gelöste Stoffe und Dämpfe dient.

Ein Beispiel ist geformte Aktivkohle, ein Aktivkohlengranulat. Die spezifische Oberfläche von Aktivkohlen liegt bei über 1000 m^2/g. Das Erreichen großer spezifischer Oberflächen ist nicht von der Herstellungsweise der Agglomerate abhängig, sondern fast ausschließlich von den eingesetzten Rohstoffen. So werden für die Produktion von Aktivkohlen Rohstoffe mit großer Oberfläche verwendet, wie Holzkohle und Torfkoks. Es gibt auch Verfahren, bei denen man in der ersten Stufe aus Kohlenstoffen Agglomerate herstellt und dann durch Behandlungen mit Sauerstoff und Wasserstoff in ein Produkt mit großer Oberfläche umwandelt.

Beim Begriff Oberfläche sind zu unterscheiden:

1. Äußere Oberfläche
   Sie ist nur dann exakt definierbar, wenn es sich um geometrische Körper mit sehr geringer Rauhigkeit und frei von Rissen, Spalten, Poren u. ä. handelt. Als Beispiel wäre ein Metallwürfel zu nennen.

2. Innere Oberfläche
   Bei realen Körpern, so bei Preß- oder Aufbauagglomeraten, wird die äußere Oberfläche durch die innere Oberfläche in der Regel um ein Vielfaches übertroffen. Mit der inneren Oberfläche werden die schon erwähnten Risse, Spalten, Poren u. ä. erfaßt.

3. Spezifische Oberfläche
   Nach DIN 66 127 ist die spezifische Oberfläche definiert, als die auf seine Masse m oder sein Volumen V_S bezogene Oberfläche S.

$$S_m = \frac{S}{m} \qquad S_V = \frac{S}{V_S}$$

Bei bekannter Feststoffdichte ϱ_S gilt:

$$S_V = \varrho_S \cdot S_m$$

Die spezifische Oberfläche kann bei Kenntnis der Teilchengrößenverteilung eines dispersen Feststoffes errechnet werden. Sie kann auch nach folgenden Methoden unmittelbar gemessen werden:

- Sorptionsverfahren nach DIN 66 131 und DIN 66 132
- Photometrisches Verfahren („Bestimmung der spezifischen Oberfläche suspendierter Feststoffe durch Photometrie")
- Durchströmungsverfahren nach DIN 66 126 T1 und DIN 66 127

Aussagen zum Thema Oberflächen sind in den Literaturstellen [21–26] zu finden.

4.6 Porosität und Porengrößenverteilung

Die Porosität der Agglomerate ist von besonderer Bedeutung, weil sie in Beziehung zu vielen anderen Agglomerateigenschaften steht, wie:
spezifische Oberfläche, Lösungsgeschwindigkeit, Benetzbarkeit, Instanteigenschaften, Trocknungsverhalten und Festigkeit.

Die Porosität Π wird definiert als das Verhältnis von Hohlraumvolumen V_{hohl} zum Gesamtvolumen V_{gesamt}:

$$\Pi = \frac{V_{hohl}}{V_{gesamt}} \tag{4-1}$$

Für Π als mittlerer Wert aus dem Gesamtvolumen V_{gesamt} und der Masse m der porösen Agglomerate sowie der Feststoffdichte ρ_s gilt:

$$\Pi = 1 - \frac{m}{\rho_s \cdot V_{gesamt}} \tag{4-2}$$

Die Werte für Π liegen zwischen 0 und 1. Ein porenfreies, aber real nicht existierendes Agglomerat hat für Π den Wert 0. Das Hohlraumvolumen besteht aus Poren, die entweder offen und zugänglich oder geschlossen und damit nicht zugänglich sind. Für die nicht zugänglichen Poren wird auch die Bezeichnung Blasen benutzt, was den Zustand der Poren gut charakterisiert. In einem Modell haben *Polke*, *Herrmann* und *Sommer* [3] die verschiedenen Porenarten erläutert.

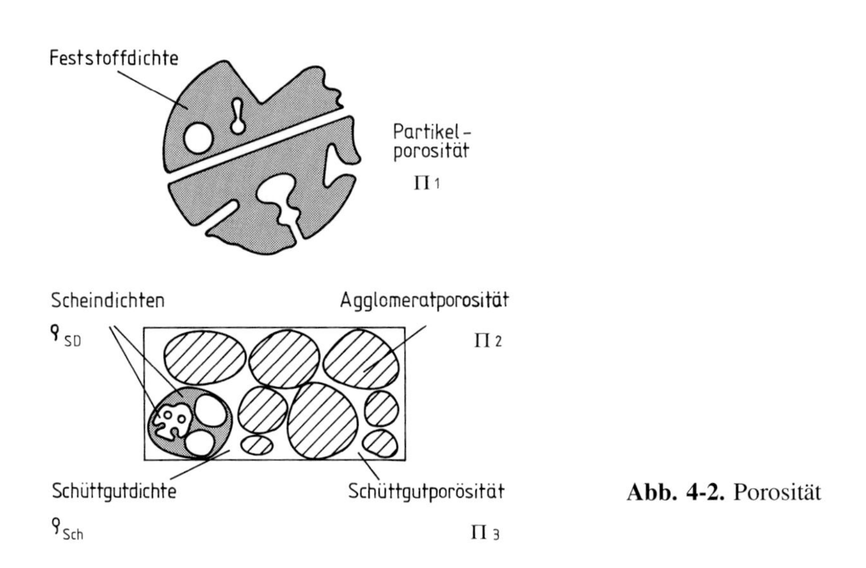

Abb. 4-2. Porosität

Die Porenarten sind im oberen Teil von Abb. 4-2 dargestellt. Im oberen Teil des Partikels sind zwei geschlossene Poren dargestellt; die eine kreisrund, die andere länglich. Beide Arten werden auch als Blasenporen bezeichnet, da es sich um Hohlräume handelt, die allseitig umschlossen sind. Im Gegensatz hierzu stehen die von außen zugänglichen Poren: Poren mit gleichbleibendem Durchmesser oder Querschnitt; Poren, die über eine Kapillare nach außen verbunden sind und Poren, die sich von außen nach innen entweder verjüngen oder erweitern. Von allen gezeichneten Poren ist nur die mittlere, von links unten nach rechts oben gehend, durchströmbar. In der DIN 66 160 ist „eine Pore ein offener oder geschlossener Hohlraum in einem Festkörper. Eine Vertiefung wird als Pore bezeichnet, wenn das Verhältnis von Tiefe zu Durchmesser mindestens 1 beträgt“. Jeder zu agglomerierende Stoff enthält mehr oder weniger viele Poren. Sie stellen die *Porosität* Π_1 *der Partikel* dar. Die Porosität der aus den einzelnen Teilchen aufgebauten Agglomerate wird als *Agglomeratporosität* Π_2 bezeichnet. Sie ist definiert als Verhältnis des Hohlraumvolumens zwischen den Teilchen zum gesamten Volumen des Agglomerates. Unter *Schüttgutporosität* Π_3 versteht man das aus den Agglomeraten gebildete Haufwerk. Sie kennzeichnet das Hohlraumvolumen zwischen den Agglomeraten zum Gesamtvolumen des Haufwerks. Die Gesamtporosität ist dann:

$$(1 - \Pi) = (1 - \Pi_1)(1 - \Pi_2)(1 - \Pi_3) \tag{4-3}$$

In der Regel ist eine Trennung der Anteile durch die Meßmethode selbst in
- Partikelporosität
- Agglomeratporosität
- Schüttgutporosität

nicht möglich. Als Partikelporosität Π_1 wird das Verhältnis des Volumens der offenen und geschlossenen Poren (V_o und V_g) zum Gesamtpartikelvolumen (V_p) bezeichnet:

$$\Pi_1 = \frac{V_o + V_g}{V_p} \tag{4-4}$$

Sind die geschlossenen Poren durch die Messung nicht zu erfassen, wird anstelle der Partikelporosität die scheinbare Partikelporosität angegeben:

$$\Pi_1' = \frac{V_g}{V_p} \tag{4-5}$$

Das Verhältnis des Hohlraumvolumens V_{PZ} zwischen den Partikeln und dem Agglomeratvolumen V_A kennzeichnet die Agglomeratporosität Π_2. Sie ist nur abhängig von der Agglomeratdichte ρ_{SD} und der Partikeldichte ρ_s.

$$\Pi_2 = \frac{V_{PZ}}{V_A} \tag{4-6}$$

gilt für die Agglomeratporosität.

Die scheinbare Agglomeratporosität errechnet sich folgendermaßen:

$$\Pi_2' = 1 - \frac{\rho_{SD}}{\rho_s} \tag{4-7}$$

In einer Schüttung von Agglomeraten bilden sich sogenannte Zwickelvolumen zwischen den Agglomeraten V_{AZ}. Für die Schüttgutporosität Π_3 gilt dann

$$\Pi_3 = \frac{V_{AZ}}{V_{Sch}} \tag{4-8}$$

und für die scheinbare Schüttgutporosität:

$$\Pi_3' = 1 - \frac{\rho_{Sch}}{\rho_s} \tag{4-9}$$

Die Schüttgutporosität Π_3 ist definiert als Quotient des Zwickelvolumens zwischen den Agglomeraten V_{AZ} und dem Gesamtvolumen der Schüttung V_{Sch}. Es werden somit die Poren in den Partikeln und den Agglomeraten nicht berücksichtigt. Zur Berücksichtigung aller in einem Schüttgut enthaltenen Poren ist deshalb die Gesamtporosität des Schüttgutes $\Pi_{3\text{ges}}$ zu definieren.

$$\Pi_{3ges} = \frac{V_o + V_g + V_{PZ} + V_{AZ}}{V_{Sch}} \tag{4-10}$$

Wenn durch Messung die geschlossenen Poren nicht erfaßt werden, dann gilt die scheinbare Gesamtporosität des Schüttgutes $\Pi'_{3ges.}$

$$\Pi'_{3ges} = \frac{V_o + V_{PZ} + V_{AZ}}{V_{Sch}} \tag{4-11}$$

Eine Trennung der Anteile für die Partikelporosität Π_1, die Agglomeratporosität Π_2 und die Schüttgutporosität Π_3 ist nur über ein Modell möglich. Auf die Problematik der Meßmethoden zur Bestimmung der Porosität, die je nach Art der Poren unterschiedliche Ergebnisse liefern können, hat *Schubert* [4] hingewiesen. Er empfahl, von den Agglomeraten Anschliffe anzufertigen. An den Anschliffen können die Poren und die Porengrößenverteilung mikroskopisch ausgezählt werden, vorausgesetzt, daß die Anfertigung eines brauchbaren Anschliffes aus dem Agglomeraten gelingt. Zu diesem Zweck werden die Agglomerate zunächst in Kunstharz eingebettet und dann auf Drehscheiben, unter Zusatz von Schleifmitteln, angeschliffen. Die Anschliffsmikroskopie und die Auszählung der Poren sind vor Jahren auch für die relativ porenreichen Kokse entwickelt worden. Diese Methode hat den Vorteil, daß kein Druck aufgewendet wird und keine Partikeln zerstört und dadurch neue Poren geschaffen werden. Zur Bestimmung von Porositäten gibt es eine Reihe von Meßmethoden, von denen einige nachstehend genannt werden:

- Quecksilber-Porosimetrie (Quecksilber-Penetration) beschrieben von *Dullien* und *Batra* [5] sowie *Washburn* [6] u. a.
- Sorptionsmessungen, beschrieben von *Mikhail* und *Shebl* [7].
- Kapillarkondensationsmessungen, beschrieben von *Brunauer, Mikhail* und *Bodor* [8].
- Kapillardruckmessungen, beschrieben von *Schubert* [9].
- Bet-Sorption, beschrieben von *Flood* [10], Gaschromatographie oder auf Adsorption beruhende Methoden, z. B. die *Kelvin*-Methode, beschrieben von *Baiker* und *Richarz* [11].
- Spezialmethoden: Röntgenkleinwinkelstreuung zur Erfassung von Inhomogenitäten, z. B. Phasen verschiedener Elektronendichte oder Dichteschwankungen und Verdrängungsmethoden zur elektrischen Messung der Geschwindigkeit der Kapillarabsorption in einem Elektrolyten und seine Verdrängung durch Druck.

Auf diese Problematik der bekanntesten und am häufigsten verwendeten Quecksilber-Penetrationsmethode hat *Haag* [12] hingewiesen. Bei der Messung verdrängt das Agglomerat das sehr schlecht benetzende Quecksilber. Das verdrängte Volumen des Quecksilbers wird gemessen, und damit kann die Scheindichte, wenn die Feststoffdichte bekannt ist, berechnet werden. Sogenannte Flaschenporen, also große Poren mit einer engen Öffnung, bereiten bei dieser Methode besondere Schwierigkeiten. Bei der Messung der Porenradienverteilung durch die Quecksilber-Penetrationsmethode werden sie entsprechend der Ausgangs- oder Eingangsöffnung eingeordnet. Außerdem wirkt dem Eindringen des Quecksilbers in die Poren der Kapillardruck entgegen. Der Kapillardruck hindert die Flüssigkeit in die Kapillare einzudringen, wenn der Grenzwinkel, den die Flüssigkeit mit der Kapillarwand bildet, größer ist als 90°. Bei der Methode der Quecksilber-Porosimetrie setzt man die Flüssigkeit unter Druck, so daß sie in die Kapillare eindringen muß. Je kleiner die Kapillare ist, um so größer muß der Druck sein. Durch Messung und Variation des Druckes sowie Messung des Eindringvolumens können die Porengrößenverteilungen bestimmt werden. Durch die Art der Poren können mehr oder weniger starke Verfälschungen bei der Anwendung der genannten Quecksilber-Methode auftreten. *Haag* schlug deshalb vor, nicht von der „Porengrößenverteilung", sondern vom „Penetrationsdiagramm" zu sprechen. Agglomerate – unabhängig davon, ob durch Preß- oder Aufbauagglomeration produziert – sind zu einem hohen Prozentsatz größer als 1 mm. Zur Errechnung der Porosität werden die Masse und das Volumen bestimmt und die Dichte ermittelt.

Zu definieren sind: die scheinbare Agglomeratdichte $\rho_{SD\,1}$ als Quotient aus der Masse m_{AZ} und dem Volumen V_{AZ} des einzelnen Agglomerats:

$$\rho_{SD1} = \frac{m_{AZ}}{V_{AZ}} \tag{4-12}$$

und die Feststoffdichte ρ_s, im Gegensatz zu oben auch als wahre Dichte bezeichnet, als Quotient aus der Masse m_A und dem Volumen V_A der porenfreien Agglomeratpartikeln

$$\rho_s = \frac{m_A}{V_A} \tag{4-13}$$

Die Porosität wird nach folgender Gleichung berechnet:

$$\Pi = \frac{(\rho_s - \rho_{SD1})\,100}{\rho_s} \tag{4-14}$$

4.7 Schüttdichte

Die Schüttdichte ist nach DIN 1306 „der Quotient aus der Masse eines porösen, faserigen und körnigen Stoffes und jenem Volumen, das die Zwischenräume und, falls zusätzlich Hohlräume vorhanden, auch diese einschließt". Es gilt:

$$\rho = \frac{m}{V} \tag{4-15}$$

Hier bedeuten:
ρ = Schüttdichte in kg/m^3
m = Masse des Stoffes oder der Agglomerate in kg
V = Volumen der Schüttgutmasse unter definierten Bedingungen in m^3

Der Schüttdichte der zu agglomerierenden Stoffe kommt eine besondere Bedeutung bei der Dosierung und Lagerung zu.

An den fertigen Agglomeraten ist die Schüttdichte aus Gründen der Kontrolle laufend zu überprüfen. Darüber hinaus sind aus den Ergebnissen der Schüttdichtemessung am Beginn eines Agglomerationsprojektes Rückschlüsse für die Planung zur Lagerung und zum Transport der Granulate zu ziehen. Gemeint sind die Silo- oder Bunkergrößen und die Ausmaße der Verpackungsbehältnisse. Durch Agglomeration werden die Schüttdichten im allgemeinen erhöht. Als Beispiel kann Ruß angeführt werden, dessen Schüttdichte unverpreßt oder nicht granuliert bei 70–80 g pro Liter liegen kann; nach einer Agglomeration bei ca. 300 g pro Liter. Durch eine Aufbauagglomeration sind Volumenverminderungen um 30–50 % keine Seltenheit. Dadurch wird ein geringeres Transportvolumen benötigt und eine erhebliche Einsparung an Verpackungsmaterial erreicht. Neben Ruß gibt es eine Reihe von anderen Stoffen, insbesondere auch Füllstoffen, die wegen der niedrigen Schüttdichte agglomeriert werden. Auch bei gepreßten Agglomeraten kann die Schüttdichte höher liegen als bei den ungepreßten Stoffen. Gepreßtes Mischfutter hat eine Schüttdichte zwischen 0,60–0,75 t/m^3. Für die verschiedenen Ausgangskomponenten werden Schüttdichten von 0,45–0,60 t/m^3 angegeben. Sehr oft ist es notwendig, neben der Schüttdichte auch die Rütteldichte von Agglomeraten anzugeben, die ebenso wie die Schüttdichte im Laboratorium gemessen werden kann. In einigen praktischen Fällen kann die Rütteldichte eine Rolle spielen, nämlich dann, wenn eine Ware nach dem Volumen verkauft werden muß und durch einen längeren LKW-Transport eine Verdichtung eintritt, und damit ein geringeres Volumen beim Empfänger ankommt. Zur Erfassung der Rütteldichte sind konventionelle Prüfverfahren entwickelt worden, die den praktischen Erfahrungen angepaßt sind. Von Agglomeraten kann auch verlangt werden, daß ihre Schüttdichte niedriger liegt als die der Ausgangsprodukte. Diese Forderung ist in der Regel schwerer zu erfüllen als umgekehrt. Hier sind Hinweise, wie vorgegangen werden könnte:

- Aufbauagglomeration eher als Preßagglomeration.
- Zusatz einer Granulierflüssigkeit, die anschließend weitgehend herausgetrocknet werden kann.
- Durch den Granuliervorgang selbst kann die Porosität von Agglomeraten beeinflußt werden (Abschnitt 5.3.5.2). Durch den Granuliervorgang beeinflußbare Eigenschaften und damit die Agglomeratdichte und die Schüttdichte.
- Einbau einer Komponente mit einer sehr niedrigen Dichte in die Agglomerat-Rezeptur.
- Einbau einer Komponente in die Agglomerat-Rezeptur, die man nachfolgend „herausbrennen“ kann; z. B. Holzmehl in keramischen Produkten.

Welche der genannten Möglichkeiten benutzt wird, hängt vom Einzelfall ab.

4.8 Stoffzusammensetzung

Bei Vielkomponenten-Mischungen ist eine Agglomeration vorteilhaft, weil sie Entmischungen entgegenwirkt. Im Idealfall enthält jedes einzelne Agglomerat eines Agglomerat-Haufwerkes die geforderte Zusammensetzung, die durch die Rezeptur festgelegt wurde. Die Mischkomponenten werden durch das Agglomerieren weitgehend stabilisiert. Wesentlich ist nur, daß eine gleichmäßige Mischung dem Agglomerationsvorgang zugeführt wird. Und hier setzen die Probleme ein, die in einer grundlegenden Arbeit über die Mechanismen des Pulvermischens von *Müller* [13] behandelt wurden. Eine Möglichkeit, Entmischungen zu verhindern, besteht darin, geringe Mengen einer Flüssigkeit beim Mischvorgang zuzusetzen. Es bilden sich Flüssigkeitsbrücken zwischen den Partikeln und somit Agglomerate, durch die eine Entmischung verhindert wird. Es ist vorstellbar, daß man eine „Voragglomeration" in einem Mischer durchführt und dann eine „Hauptagglomeration" im verfahrenstechnischen Ablauf anschließt, um so eine homogene Stoffzusammensetzung zu erreichen. Der Vorteil der Agglomeration, die Stoffzusammensetzung zu stabilisieren, kann durch bestimmte, beim Agglomerationsprozeß eingesetzte Techniken, wieder aufgehoben werden, und zwar dann, wenn bei der Preßagglomeration Inhaltsstoffe besonderer Art durch den auftretenden Druck verändert werden. Ein solcher Nachteil kann auch dann entstehen, wenn für eine Härtung durch Trocknung hohe Temperaturen erforderlich sind, die für bestimmte Inhaltsstoffe unverträglich sind. Diese nachteiligen Folgen sollten bei der Auswahl des Agglomerationsverfahrens von Anfang an berücksichtigt werden. Beispiele hierfür lassen sich in der Nahrungs- und Tierfuttermittelindustrie finden. Die stoffliche Zusammensetzung von Agglomeraten wirft mehr denn je auch Umweltfragen auf: Wie verhalten sich beispielsweise die Agglomerate bei der Weiterverwendung, bei der Lagerung oder im Extremfall bei der Deponierung? In der praktischen Aufgabenstellung ist zwar zumeist der zu granulierende Rohstoff festgelegt, aber nicht selten ist die Auswahl des Bindemittels offen gelassen. Deshalb muß der mögliche Schadstoffanteil eines Bindemittels vorher geprüft werden, ebenso wie die Möglichkeit, ob zwischen dem Rohstoff und dem Bindemittel chemische Reaktionen eintreten können, die zu Schadstoffen führen. Der Verwender von Agglomeraten als Zwischenprodukt für eine nachfolgende Produktion setzt die stofflichen Maßstäbe fest. Für die Lagerung und Deponierung müssen eigene oder gesetzliche Richtlinien beachtet werden. Dies gilt nicht nur, aber besonders für die Elution von Schadstoffen aus Agglomeraten, die mit dem Boden in Berührung kommen. Als Eluate kommen bekanntlich die oft genannten Schwermetalle in Betracht. Die Technik des Agglomerierens gestattet aber dem entgegenzuwirken, indem bestimmte Stoffe, die die Schadstoffe binden, vor der Granuliermaschine der Mischung beigegeben oder in flüssiger Form während des Granuliervorganges aufgesprüht werden. Letzteres ist bei der Aufbaugranulation ohne großen Aufwand durchzuführen.

Zusammengefaßt muß im Hinblick auf die stoffliche Zusammensetzung der Agglomerate beachtet werden:
- Verhinderung von Entmischung bei Vielkomponentenmischungen, z. B. durch Voragglomeration
- Einwirkung von Verfahrensparametern beim Agglomerieren durch
  - Temperatur und
  - Druck
- Prüfung und Verhinderung von Elution von Schadstoffen durch Zugaben von Stoffen in fester oder flüssiger Form

4.9 Fließverhalten

Das Fließverhalten der aus feinen Partikeln hergestellten Agglomerate ist zumeist besser als dasjenige der Partikel selbst. Das Fließverhalten ist eine Eigenschaft, die der Praktiker schon hinreichend genau durch einen Handversuch beurteilen kann.

Hierauf hat die äußere Form der Agglomerate einen starken Einfluß. Das Fließverhalten von kugelförmigen Agglomeraten kann im Extremfall zu gut sein und damit zu einem Problem werden. Ein kugelförmiges Tierfutter kann von einem Tier schlecht aus einem Trog aufgenommen werden. Auf der anderen Seite soll ein Mischfuttermittel-Agglomerat besonders gut fließen, wenn es in Fütterungsautomaten verwendet wird. Besondere Anforderungen an das Fließverhalten und die Rieselfähigkeit werden an Aufbaugranulate gestellt, die in Getränkeautomaten eingefüllt werden. Die Schwierigkeit, Kakao und Zucker in solchen Automaten zu dosieren, konnte mit der Agglomerationstechnik gelöst werden. Über die Ermittlung des Fließverhaltens und der Fließgrenze durch Scherversuche haben *Schwedes* und *Jenike* [14-17] berichtet.

4.10 Zerteilbarkeit

Es wird unterschieden zwischen der mechanischen Zerteilbarkeit und der Zerteilung durch Lösung.

Rumpf und *Herrmann* [18] formulieren die Anforderungen, die an die Zerteilbarkeit gestellt werden, durch die *Umwandlungen*, die ein Agglomerat erfährt. Eine Zerteilbarkeit soll immer einen aktiven und beobachtbaren Vorgang umfassen. Die mechanische Zerteilbarkeit ist notwendig bei der Einmischung von granuliertem

Ruß in eine Gummimischung zur Herstellung von Reifen und bei Mischfutterpellets für Tiere, die die aufgenommene Nahrung zerreiben. Abb. 4-3 zeigt eine schematische Darstellung der Festigkeitsbereiche in Abhängigkeit von der Zerteilbarkeit. Die obere Grenze der linken Abbildung für die Zerteilbarkeit liegt wesentlich höher als die der rechten Abbildung. Die unteren Grenzen werden durch den Widerstand gegen mechanische Beanspruchung beim Handling, Transport, der Lagerung und für besondere Fälle auch bei der Trocknung bestimmt. Im rechten Bild rücken die Grenzen sehr eng zusammen. Die Einhaltung des engen Bereiches ist ein relativ schwieriger Agglomerationsprozeß. Das linke Bild kennzeichnet einen vergleichsweise einfachen Prozeß.

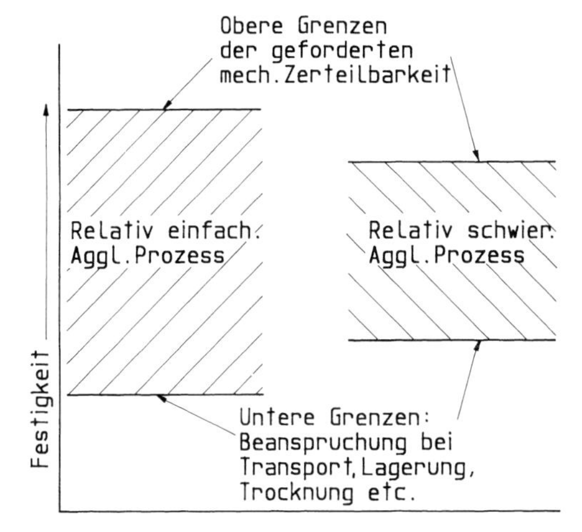

Abb. 4-3. Zerteilbarkeit und Festigkeit

Bei Düngemittelagglomeraten soll die Zerteilbarkeit längerfristig durch Lösung erfolgen. Kurzfristige Zerteilbarkeit durch Lösung wird von pharmazeutischen Produkten (Tabletten) und Nahrungsmitteln erwartet. Eng verbunden mit der Eigenschaft der Zerteilbarkeit sind Instanteigenschaften eines Produktes, die gesondert in Abschnitt 4.13 besprochen werden.

4.11 Trocknungsverhalten

Das Trocknen von Agglomeraten wird oft – besonders bei der Aufbauagglomeration – dem Agglomerationsprozeß nachgeschaltet, um dadurch die Festigkeit zu erhöhen.

Soll dynamisch oder statisch getrocknet werden? Die Verwendung einer sich drehenden Trockentrommel ist ein Beispiel für eine dynamische Trocknung; der Einsatz eines Bandtrockners ist eine statische Trocknung. Welche von beiden Trocknungsarten zu wählen ist, hängt von dem Trocknungsverhalten der Agglomerate ab. Ein gutes oder ein schlechtes Trocknungsverhalten wird an dem Erhaltungszustand der Agglomerate nach dem Trocknungsprozeß beurteilt. Bei der dynamischen Trocknung wirken mechanische Kräfte auf die Agglomerate ein. Die Ausgangsfestigkeit der Agglomerate und die sich durch den Trocknungsprozeß einstellende Härtung und Erhöhung der Festigkeit müssen ausreichen, um diesen zu widerstehen. Ist das nicht der Fall, entsteht ein hoher Anteil an Abrieb. Es empfiehlt sich dann die statische Trocknung, z. B. mit einem Bandtrockner, da bei dieser Art von Trocknung keine mechanischen Kräfte auf die Agglomerate einwirken. Deren Festigkeit muß nur ausreichend hoch sein, um den bei der Trocknung entstehenden Dampfdrücken genügend Widerstand entgegenzusetzen. Ist das nicht der Fall, dann muß die Struktur der Agglomerate verändert werden: Erhöhung der Festigkeit oder/und Veränderung der Porosität. Zuvor sollten allerdings die Parameter des Trockners überprüft werden, um eine Verbesserung der Trocknung zu erreichen, die darauf zielt, das „Aufspringen“ der Agglomerate und damit den Anteil an Unterkorn (Fehlkorn) zu verhindern oder zu vermindern. Beim Durchsatz von Granulaten durch einen Schachtofen ist das Trocknungsverhalten ausschlaggebend für die Ofenführung und die Durchsatzleistung. Granulate mit einem schlechten Trocknungsverhalten bekommen Risse und splittern mehr und mehr auf. Die abgesplitterten Teilchen besetzen das Lückenvolumen der Ofenfüllung und verändern die Durchströmungsverhälnisse negativ. Das Temperaturverhalten hängt in erster Linie von der stofflichen Zusammensetzung der Agglomerate ab.

4.12 Widerstand gegen plötzliche Erhitzung

Das Verhalten von Agglomeraten beim Trocknungsvorgang ist vom Widerstand gegen eine plötzliche Erhitzung abhängig, wie sie bei manchen Ofentypen vorliegt.

Wenn Agglomerate zerplatzen, kommt es zur unerwünschten Feingutbildung. Die Neigung der Agglomerate zum Zerplatzen hängt von folgenden Faktoren ab:

- **Porosität der Granulate**
  Je geringer die Porosität, um so stärker die Neigung zum Zerplatzen, da der im Inneren der Pellets durch die Erhitzung entstehende Dampfdruck nicht schnell genug abgebaut werden kann.
- **Größe der Granulate**
  Hier gilt für größere Granulate, was bei der Porosität im Zusammenhang mit dem Dampfdruck beschrieben wurde.
- **Feuchtigkeit**
  Ein sehr feuchtes Granulat neigt wegen des erhöhten Dampfdruckes zum Zerplatzen. Deshalb sollte bei der Herstellung des Granulats versucht werden, mit wenig Granulierflüssigkeit auszukommen.

- **Temperatur**
  Eine zu hohe Aufheizgeschwindigkeit führt schneller zum Zerplatzen. Durch konstruktive Maßnahmen am Ofen selbst (Vorwärmzone) kann die Geschwindigkeit vorteilhaft vermindert werden.
- **Korngröße**
  Gemeint sind hier die Korngröße der granulatbildenden Teilchen und das Kornspektrum. Ein breites Spektrum ergibt auch wegen der geringeren Porosität eine stärkere Neigung zum Zerplatzen.

Alle Einflußgrößen müssen beachtet werden, wobei das Problem vielschichtig ist. Die Einflußgrößen verhalten sich zum Teil diametral. Eine hohe Porosität bedingt eine geringere Festigkeit und zumeist eine stärkere Feuchtigkeitsaufnahme.

4.13 Instanteigenschaften

Agglomerate haben dann Instanteigenschaften, wenn der gesamte Rekonstitionsprozeß vollständig und schnell abläuft.

Diese Definition benutzen *Pfalzer, Bartusch* und *Heiss* [19] in ihrer Arbeit über die Eigenschaften agglomerierter Pulver. Bei der Instantisierung wird das Pulver nur physikalisch verändert. Der Geschmack und der Nährwert bei Lebensmitteln bleiben erhalten. Täglich treffen wir auf eine Vielzahl von Instantprodukten, wie Kaffee, Kakao, Milchmixgetränke, Fleischbrühe u. a.

Schubert [20] hat die Abläufe der Rekonstitution als Grenzflächenvorgänge beschrieben und besonders die Frage beantwortet, wie sich die günstigste Agglomeratgröße und Porosität abschätzen lassen.

Grenzflächenvorgänge in der Technologie des Agglomerierens sind von großer Bedeutung.

Das gilt für die Herstellung von Agglomeraten gleichermaßen wie für deren Eigenschaften bei der Verwendung. Zum besseren Verständnis ist der Gesamtvorgang der Rekonstitution in Teilvorgänge zu zerlegen:

1. Eindringen der Flüssigkeit in eine Schüttung aus Agglomeraten und in die Einzelagglomerate, nachdem das Pulver auf eine Flüssigkeitsoberfläche geschüttet worden ist.
2. Untersinken der Agglomerate in der Flüssigkeit.
3. Zerfall der Agglomerate und Dispergierung der Partikeln.
4. Lösen der Partikel in der Flüssigkeit, falls es sich um lösliche Partikeln handelt.

Bei seiner Modellvorstellung geht *Schubert* davon aus, daß die agglomeratbildenden Partikeln in der Flüssigkeit nicht oder so schwer löslich sind, daß die Teilvorgänge 1.–3. durch den Lösungsprozeß nicht beeinflußt werden. Wenn eine Flüssigkeit mit einer geringen Viskosität mit einer Pulverschüttung zusammengebracht wird, dann dringt die Flüssigkeit in das Pulver nur dann spontan und vollständig ein, wenn eine gute Benetzbarkeit des Pulvers durch die Flüssigkeit vorliegt. Agglomerate, die aus einem solchen Pulver hergestellt wurden, benetzen sehr schnell und sinken danach ebenso schnell in der Flüssigkeit unter.

Anders ausgedrückt bedeutet es, daß ein gut benetzbarer Stoff vorliegt, mit dem Randwinkel $\delta = 0$. Als Randwinkel wird der Winkel zwischen der Flüssigkeitsoberfläche an der Berührungsstelle und der Wand bezeichnet.

Voraussetzung ist, daß die Feststoffdichte größer ist als die Dichte der Flüssigkeit. Wenn das Pulver schwer benetzbar ist, d.h. also, daß der Randwinkel $\delta > 0$ ist, wird das Eindringen der Flüssigkeit in das Haufwerk sehr zeitaufwendig sein. Beim Eindringen einer Flüssigkeit in ein Haufwerk muß die Luft als nicht benetzende Phase von der benetzenden Phase, nämlich der Flüssigkeit, verdrängt werden. Als treibende Kraft für die eindringende Flüssigkeit in benetzbare, poröse Stoffe wirkt der Kapillardruck, dem die sogenannte Porenströmung entgegen steht. Im einzelnen stehen sich komplexe Kräfte gegenüber, die von einer Reihe von Faktoren abhängig sind. Durch mathematische Vereinfachung läßt sich aus den Größen für den Kapillardruck und die Porenströmung die Eindringzeit der Flüssigkeit in das Haufwerk von Partikeln und/oder Agglomeraten berechnen. Daraus wiederum kann man die theoretische optimale Agglomeratgröße ermitteln (optimal hier in Hinsicht auf schnelle Durchfeuchtung). Als ein Ergebnis der Berechnung wertet *Schubert* die Erkenntnis, daß eine einstufige Agglomeration zu einer langsameren Durchfeuchtung führt als eine zweistufige. Das Verhältnis kann z.B. 1:3 betragen. Allerdings sind die Berechnungen wegen der mannigfaltigen Einflüsse oder verschiedenen Faktoren nur als grobe Abschätzung zu werten. Je größer die Porenkanäle sind, um so schneller kann eine Flüssigkeit in ein Haufwerk eindringen. Bei zweistufigen Agglomeraten können die Porenkanäle größer sein als bei einstufigen. Die Herstellung von zweistufigen Agglomeraten ist allerdings in der Praxis problematisch. Aus 0,7 mm großen Agglomeraten lassen sich solche mit einem Durchmesser von 2,4 mm in der Regel nur mit Hilfe von zusätzlichen Bindemitteln, z.B. durch Festkörperbrücken aus zugesetztem Bindemittel, erzeugen.

Literatur zu Kapitel 4

[1] Rumpf, H.: Zur Theorie der Zugfestigkeit von Agglomeraten bei Kraftübertragungen an Kontaktpunkten; Chemie-Ing.-Techn. 42. Jahrg. (1970), Nr. 8, S. 538
[2] Gründer, W.: Verfahren zur Bestimmung der Mahlbarkeit von Steinkohle; Glückauf 74 (1938), S. 641
[3] Polke, R., Herrmann, W., Sommer, K.: Charakterisierung von Agglomeraten; Chemie-Ing.-Techn. 51 (1979), Nr. 4, S. 283–288
[4] Schubert, H.: Chemie-Ing.-Techn. 51. Jahrg. (1979), S. 266

[5] Dullien, F. A. L., Batra, V. K.: Ind. Eng. Chem. 62 (1970), S. 25–53
[6] Washburn, W. W.: Proc.-Natl. Acad. Sci. US 7 (1921), S. 115–116
[7] Mikhail, R. Sh., Shebl, F. A.: J. Colloid Interface Sci. 32 (1970), Nr. 3, S. 505–517
[8] Brunauer, S., Mikhail, R. Sh., Bodor, E. E.: J. Colloid Interface Sci. 25 (1967), Nr. 2, S. 353–358
[9] Schubert, H.: Dissertation, Karlsruhe (1972)
[10] Flood, E. A.: The Solid/Gas Interface, Marcel Dekker, York (1967), S. 1025
[11] Baiker, A., Richarz, W.: Chemie-Ing.-Techn. 49. Jahrg. (1977), S. 399–403
[12] Haag, G.: Anwendung der Methode der Quecksilber-Porosimetrie auf graphische Materialien; Internation. Kohlenstofftagung, Carbon 72, S. 420
[13] Müller, W.: Methoden und derzeitiger Kenntnisstand für Auslegungen beim Mischen von Feststoffen; Chemie-Ing.-Techn. 53. Jahrg. (1981), Nr. 11, S. 831–844
[14] Schwedes, J.: „Fließverhalten von Schüttgut in Bunker“; Verlag Chemie, Weinheim/Bergstraße (1968)
[15] Schwedes, J., ter Borg, L., Wilms, H.: Fortschr. Verfahrenstechnik 10 (1970/71, veröff. 1972/73), 868; 11 (1972/73, veröff. 1973/74), 228; 12 (1973/74, veröff. 1974), 196; 13 (1975), 213; 14 (1976), 207; 16 (1978), 157; 18 (1980), 189; 20 (1982), 163
[16] Schwedes, J.: 2. Europ. Sympos. Partikelmeßtechnik, Nürnberg, Sept. (1979), S. 278
[17] Jenike, A. W.: Storage and Flow of Solids. Bull. 123 Utah Eng. Exp. Stn. Salt Lake City: University of Utah 1964
[18] Rumpf, H., Herrmann, W.: Eigenschaften, Bindungsmechanismen und Festigkeit von Agglomeraten; Aufbereitungs-Technik (1970), Nr. 3, S. 117
[19] Pfalzer, L., Bartusch, W., Heiss, R.: Untersuchungen über die physikalischen Eigenschaften agglomerierter Pulver; Chemie-Ing.-Techn. 45. Jahrg. (1973), Nr. 8, S. 510
[20] Schubert, H.: Über Grenzflächenvorgänge in der Agglomerationstechnik; Chem.-Ing.-Techn. 47. Jahrg. (1975), Nr. 3, S. 86

Ergänzende Literatur

[21] DIN 66 131: Bestimmung der spezifischen Oberfläche von Feststoffen durch Gasadsorption nach Brunauer, Emmett und Teller (BET); Grundlagen; Ausgabe 1993-07
[22] DIN 66 132: Bestimmung der spezifischen Oberfläche von Feststoffen durch Stickstoffadsorption; Einpunkt-Differenzverfahren nach Haul und Dümbgen; Ausgabe 07.75
[23] DIN 66 126-1: Bestimmung der spezifischen Oberfläche disperser Feststoffe mit Durchströmverfahren; Grundlagen, laminarer Bereich; Ausgabe 1989-02
[24] DIN 66 126-2: Bestimmung der spezifischen Oberfläche pulverförmiger Stoffe mit Durchströmverfahren; Verfahren und Gerät nach Blaine; Ausgabe 1989-02
[25] DIN 66 145: Darstellung von Korn-(Teilchen-)größenverteilungen; RRSB-Netz; Ausgabe 04.76
[26] DIN-Taschenbuch 133: Partikelmeßtechnik, Beuth Verlag GmbH; Ausgabe 1997-01

5 Aufbauagglomeration

5.1 Einführung und Begriffe

Die Aufbauagglomeration, die auch als Granulierung oder als Pelletisierung, manchmal auch als Pelletierung bezeichnet wird, ist eines der wichtigsten Agglomerationsverfahren überhaupt. Das trifft sowohl für die Menge als auch für die Vielgestaltigkeit des Einsatzes zu.

Die bedeutendsten Anwender sind die Düngemittel- und Eisenerzindustrie. Hier werden feinteilige Produkte in Granuliertrommeln, -tellern und -mischern durch Rollen und Mischen in kugelförmige Agglomerate verwandelt. Daneben gibt es eine Vielfalt von Anwendungsmöglichkeiten für Produkte wie Stäube, Schlämme, Filterkuchen, Breie und Schmelzen, die je nach der enthaltenen Ausgangsfeuchte in der angelieferten Form oder durch Zugabe von Flüssigkeit – zumeist Wasser – oder Trockenmaterial granuliert werden. Die Endprodukte, die Granulate oder Pellets, – beide Bezeichnungen sind gebräuchlich – haben eine mehr oder weniger ausgeprägte Kugelform bei Durchmessern zwischen 0,2–30 mm.

Die Aufbauagglomeration ist ein Vorgang, bei dem einzelne Partikeln oder schon gebildete kleine Agglomerate durch Relativbewegungen aneinander angelagert werden. Dem Prinzip nach ist eine solche Anlagerung das Ergebnis des Wechselspiels zwischen Bindekräften und Trennkräften. Zur Anlagerung, und damit zur Agglomeration, kommt es, wenn die Bindekräfte überwiegen. Zu den Trennkräften gehören solche, die durch Bewegung in der Agglomerationsmaschine entstehen, vorwiegend Stoß-, Scher-, Fall-, Reib- und elastische Rückstellkräfte, um einige zu nennen.

Über die Aufbauagglomeration gibt es eine Vielzahl von Veröffentlichungen, die Erfahrungswerte der Praxis und Versuchsergebnisse von Entwicklungs- und Forschungsarbeiten wiedergeben. In der überwiegenden Mehrzahl handelt es sich um Arbeiten, die bestimmte Anwendungsgebiete beschreiben. Die Ergebnisse lassen sich nicht verallgemeinern, aber trotzdem gibt es eine Reihe von Erkenntnissen, die in der Tendenz für verschiedene Einsatzzwecke Gültigkeit haben.

*Die praktische Erfahrung lehrt, daß jede **neue** Granulieraufgabe unter Beachtung allgemeiner Grundsätze **experimentell** bearbeitet wird.*

5.2 Verfahren der Aufbauagglomeration

Sehr häufig wird anstelle des Begriffes „Aufbauagglomeration“ der Begriff „Rollagglomeration“ verwendet. Sofern damit tatsächlich die Rollagglomeration als Teilgebiet der Aufbauagglomeration gemeint ist, kann gegen seine Verwendung nichts eingewendet werden. Es muß aber deutlich auseinander gehalten werden, daß die Rollagglomeration oder Rollgranulation nur ein Teilgebiet der Aufbaugranulation ist. Die Tab. 5-1 ist eine Übersicht über die Gebiete der Aufbauagglomeration. *Schubert* [1] nennt als die wichtigsten technischen Verfahren der Aufbaugranulation die folgenden:

- Rollgranulierung
- Mischgranulierung
- Fließbettgranulierung
- Granulierung in Flüssigkeiten

Die vier Teilgebiete sind in Tab. 5-1 aufgeführt und sollen in den folgenden Abschnitten in umgekehrter Reihenfolge behandelt werden.

Tabelle 5-1. Technische Verfahren der Aufbauagglomeration

	Rollagglomeration	Mischagglomeration	Fließbett oder Wirbelbettagglomeration	Agglomeration in Flüssigkeiten
Umgebungsmedium	Gas	Gas	Gas	Flüssigkeit
Wichtige Maschinen oder Apparaturen	Trommel Teller Konus	Mischer	Wirbelbettapparatur	Flüssigkeitsbehälter

5.2.1 Agglomeration in Flüssigkeit

Das Prinzip der Agglomeration in einer Flüssigkeit statt in einem gasförmigen Medium ist in Abb. 5-1 dargestellt. Um die ausreichende und notwendige Annäherung der Partikel zur Agglomeratbildung zu erreichen, wird die Flüssigkeit durch eine entsprechende Vorrichtung, z. B. einen Rührer, in Turbulenzen versetzt. Zur Abscheidung von festen Bestandteilen aus Flüssigkeiten durch Agglomeration, hier auch als Flockung bezeichnet, werden zwecks verstärkender Wirkung Flockungsmittel eingesetzt. Trotz dieser Zusätze ist die Festigkeit der gebildeten Flocken oder Agglomerate gering. Die Flockung ist eine Agglomeration mit technischer Eigenständigkeit: Sie wird deshalb in diesem Buch nicht ausführlich behandelt.

In Flüssigkeiten lassen sich auch Agglomerate mit relativ hohen Festigkeiten erzeugen, wenn zur Suspensionsflüssigkeit eine zweite, mit der ersten nicht misch-

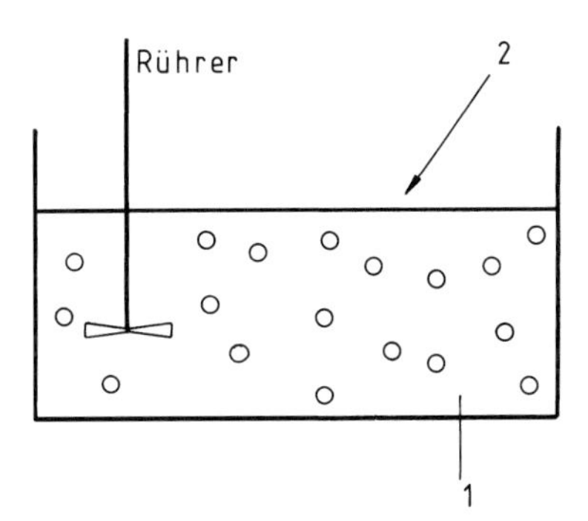

Abb. 5-1. Agglomeration in Flüssigkeiten.
1 Suspensionsflüssigkeit; 2 Brückenflüssigkeit

bare Flüssigkeit zugesetzt wird. *Schubert* [2] hat hierfür ein Beispiel angegeben und das System graphisch dargestellt (Abb. 5-2). Einer Wassersuspension wird Öl als Brückenflüssigkeit zugeführt. Zwischen den Partikeln können sich bei guter Durchmischung Brücken aus Öl bilden. Durch die Grenzflächenkräfte und den kapillaren Unterdruck werden die Partikel so fest zusammengehalten, daß stabile Agglomerate gebildet werden.

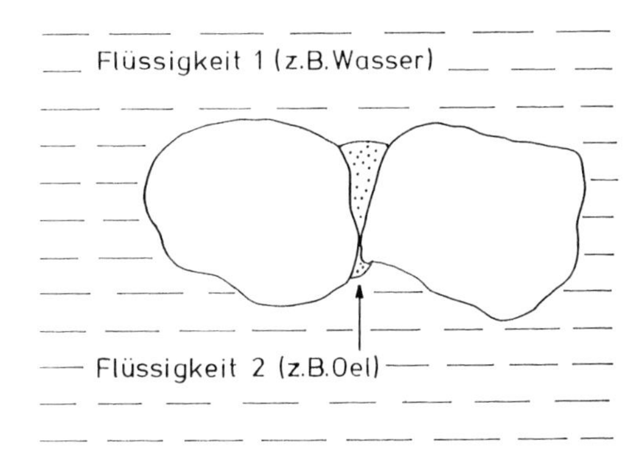

Abb. 5-2. Agglomeration in nicht miteinander mischbaren Flüssigkeiten (nach *Schubert* [2])

5.2.2 Fließbett- oder Wirbelschichtagglomeration

Agglomeration kann so definiert werden, daß in einem Gasstrom oder in einer Flüssigkeit einzelne Partikeln so aneinander gebracht werden, daß bei Zusammenstößen Kräfte der Anlagerung wirksam werden.

Nach dieser Definition lag es nahe, Verfahren zu entwickeln, mit denen die Agglomeration in der Wirbelschicht durchgeführt werden kann.

5.2.2.1 Die Wirbelschicht

Die Wirbelschicht ist ein Verfahren, das auf eine Entdeckung von *Winkler* [3–5] im Jahre 1921 zurückzuführen ist. *Winkler* beobachtete den Zustand einer Wirbelschicht bei der Aktivierung von Braunkohleschwelkoks. Dieser Koks lag in einer etwa 10 cm hohen Schicht auf einem Rost aus Schamottestückchen. Von unten strömten Gase durch die Schamottestückchen und durch den darüber liegenden Braunkohleschwelkoks. Die Gase sollten den Braunkohleschwelkoks bei Rotglut aktivieren. Hierbei beobachtete *Winkler*, daß bei einer gewissen Gasgeschwindigkeit die Kohlekörner nicht mehr in ihrem ursprünglichen Ruhezustand liegen bleiben, sondern eine Bewegung annehmen, die einer wirbelnden Flüssigkeit ähnlich sieht. Dieses von ihm erkannte Phänomen wurde mehr und mehr zunächst bei Arbeiten auf dem Gebiete der Kohleveredelung ausgebaut. Das Interesse, die Wirbelschichttechnik auf verschiedenen Gebieten der Technik einzusetzen, war in den Jahrzehnten seit ihrer Entdeckung sehr groß und hält auch heute noch unvermindert an. Immer wieder werden neue Anwendungsgebiete erschlossen.

Bei der Agglomeration in der Wirbelschicht werden zur Erhöhung der Haftkräfte Flüssigkeiten oder kondensierter Dampf eingesprüht. Dadurch wird eine Anlagerung der einzelnen Partikeln zu Agglomeraten erreicht. Es bilden sich Feuchtagglomerate, die in derselben Wirbelschichtapparatur getrocknet werden. Die so erhaltenen Agglomerate sind allerdings im Vergleich zu denjenigen, die bei der Rollagglomeration erzielt werden, weniger fest. Besonders geeignet ist das Verfahren deshalb für die Herstellung von Agglomeraten mit guter Instanteigenschaft.

Mit einer Wirbelschicht wird ein besonderer Aggregatzustand erreicht, der in vielerlei Weise modifiziert werden kann. Verschiedene Arten der Wirbelschicht sind in Abb. 5-3 dargestellt. Sie sind vom Schüttgut (Dichte, Größe, Verteilung und Form der Partikel), von der Apparatur (Dimensionen des Innenraumes, Verhältnis Durchmesser zu Höhe, Form und Gestaltung des Innenraumes) sowie von der Anströmgeschwindigkeit und -menge des Wirbelmittels abhängig.

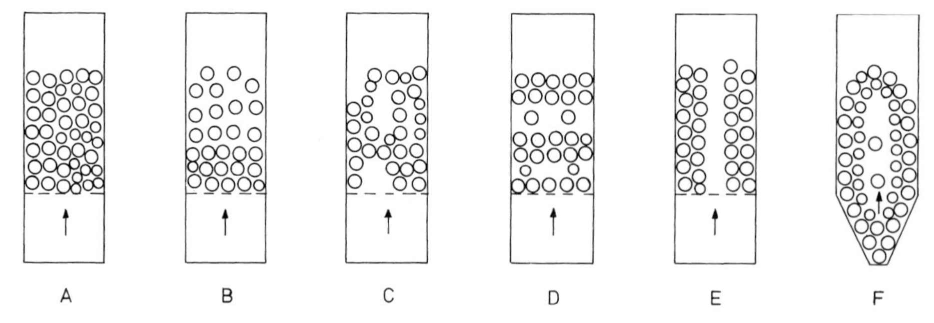

Abb. 5-3. Schematische Darstellung von sechs verschiedenen Wirbelschichtarten (nach *Feiler* [6])

Darstelllung A zeigt eine homogene Wirbelschicht. Dieses Erscheinungsbild ist besonders dann anzutreffen, wenn das Wirbelmittel eine Flüssigkeit ist und nicht wie bei der Wirbelschichtagglomeration ein Gas. Bei Verwendung von Gas findet man die homogene Wirbelschicht selten. Sie setzt auch Partikeln der selben Form und Dichte voraus. Wenn die Partikeln unterschiedlich groß sind, aber von gleicher Dichte oder auch von gleicher Größe, aber von unterschiedlicher Dichte, dann stellt sich vorwiegend eine inhomogene Wirbelschicht ein (Darstellung B). Sie wirkt klassierend, d. h. sie teilt die Bestandteile der Wirbelschicht nach Korngröße und Körnern verschiedener Dichte auf. Besonders charakteristisch für diesen Typ ist, daß die Konzentration der Partikel nicht an allen Stellen gleich ist. Von einer brodelnden Wirbelschicht (Darstellung C) spricht man dann, wenn größere Gasblasen die Wirbelschicht an einigen Stellen durchbrechen. Da das Erscheinungsbild der Darstellung D dem eines Kolbens entspricht, wird es auch als kolbenbildende oder stoßende Wirbelschicht bezeichnet. Die Gasblasen erstrecken sich über den gesamten Querschnitt des Innenraumes. An der Oberfläche der Wirbelschicht zerfallen die aus den Partikeln gebildeten Kolben und am Boden bilden sich gleichzeitig neue. Wenn bei sehr kleinen Partikeln in der Wirbelschicht ein starkes elektrostatisches Feld entsteht, das bremsend auf die Bewegung der Partikeln einwirkt, dann kann eine durchbrochene Wirbelschicht (Darstellung E) entstehen. Die unbeweglich gewordene Schicht wird kanalförmig durchstoßen. Kegelförmige Böden können eine Sprudelschicht bewirken, wie sie auf der Darstellung F zu sehen ist. Sie beruht auf höheren Geschwindigkeiten des Wirbelmittels (z.B. Gas) am Eingang und am Ausgang des Apparates. Bei den meisten industriellen Anordnungen stellt sich eine Wirbelschicht zwischen A und B ein. Hier wird ein gleichmäßiges Fließen erreicht; man spricht von einer kochenden Wirbelschicht.

Als Vorteile einer Wirbelschicht sind zu nennen:

- Große äußere Oberfläche des Wirbelgutes
- Rascher Wärmeaustausch innerhalb der Wirbelschicht
- Hoher Wärmeübergangskoeffizient infolge von Turbulenzen des Wirbelmittels, des günstigen Wärmetransports durch das fließende Material vom Schichtinneren an die Reaktorwand und des guten Wärmeübergangs zwischen Wirbelgut und Wirbelmittel
- Verhalten des festen Wirbelgutes wie eine Flüssigkeit und damit die Möglichkeit, es wie eine Flüssigkeit von einem Gefäß in ein anderes zu überführen

Aufgrund dieser Vorteile ist die Wirbelschicht überall dort einzusetzen, wo Umsetzungen von Gasen, Dämpfen und Flüssigkeiten an feinkörnigem Material im großen Maßstab durchzuführen sind.

5.2.2.2 Granulieren in der Wirbelschicht

Verfahrensziele und Wirbelschichtprodukte

Aus vielerlei Gründen werden Granulate in der Wirbelschicht hergestellt, aber immer mit dem Ziel, eine oder mehrere Eigenschaften des Ausgangspulver zu verbessern. Die Produkte sind mehr oder weniger kugelförmig mit einem Durchmesser zwischen 0,3–2 mm.

Die wichtigsten Eigenschaften von Wirbelschichtgranulaten sind in Tab. 5-2 mit einer Rangfolge nach *Naunapper* [7, 8] und *Hirschfeld* [8] bewertet und verschiedenen Anwendungsbereichen zugeordnet. Der Tabelle kann entnommen werden, daß *nur* im Lebensmittelbereich die Hälfte der Verfahrensziele vorrangig sind. An das Granulieren in der Wirbelschicht im Lebensmittelbereich werden demzufolge die höchsten Anforderungen gestellt.

Tabelle 5-2. Verfahrensziele für Produkte der Wirbelschichtgranulation (nach *Naunapper* und *Hirschfeld* [7, 8])

	Chemie	Pharmazie	Lebensmittel	Pulvermetallurgie/ Keramik
Fließfähigkeit	3	1	3	1
Kornspektrum	2	2	1	1
Staubfreiheit	1	2	3	3
Kornstabilität	3	3	1	1
Mischungstreue	3	3	1	2
Verdichtung	1	3	3	3
Instanteigenschaften	3	3	1	4
Lagerfähigkeit	1	4	3	2

1 = sehr vorrangig, 2 = vorrangig, 3 = auch bewertbar, 4 = weniger bewertbar.

Produkte für die Pharmazie müssen vor allem eine gute Fließfähigkeit besitzen. Das hängt damit zusammen, daß die in der Wirbelschicht hergestellten Granulate oft Zwischenprodukte darstellen, die gut dosierbar sein müssen; wie z. B. beim Pressen von Tabletten. Hier muß das Stempelgesenk schnell und gleichmäßig gefüllt werden. In Tab. 5-3 sind Produkte der Wirbelschichtgranulation nach Industriezweigen getrennt aufgezählt. Die Tabelle zeigt, wie mannigfaltig die Produktpalette für die Wirbelschichtgranulation ist. Sie reicht vom Farbstoff über Instantprodukte bis zu den Sintermetallen.

Bindungsmechanismus

Auch der Bindungsmechanismus der in der Wirbelschicht hergestellten Granulate beruht auf den von *Rumpf* beschriebenen Bindungen. Anders als bisher sollen bei Bindungsgruppen stoffliche und nichtstoffliche Bindungen unterschieden werden.

Tabelle 5-3. Produkte der Wirbelschichtgranulation aufgeteilt nach Industriebereichen (nach *Naunapper* und *Hirschfeld* [7, 8])

Chemie	Pharmazie	Lebensmittel	Pulvermetallurgie/Keramik
Pigmente/Farbstoffe	Tablettengranulate	Instantdrinks	Biozement
Salze oder Säuren	Pellets	Instantsuppen	Instantgips
Reinmetalle	Instantpräparate	Aromazucker	Schleifmittel
Katalysatoren		Instantzucker	Oxidkeramik
Füllstoffe für Gummi		Milchpulver	Zuschlagstoffe
Fette		Trockenhefe	Glasfarben
Wachse		Fette/Gewürze	Sintermetalle
Herbizide			Sintergraphit
Fungizide			
Toner			

Zu den nichtstofflichen Bindungen gehören:
- Van-der-Waals-Bindung
- Wasserstoffbrückenbindung
- Atom- und Ionenbindung

Energetisch liegen die Bindungskräfte bei solchen Agglomeraten sehr niedrig, was zur Folge hat, daß bei der Rekonstruktion wiederum nur geringe Energien notwendig sind. Ein Effekt, der bei bestimmten Anwendungsfällen wünschenswert ist. Bei der stofflichen Brückenbildung kann nach *Nauapper* und *Hirschfeld* aufgeteilt werden:

„Eigenstoffliche" Brückenbildung durch Anlösen der Oberfläche der Partikeln:
- Bindeeffekt durch Zusatz eines Bindemittels in Form einer Lösung, aus der die Klebphase durch Trocknung freigesetzt wird
- Bindeeffekt durch Zusatz einer Schmelze, die dann erstarrt und Bindemittelbrücken zwischen den Partikeln bildet

Im Nahrungs- und Genußmittelbereich werden bei der Granulierung in der Wirbelschicht eine Reihe von Bindemitteln verwendet, wobei insbesondere bestimmte Kohlenhydrate, Polypeptide und Polylipoide zu nennen sind. Diese Stoffe sind mehrfunktionelle Derivate der acyclischen Kohlenwasserstoffe. In Tab. 5-4 sind die am häufigsten verwendeten Stoffe aufgeführt. In der Praxis wird in den meisten Fällen kein Monoprodukt eingesetzt, sondern Gemische aus verschiedenen Stoffen, um den Anforderungen, die beim Agglomerieren und späteren Instantisieren gestellt werden, gerecht zu werden. Die Gemische weisen z. T. gegensätzliche Eigenschaften auf, wie z. B. hydrophoben und hydrophilen Charakter.

Neben diesen brückenbildenden Stoffen mit gegenläufigen Eigenschaften werden noch Hilfsstoffe eingesetzt. Man nennt diese Stoffe ihrer Wirkung wegen auch Sprengmittel. Sie sollen die Stoffbrücken sprengen, deren Löslichkeit nicht besonders hoch ist, weil von einem Instantprodukt eine schnelle Verteilung im Lösungs-

Tabelle 5-4. Bindemittel für die Granulierung von Instantprodukten im Nahrungs- und Genußmittelbereich beim Wirbelschichtverfahren (nach *Naunapper* und *Hirschfeld* [7, 8])

Kohlenhydrate	Polypeptide und Polylipoide
Zucker	Milchpulver
Saccharose	Kakaopulver
Glucose	Sojamehl
Fructose	Spezialfette
Sorbose	
Lactose	
Dextrose	
Zuckeralkohole	**Stärken und Stärkederivate**
Sorbit	Maisstärke
Maunit	Kartoffelstärke
Dulcit	Amylopektin

mittel gefordert wird. Die Sprengmittel hydrolysieren und lösen so den Verband der Bindung innerhalb der Agglomeration auf. Hierfür ein paar praktische Beispiele:

- Bei einem Zusatz von Carbonaten und Zitronensäure wird durch Benetzung CO_2 als Gas freigesetzt, das durch die dadurch bedingte Volumenerweiterung das Agglomerat ganz oder teilweise zerstört.
- Der oben geschilderte Vorgang kann auch mit dem Natriumglycolat oder dem Natriumcitrat der Stärke bewirkt werden.
- Als Lösungsvermittler zwischen Wasser und den hydrophoben Gruppen werden oft phosphathaltige Stoffe (Lecithin, diphosphatierte Stärke) der Mischung zugesetzt, aus der das Agglomerat in der Wirbelschicht gebildet wird.

5.2.3 Verfahren und Apparate für das Granulieren in der Wirbelschicht

Die klassische Wirbelschicht-Sprühgranulation (WSG-Verfahren) wird in einer Apparatur durchgeführt, wie sie als schematischer Ablauf in Abb. 5-4 und als Prinzip in Abb. 5-5 dargestellt ist (*Hirschfeld* [10]).

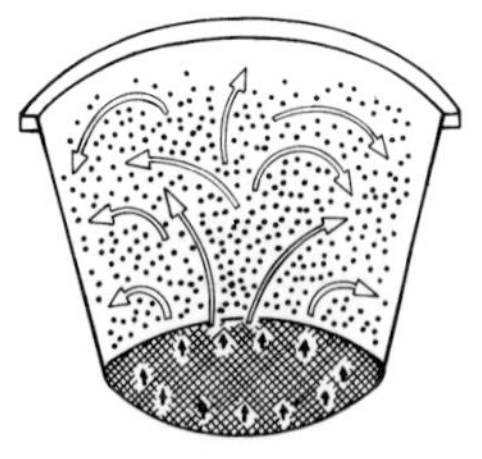

Abb. 5-4. Schematische Darstellung von Wirbelschichtapparaten, System WSG und *Wurster* [9] (Firmenschrift *Glatt*)

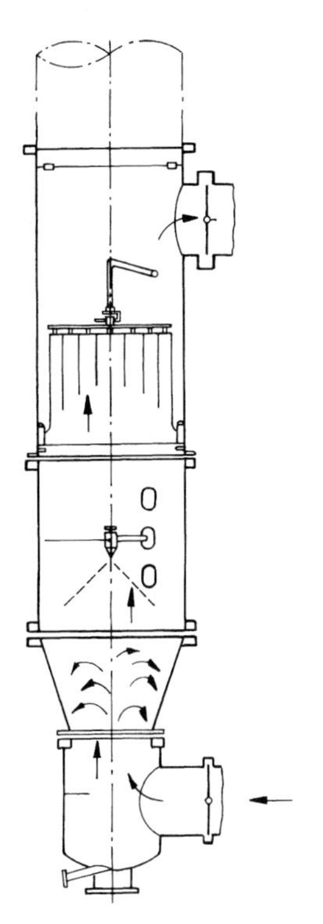

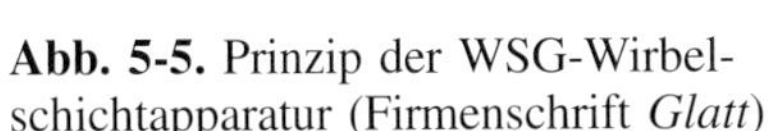

Abb. 5-5. Prinzip der WSG-Wirbelschichtapparatur (Firmenschrift *Glatt*)

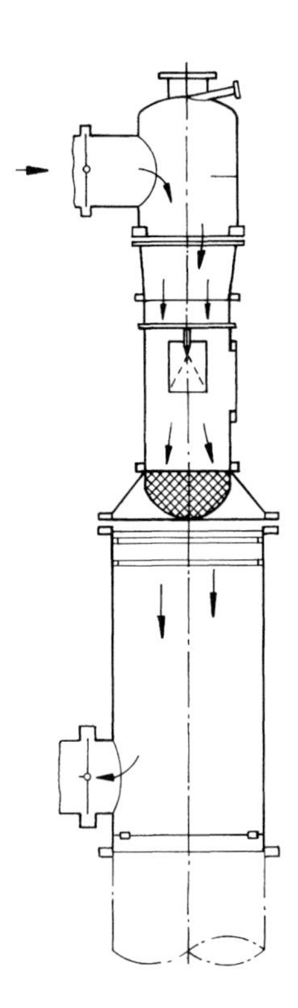

Abb. 5-6. Prinzip der *Wurster*-Wirbelschichtapparatur (Firmenschrift *Glatt*)

In der Wirbelschichtzone befinden sich kleine Einbauten. Die in Abb. 5-5 zu sehende Düse ist eine Zweistoffdüse. Oberhalb der Düse befinden sich eine Entspannungszone und ein Filter. Die Agglomeration wird sowohl durch stoffliche als auch durch nichtstoffliche Bindungsbrücken bewirkt.

Durch zusätzliche Einbauten zur Gutsbewegung, wie Rührwerk und Zerhacker, kann auch naß granuliert werden. Es ist ein Granuliervorgang, der einem solchen in einem Zwangsmischer ähnelt. Für besondere Anforderungen kann die Höhe der Flugschicht extrem vergrößert werden. Entsprechend gering ist dann die in der Apparatur zu verarbeitende Menge an Feststoffen. Man spricht dann von einer Mikrogranulation. Das System nach *Wurster* [9] unterscheidet sich vom WSG-System dadurch, daß durch eine Trennung der Auf- und Abwärtsbewegung mittels eines Steigrohrs eine gerichtete Wirbelschicht entsteht (Abb. 5-4 und 5-6). Die Düse sprüht von unten in den aufsteigenden Partikelstrom. Die Granulatbildung erfolgt nach dem Prinzip der Kornvergrößerung durch Schalenbildung und unter bestimmten Bedingungen durch eine Aufbaugranulation vom Keim bis zum fertigen Granulat.

Bei einem extrem hohen, konischen Materialbehälter sprüht die Düse einen engen Kegel in den schnell aufsteigenden Gutsstrom extremer Dichte. Dieses Verfahren ist für die schon erwähnte Mikrogranulation geeignet. Vorteilhaft ist das *Wurster*-System auch bei der Schmelzgranulation, denn die Bindung von Pulver und Kristallen mit Hilfe von erstarrenden Schmelzen erfordert eine deutliche Trennung in der Gutsbewegung. Schließlich kann das System nach *Wurster* [9] auch zur Granuliertrocknung eingesetzt werden. Abb. 5-7 zeigt ein Verfahrensschema zur Granuliertrocknung.

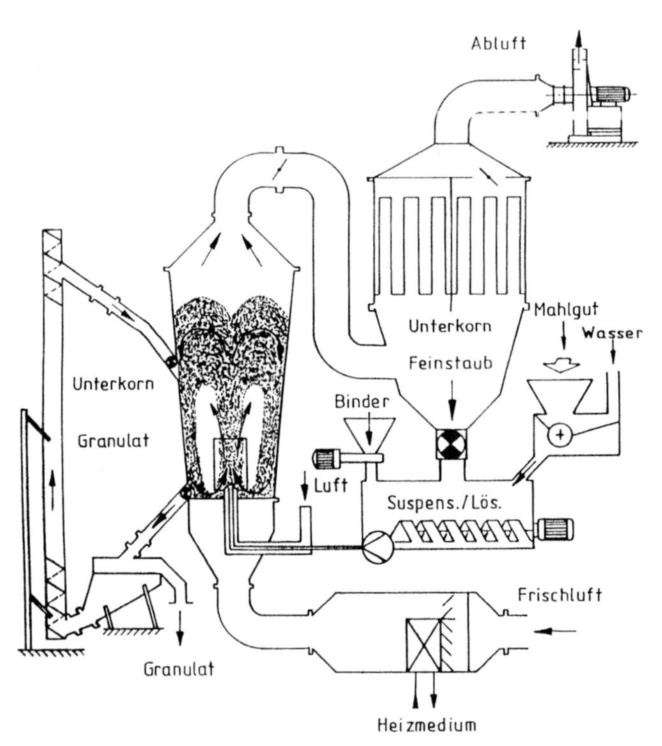

Abb. 5-7. Verfahrensschema für die Granulierung in der Wirbelschicht (nach *Naunapper* [7])

In manchen Fällen können Granulate nicht durch ein Überfeuchtungsverfahren hergestellt werden, weil die zu granulierende Pulvermischung z. B. leicht hydrolysierbare Zusätze enthält. Dann wird die Rotorgranulation eingesetzt. Bei der Rotorgranulation werden durch eine mechanische Förderung mittels Fliehkräften schon gebildete Granulate in die eigentliche „Behandlungszone" gebracht. Solche Granulate weisen Schalencharakter auf, weil in der Behandlungszone Suspension oder Lösungsmittel und Feststoffe getrennt aufgezogen werden.

5.2.3.1 Instantisierung

Ein Teilgebiet der Wirbelschichtgranulation ist das Agglomerieren von feinstem Pulver zu Strukturen, denen Instanteigenschaften zugeschrieben werden können. Solche sind immer dann vorhanden, wenn der Rekonstitutionsprozeß, d. h. der Wiederauflösevorgang des Pulvers oder der Agglomerate rasch und vollständig verläuft. Im Lebensmittelbereich sind Agglomerate mit Instanteigenschaften in zunehmendem Maße anzutreffen (Kaffee, Kakao usw.). Die Herstellung von schnelllöslichen Produkten ist eine besondere Art der Agglomeration (*Hauser* [50]). Sie wird als Instantisieren bezeichnet. Das Ergebnis dieser Technologie ist ein Endprodukt, dessen Eigenschaften bereits in Abschnitt 4.13 behandelt worden sind. Diese Eigenschaft kann man durch eine gezielte Vorbereitung der zu agglomerierenden Stoffe und durch eine entsprechende Agglomerationsführung erreichen. Eine gute Durchfeuchtung tritt z. B. rasch ein, wenn die Komponenten sehr fein ausgemahlen werden. Aus feinen Komponenten lassen sich kleine Agglomerate herstellen, die schnell untersinken. Da die Partikel der Agglomerate zur Erreichung einer notwendigen Stabilität durch Brücken zusammengehalten werden, muß bei der Herstellung der Agglomerate eine ausreichende Brückenbildung angestrebt werden, die jedoch in der Flüssigkeit beim Einrühren schnell wieder aufgehoben wird.

Instanteigenschaften von Agglomeraten
Definition: Instanteigenschaften sind dann vorhanden, wenn der Wiederauflösevorgang der Agglomerate rasch und vollständig abläuft.

Durch Agglomeration erreichbar:

- Die auf die Flüssigkeitsoberfläche geschütteten Agglomerate durchfeuchten schnell.
- Während des Untersinkens zerfallen die Agglomerate rasch.
- Auf dem Boden des Gefäßes: Agglomerate lösen sich vollständig auf oder dispergieren.
- Agglomerate sind handling- und lagerungsfest. Beim Transport und bei der Lagerung gehen die Instanteigenschaften nicht verloren.

5.2.4 Mischagglomeration

5.2.4.1 Technologie der Mischagglomeration

Beim Mischen von Stoffen können sowohl bei trockenen als auch bei feuchten Komponenten Agglomerate entstehen. Sie sind dann unerwünscht, wenn sich bei nachfolgenden Prozessen die Agglomerate als störend erweisen. Durch die mischende Bewegung in einem Mischer werden die Partikel durch mechanische Kräfte so aneinander gebracht, daß Haftkräfte zwischen ihnen wirksam werden können. Diese Haftkräfte können bei erwünschter Agglomeration durch Bindemittel verstärkt werden. Die Agglomeration von trockenen Stoffen in einem Granuliermischer, Pelletiermischer, Mischgranulator oder Agglomerator führt zu Agglomeraten mit geringen Festigkeiten; sie gleichen Instantprodukten. Um Agglomerate mit höheren Festigkeiten zu erzielen, muß mit Flüssigkeiten gearbeitet werden. In einem speziellen, für die verschiedenen Stoffe unterschiedlichen Mengenbereich der Flüssigkeitszugabe bilden sich Agglomerate, deren Festigkeit solchen Granulaten entsprechen kann, die in anderen Granuliergeräten hergestellt worden sind. Die Bildung von vergleichbaren festen Agglomeraten ist abhängig von der Intensität des Mischvorganges.

5.2.4.2 Der *Schugi*-Mischer

Die Verknüpfung zwischen Mischen und Agglomerieren ist besonders eng: Maschinen, die zum Mischen eingesetzt werden, können prinzipell auch zum Agglomerieren verwendet werden; wenn auch mit zweckgebundenen Änderungen.

Ein derartiges Gerät ist der *Schugi*-Mischer, auch *Schugi*-Agglomerator genannt. Sein Prinzip ist in den Abb. 5-8 und 5-9 ersichtlich. Er besteht aus einem senkrechten Zylinder, in dem eine Welle mit Mischwerkzeugen in Form von Mischmessern oder Mischschlägern angeordnet ist. Durch Verstellen der Mischmesser oder der Schläger können die Misch- oder Agglomerationsvorgänge beeinflußt werden. Die Welle ist entweder direkt mit dem Wellenstumpf des Antriebsmotors verbunden oder wird separat über einen Keilriemen angetrieben. Die Drehzahl der Welle wird der Aufgabenstellung angepaßt. Durch die Rotation der Welle wird

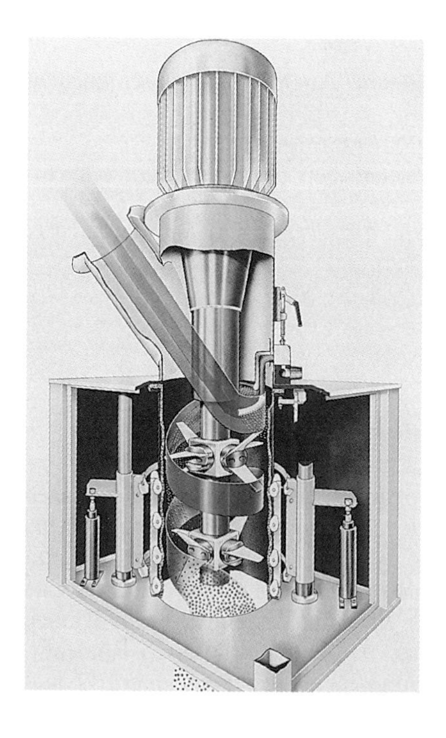

Abb. 5-8. Wirkungsprinzip des Flexomix-Agglomerators (Werkbild *Hosokawa Schugi*)

Abb. 5-9. Flexomix-Agglomerator offen (Werkfoto *Hosokawa Schugi*)

das Material, das die zylinderförmige Mischkammer von oben nach unten durchläuft, in starke Turbulenzen versetzt. In diesen Materialstrom können bei einer gewünschten Agglomeration Flüssigkeiten eingedüst werden. An der Mischkammerwand bewegen sich die Agglomerate aus Feststoffpartikeln und Flüssigkeiten in einer spiralförmigen Bahn nach unten zum Austritt des *Schugi*-Agglomerators. Das Material durchläuft die Mischkammer mit hoher Geschwindigkeit, so daß die durchschnittliche Verweilzeit in der Mischzone nur etwa 1 s beträgt. Hierbei ist die Mischkammer nur etwa zu 5 bis 10% ihres Gesamtvolumens gefüllt. Das bedeutet, daß eine Maschine, deren Durchsatzleistung z. B. 1000 kg/h beträgt, nur eine Materialbehandlung von etwa 300–400 g hat. Durch Verstellen der Angriffswinkel und der Rotationsgeschwindigkeit der Mischwerkzeuge kann die Verweilzeit und damit die Durchsatzleistung beeinflußt werden. Wegen der kurzen Durchlaufzeit ist es notwendig, die beiden Stoffe, nämlich Feststoff und Flüssigkeit, mit äußerster Präzision und Gleichmäßigkeit zu dosieren. Den Konsistenzen der verschiedenen Produkte werden die Konstruktionen der Mischkammer angepaßt. Die Mischkammer, in der agglomeriert werden soll, ist von einer flexiblen Wand umgeben. Durch auf- und abfahrende Rollen wird diese Wand ständig verformt, so daß kein Material und keine Agglomerate an der Wand anhaften können. Die Durchsatzleistungen (Massenströme) von *Schugi*-Mischern sind in Tab. 5-5 aufgeführt; für die größte Mischkammer betragen sie 6000–30 000 kg/h.

Das Bilden der Agglomerate im *Schugi*-Mischer ist abhängig von folgenden Parametern:

- Anteil der Granulierflüssigkeit
- Bindeeigenschaft der Flüssigkeit
- Eigenschaften des Feststoffanteils
- Anzahl und Ausführung der Mischwerkzeuge
- Angriffswinkel der Mischwerkzeuge

Tabelle 5-5. Durchsatzleistung eines *Schugi*-Mischers zum Agglomerieren (*Schugi*-Agglomerator nach Firmenschrift *Hosokawa Schugi*)

Mischkammer in mm	Agglomeriertes Endprodukt in kg/h
100	–
160	300–800
250	700–3000
335	2500–8000
400	6000–30000
Installierte Antriebsleistung in kW/t/h:	2-2,5

- Füllungsgrad der Mischkammer
- Drehrichtung der Welle

Da die Größe der Agglomerate, die mit dem *Schugi*-Gerät hergestellt werden können, auf maximal 3 mm begrenzt ist, wurde untersucht, ob Düngemittel auch in einer Körnung von 0,3–3mm verwendbar sind. Üblicherweise haben Düngemittel Korngrößen zwischen 2–6 mm. Die Versuchsergebnisse sollen positiv gewesen sein.

Nach *Schugi* lassen sich eine ganze Reihe von Produkten mit diesem Gerät agglomerieren; hier einige Beispiele:

- Waschmittelrohstoffe
- Düngemittel
- Minerale mit Vitaminzusätzen für die Tierhaltung
- pulverförmige Stoffe unter Beimischung von erstarrenden Flüssigkeiten (z.B. Fett)
- Aktivkohle
- Instantprodukte
- Hochofenstäube
- Zement

5.2.4.3 Granuliermischer

In den Granuliergeräten wie Granuliertrommel und Granulierteller – auch Pelletiertrommel und Pelletierteller genannt – erfolgt die Agglomeration, Granulierung oder Pelletierung durch rollende Bewegung; deshalb wird auch von Rollagglomeration gesprochen. Bei der Verwendung eines Granuliermischers herrscht die mischende Bewegung vor. Granuliermischer können sowohl kontinuierlich als auch diskontinuierlich arbeiten. Außerdem werden diese Geräte danach unterschieden, ob ihre Drehachse vertikal, horizontal oder schräg angeordnet ist.

Typisch für die Granulierung in einem Mischer ist der charakteristische Feuchtigkeitsbereich, in dem sich Granulate bilden.

Absolute Zahlen für den Feuchtigkeitsbereich können nicht angegeben werden, da er von der Art und Menge der zur Bindung erforderlichen Flüssigkeit und der Art, Form, Oberflächenbeschaffenheit und Größe der zu granulierenden Teilchen abhängig ist. Durch Veränderungen der Drehzahl des Mischers und durch den Einbau besonderer Konstruktionselemente in den Mischer kann die Größe der Granulate beeinflußt werden; weitere Faktoren sind: Feuchtigkeit, Mischzeit und -intensität. Nachfolgend werden Granuliermischer beschrieben, die *Ries* [11] als Gegenstrom-Pelletiermischer und *R*-Pelletiermischer (Abb. 5-10) bezeichnet.

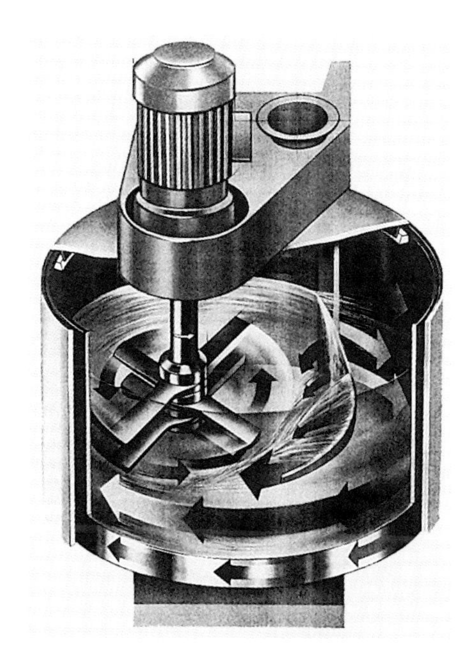

Abb. 5-10. Prinzip des Gegenstrom-Pelletiermischers und des *R*-Mischers (Firmenschrift Maschinenfabrik *Gustav Eirich*, Hardheim)

Beim Gegenstrom-Pelletiermischer dreht sich der Mischbehälter um eine vertikale Achse. Die in dem Pelletiermischer befindlichen Mischelemente sind exzentrisch zum Mittelpunkt angeordnet. Die Drehgeschwindigkeit dieser Elemente kann zwischen 2 und 35 m/s liegen. Sie wird in Abhängigkeit von den stofflichen Eigenschaften der zu granulierenden Materialien sowie zu der gewünschten Pelletdichte oder -festigkeit variiert. Die Beschickung des Mischers mit Feststoffen erfolgt von oben. In der Mitte des Mischbehälters befindet sich eine Öffnung, die zur Entleerung des Mischers dient. Es werden Mischer mit Nutzinhalten zwischen 40 und 6000 l angeboten. Die Massenströme umfassen einen weiten Bereich, nämlich zwischen einer bis mehreren Hundert t/h. Mischer dieser Art sind vorwiegend Chargenmischer. Für hohe Massenströme ist auch ein kontinuierlicher Betrieb möglich. Hier muß man allerdings Kompromisse hinsichtlich der Pelleteigenschaften, wie der Gleichmäßigkeit der Pelletgröße und -festigkeit eingehen. Bei dem ebenfalls von *Ries* beschriebenen *R*-Pelletiermischer rotiert der Mischbehälter um eine schräge Achse. Exzentrisch zum Tellermittelpunkt ist ein Mischelement eingebaut, das gegen oder mit dem Drehsinn des Mischbehälters bewegt wird. Vom Hersteller wird dieser Pelletiermischer als die vierte Generation der Entwicklung des sogenannten Tellermischers bezeichnet. Durch den Mitnahmeeffekt des rotierenden Mischbehälters, den stationären Umlenker und die rotierenden Mischelemente findet eine sehr gute vertikale und horizontale Materialumlagerung statt. Die Drehgeschwindigkeit liegt zwischen 3 und 35 m/sec. Die aufzuwendende spezifische Energie liegt zwischen 0,5 und 20 kW/100 kg. Man kann je nach Bedarf sowohl schonend als auch intensiv mischen und granulieren.

5.2.4.4 Pflugscharmischer

Die Besonderheit eines Pflugscharmischers liegt in seinen Mischwerkzeugen, die entsprechend seiner Bezeichnung als Pflugscharen ausgebildet sind. Das Prinzip ist aus der Landwirtschaft entlehnt, wo der Boden mit dem Pflug gewendet wird. Aber erst die den Pflugscharen aufgegebene Drehzahl macht aus dem Prinzip eines Pfluges einen Mischer. Die Pflugscharen sind in einen zylindrischen Mischraum eingebettet (Abb. 5-11). *Schwarz* und *Hölscher* [12] begründen den Erfolg des

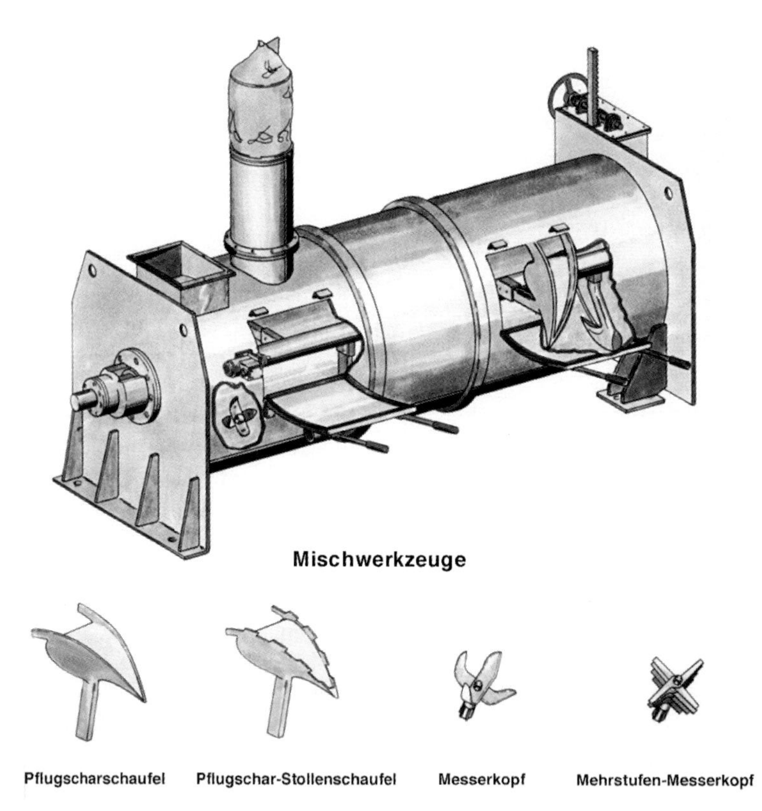

Abb. 5-11. *Lödige*-Pflugscharmischer für kontinuierliches Mischen (Firmenschrift *Lödige*, Paderborn)

Mischers mit dem Zusammenspiel zwischen der Art des Mischwerkzeugs und dessen Drehzahl. Durch hohe Drehzahlen werden die Mischkomponenten in der Mischtrommel stark verwirbelt. So können die einzelnen Partikeln freigelegt und durch die Granulierflüssigkeit – zumeist Wasser – befeuchtet werden. Aus mineralischen Stäuben eines Hochofenbetriebes können z. B. mit dem Pflugscharmischer Granulate hergestellt werden. Die Korngrößen sind für die Stäube mit $<10^{-3}$ mm bis 1 mm angegeben; für die Granulatgrößen zwischen 0,2–5 mm. Der Pflugscharmischer ist für eine Reihe von Stäuben, Mehlen und Pulvern einzusetzen. Im Bedarfsfall wird eine Versuchsgranulierung im Labor- oder halbtechnischen Maßstab empfohlen.

5.2.4.5 *Ruberg*-Mischer

Die von der gleichnamigen Firma entwickelten Mischer (Abb. 5-12) sind nicht nur zum Mischen, Dispergieren und Befeuchten zu verwenden, sondern auch zum Granulieren. Es gibt zwei Mischertypen:

- Hochleistungs-Chargenmischer
- Conax-Durchlaufmischer

Beim Chargenmischer wird das gesamte Mischgut totraumfrei durch Schub umgeschichtet. Das Mischgefäß besteht aus zwei aneinander geschweißten Behältern. Schraubenband-Mischwerkzeuge sorgen für eine vollständige Wand- und Bodenbestreichung (Abb. 5-13). Die Mischwerkzeuge rotieren gleichsinnig. Das Mischgut wird von der Peripherie aufwärts und im Zentralbereich abwärts bewegt. Man erreicht so eine Zwangsmischung, bei der alle Partikeln des Mischgutes in Bewegung sind. Das ist für den Agglomerationsvorgang von ausschlaggebender Bedeutung. Als Parameter zur Erzeugung der gewünschten Agglomerate in Größe und Festigkeit gelten neben dem eingesetzten Bindemittel die Mischwerkzeugdrehzahl, die Granulierzeit und die Feuchtigkeit. Außerdem werden die zur Agglomeration eingesetzten Maschinen mit Schneidrotoren versehen, die der Regulierung der Granulatgröße dienen und mit denen das zu agglomerierende Gut mit zusätzlicher Energie beaufschlagt wird, um die Festigkeit der Agglomerate zu steigern. Beim Conax-Durchlaufmischer besteht der Mischraum aus zwei koaxial hintereinander gesetzten Konen. Die Mischwerke mit Mischpaddeln rotieren in den Zentren der Konen mit hoher Geschwindigkeit. Dadurch erfahren die Komponenten der Mischung relativ hohe Wirbel- und Rotationsgeschwindigkeiten, die unter bestimmten Voraussetzungen zu einer Agglomeration führen können, wobei der Feuchtigkeitsgehalt der Komponenten von wesentlicher Bedeutung ist. Weitere Parameter sind:

- Verweildauer
- Massenstrom
- Drehzahl
- Anstellwinkel der Mischschaufel

Erfahrungsgemäß werden im Chargenmischer kleine und im Conax-Durchlaufmischer große Granulate erzeugt.

Abb. 5-12. *Ruberg*-Conax-Durchlaufmischer (Firmenschrift *Ruberg*)

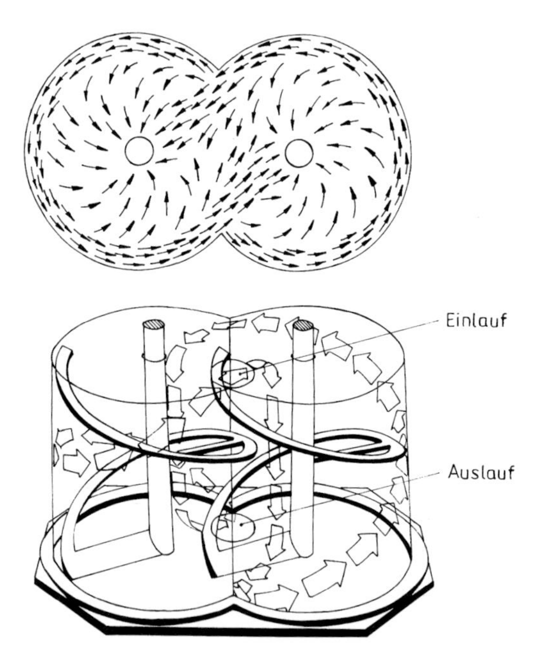

Abb. 5-13. *Ruberg*-Chargenmischer (Firmenschrift *Ruberg*)

5.2.5 Rollagglomeration

5.2.5.1 Technologie der Rollagglomeration

Durch entsprechende Geräte werden die zu agglomerierenden Partikeln in rollende Bewegungen versetzt, so daß ständig Berührungen stattfinden. Einmal gebildete Zusammenschlüsse von einzelnen Partikeln sind Granulatkeime, die auf dem sich ständig in Bewegung befindlichen Partikelnbett abrollen und durch weitere Anlagerung von Partikeln zu Agglomeraten oder Granulaten wachsen. Durch die Rollvorgänge bilden sich annähernd kugelförmige Agglomerate. Im dynamischen System einer Rollgranulation befinden sich neben den Partikeln des zu granulierenden Materials Granulatkeime und Granulate sowie durch Abrieb von Granulaten entstandene Granulatbruchstücke. *Sastry* und *Fuerstenau* [13] haben den Mechanismus des Nebeneinanders von Aufbau und Zerkleinerung so dargestellt, wie es Abb. 5-14 zeigt.

Damit die Rollgranulierung zum gewünschten Erfolg der Erzeugung von Granulaten führt, muß der Aufbau in Quantität die Zerkleinerung überwiegen.

Es gibt allerdings Stoffe, die zwar in einem Granuliergerät agglomerieren, aber durch die einwirkenden Fall-, Druck- und Scherkräfte wieder zerfallen oder deren Festigkeit so gering ist, daß sie nach dem Verlassen des Granuliergerätes durch den Transport und das Handling wieder zerstört werden. Um die Haftkräfte so zu steigern, daß keine überwiegende Zerstörung eintritt, werden die im Granulierge-

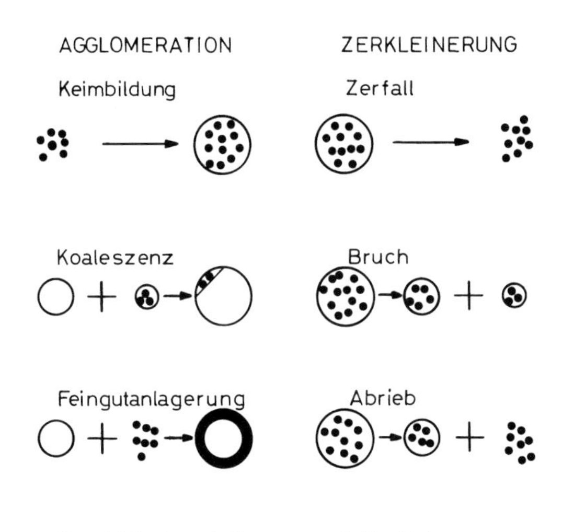

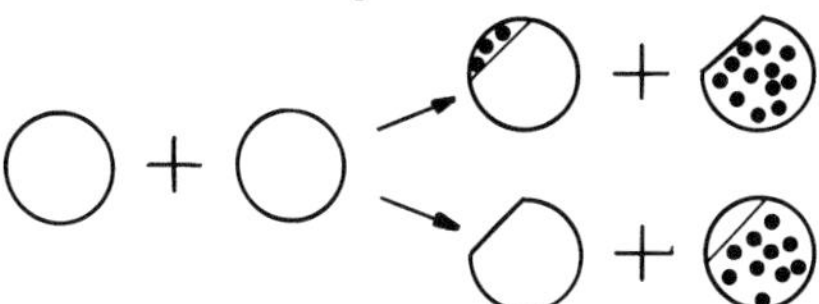

Abb. 5-14. Wechselwirkung zwischen Agglomeration und Zerkleinerung bei der Aufbauagglomeration (nach *Sastry* und *Fuerstenau* [13])

rät rollenden Partikeln und das, was sich daraus gebildet hat, mit einer Flüssigkeit besprüht. So erhält man die zur Agglomeratbildung notwendigen großen Haftkräfte durch Flüssigkeitsbrücken und Kapillarität. *Schubert* [14] hat diese Kräfte beschrieben. Der technologische Vorgang der Rollagglomeration kann nach verschiedenen Stadien ablaufen (*Ries* [15, 16]):

- Feinteilige und trockene Ausgangsstoffe werden in rollende Bewegungen versetzt und gleichzeitig wird eine Granulierflüssigkeit zugesetzt. Als Granulierflüssigkeit kommen Wasser, wässerige Lösungen, organische und anorganische Bindemittelflüssigkeiten und Schmelzen in Betracht.

Also: Trockene Stoffe + Flüssigkeit = Agglomerate

- Schlämme, Breie, Pasten und Filterkuchen werden in rollende Bewegungen versetzt und feinteilige Trockenstoffe zugeführt.

Also: Feuchte Stoffe + trockene Stoffe = Agglomerate

- Bei der Schmelzpelletierung wird der Trockenstoff mit Schmelzen agglomeriert. Ein anderes Verfahren sieht vor, den Feststoff zu erhitzen und dann zu granulieren.

Also: Trockene Stoffe + Schmelzen = Agglomerate
Also: Schmelzbare Stoffe + Wärme = Agglomerate

5.2.5.2 Maschinen für die Rollagglomeration

Es gibt drei Grundtypen von Maschinen für die Rollagglomeration:

- Granuliertrommel
- Granulierteller
- Granulierkonus

In allen dreien beginnt die Granulation mit der Bildung von Granulationskeimen oder -kernen. Manchmal ist es schwierig, die Granulation nach einer Betriebsunterbrechung wieder in Gang zu setzen, weil die Keime fehlen. Deshalb läßt man häufig einen Teil der kleinen Granulate im Gerät zurück. Mit diesen kleinen Granulaten als Keimen läßt sich eine Anlage einfacher anfahren, d. h. die Granulation kommt schneller in Gang. Unter gleichzeitiger Zugabe von Wasser wird das feinteilige Material in der rotierenden Maschine agglomeriert. **Die Unterschiede zwischen den Granuliergeräten bestehen vor allem im Klassiereffekt.** Bei der liegenden Granuliertrommel werden Granulate unterschiedlicher Größe erzeugt. Ein Klassiereffekt findet nicht statt. Das Unterkorn wird dem Granulierprozeß in der Trommel erneut zugeführt, so daß eine mehr oder weniger große Kreislaufmenge anfällt. Sie kann bei 100%, im Extremfall auch bei 400% liegen. Die Nachschaltung von Sieben ist unerläßlich. Abb. 5-15 zeigt eine schematische Darstellung der genannten Maschinen: Granuliertrommel, Granulierteller und Granulierkonus.

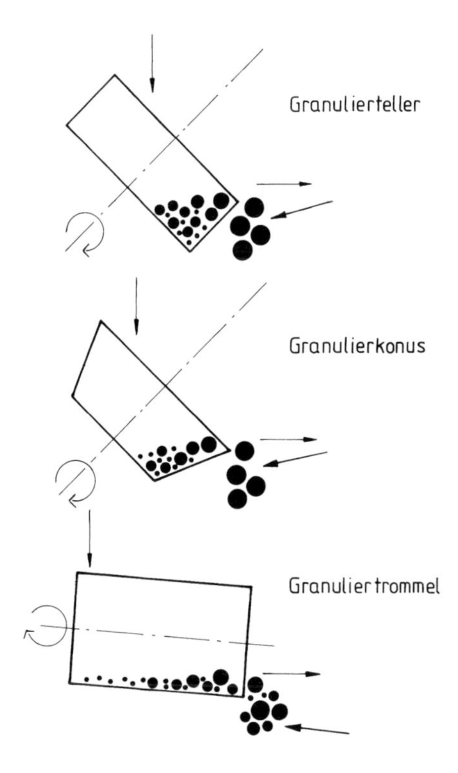

Abb. 5-15. Schematische Darstellung von Geräten für die Rollagglomeration

Zu den Granuliertrommeln gehören die Geräte in Tab. 5-6.

Die *zylindrischen Trommeln* haben Längen bis zu 10–15 m und Durchmesser bis zu 2–3 m. Massenströme von 50 t/h sind nichts Außergewöhnliches, besonders bei Eisenerzkonzentraten. Das Verhältnis von Länge und Durchmesser kann 4:1 betragen. Die verschiedentlich eingesetzten Trommeln mit Einbauten haben den Vorteil der Selbstreinigung, aber auch den Zweck, trockenes Pulver zu granulieren. Beim Granulieren von Düngemitteln werden solche Trommeln mit Einbauten eingesetzt, um Krustenbildung zu verhindern. Technisch interessant sind die Doppel-Granuliertrommeln, die aus einer inneren und äußeren Trommel bestehen. Sie wurden konstruiert, um den Effekt zu nutzen, daß bestimmte Stäube besser granulieren, wenn ein gewisser Anteil an Granulaten bereits vorhanden ist. Über eine Schöpfvorrichtung werden Granulate der äußeren Trommel entnommen, der Innentrommel zugeführt und dort mit dem nicht granulierten Feststoff und der Flüssigkeit zusammen granuliert. Den Nachteil des fehlenden Klassiereffektes versuchen mehrfach *konische Granuliertrommeln* zu beheben. Die größeren Granulate wandern zum größeren Durchmesser des Konus. Durch das Hintereinanderschalten von mehreren konischen Trommeln sollte eine Vergleichsmäßigung der Granulatgrößen erreicht werden. Geräte dieser Art haben sich gegen die überzeugende Konstruktion des Tellers auch deshalb nicht durchgesetzt, weil sie schwer zu reinigen sind. Diesbezüglich besser ist der *„Einfach-Granulierkonus"*, der aus den USA stammt und dort u. a. für Eisenerzkonzentrate eingesetzt wird. Mit dem

Tabelle 5-6. Granuliertrommeln

1	Zylindrische Trommeln
1.1	Trommeln ohne Einbauten
1.2	Trommeln mit Einbauten
1.3	Doppeltrommeln
2	Konische Trommeln
2.1	Multikonen
3	Dragiertrommeln
4	DELA-Trommeln

Granulierkonus können klassierend Granulate in einem engen Kornspektrum erzeugt werden. Für den nicht kontinuierlichen Betrieb in der pharmazeutischen und Nahrungsmittelindustrie wird die *Dragiertrommel* verwendet. In die Dragiertrommel werden Kerne eingefüllt, die dann bei laufender Maschine umhüllt werden. Das kann durch eine wechselnde Zugabe von Flüssigkeit und Puder oder durch Aufsprühen geschmolzener Substanzen geschehen. Um den zuvor erwähnten Nachteil der Nicht-Klassierung zu beheben, gibt es eine Reihe von Vorschlägen.

Der Nachteil einer Granuliertrommel in bezug auf den Klassiereffekt kann nur mit Trommeln behoben werden, bei denen die Längsachse vom Punkt der Aufgabe bis zum Punkt des Austrags ansteigt.

Durch diese Schrägstellung der Trommel mit ansteigendem Winkel in Richtung Austrag wird ein guter Klassiereffekt erzielt. Die am höchsten Ende der Trommel ausgetragenen Granulate sind von nahezu gleicher Größe. Sie weisen ein enges Kornspektrum auf, so daß ein Nachsieben in der Regel entfällt. Außerdem hat diese Trommel den wesentlichen Vorteil, daß der Füllungsgrad von ca. 2–3% auf mindestens 10%, zumeist aber auf 20–25% gesteigert werden kann. Diese deutliche Leistungssteigerung schlägt sich auch in einem geringeren spezifischen Energiebedarf nieder (*Dela*-Trommel). Wie Abb. 5-16 zeigt, wird das zu agglomerierende Rohmehl über die Förderschnecke A aufgegeben. Falls notwendig, wird über die Flüssigkeitsdosierung B Wasser oder eine andere Flüssigkeit zugesetzt. Der Abstreifer C in der Trommel hält die Innenwandflächen frei von Materialansätzen. Bei D werden die durch die Aufbaugranulation (Rollgranulation) hergestellten Agglomerate ausgetragen. Mit Hilfe der Hubvorrichtung E ist es möglich, den Winkel des Anstieges der Trommel zu verändern. Der stufenlos regelbare Antrieb F kann über Zahnradkränze und/oder Ketten erfolgen.

Die Wirkung der Trommel beruht darauf, daß an ihrer tiefsten Stelle Rohmehl und Granulierflüssigkeit zusammengeführt werden und daß sich hier in kurzer Zeit Granulatkeime bilden, an denen sich weitere Partikeln anlagern. Die Bindung wird durch Zusatz einer Flüssigkeit, im Regelfall Wasser, erreicht. Es bilden sich Flüssigkeitsbrücken zwischen den einzelnen Partikeln. Ein schon gebildeter Granulatkeim und die zugegebenen Partikeln haben durch das kontinuierlich eingedüste Wasser an der Oberfläche jeweils einen Flüssigkeitsfilm.

Mit der Drehbewegung der Trommel werden durch die erzeugten Druck-, Fall- und Scherkräfte Partikeln und Granulatkeime soweit angenähert, bis sie sich durch die Oberflächenspannung des Flüssigkeitsfilms vereinigt haben. Der Granulatkeim wächst so, bis das Granulat die gewünschte Größe erreicht hat. Die Drehbewegung der Trommel bewirkt, daß sich die größeren Granulate aus dem Haufwerk herauslösen und der Austragsöffnung zustreben.

Dieses Phänomen ist einem Dreh-Schub-Effekt zuzuschreiben, der mit keiner anderen Trommel erzielt wird. Die Größe der Granulate kann durch Änderungen des Neigungswinkels, der Rohmehlmengen-Dosierung, der Umfangsgeschwindigkeit und der Flüssigkeitsmengen-Dosierung gesteuert werden (*Heinze* [17, 18]). Die Bewegungsabläufe der als *Dela*-Trommel bezeichneten Granuliertrommel sind in Abb. 5-16 zeichnerisch dargestellt.

Den Partikeln wird durch die Drehbewegung der Trommel eine Rollbewegung aufgezwungen. Gleichzeitig bewegen sie sich vorwärts und rückwärts, wobei die Vorwärtsbewegung überwiegt. Die Vorwärtsbewegung ist abhängig von der Menge des zugegebenen Rohmehls und diese wiederum von den Stoffeigenschaften des Rohmehls, d. h. von der für die Granulation notwendigen Verweilzeit. Je besser und schneller ein Rohmehl aufgrund seiner stofflichen Eigenschaften granuliert, um so geringer ist die Verweilzeit. Für den Praktiker: um so größer ist der Massenstrom.

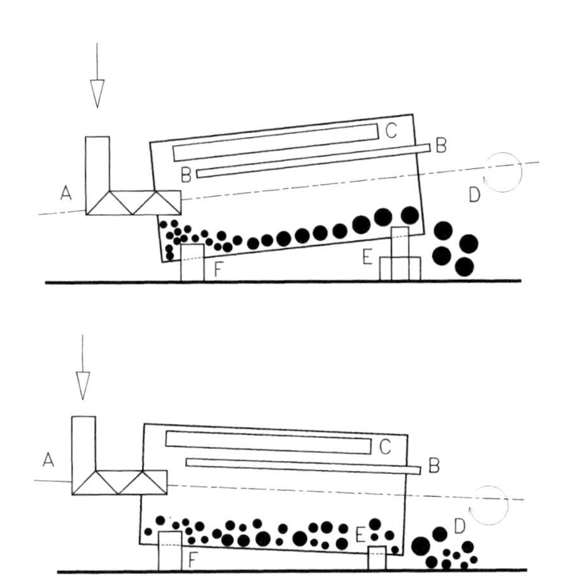

Abb. 5-16. Bewegungsabläufe in der *Dela*-Trommel (oben) und in einer herkömmlichen Trommel (unten)

5.2.5.3 Granulier- und Pelletierteller

Es gibt weder eine wissenschaftliche noch eine technische Begründung für die Verwendung der Begriffe Granulier- und Pelletierteller sowie Granulier- und Pelletiermischer. Die Begriffe, Benennungen und Bezeichnungen sind jeweils abhängig von Firmen (Abb. 5-17) oder Autoren. Es wird auf die Tab. 1-3 (siehe Seite 4) verwiesen.

Abb. 5-17. Ansicht eines Pelletiertellers (Werkbild *Lurgi*)

Der Granulierteller rotiert um eine schräg stehende Achse, hat einen senkrecht stehenden Rand und ist in einem bestimmten Bereich der Schräge verstellbar.

Ein Granulierteller setzt sich aus folgenden Teilelementen zusammen:

- Grundkonstruktion zur Aufnahme des Tellers und des Antriebes
- Teller bestehend aus Tellerboden und -rand
- Einrichtung zur Veränderung des Neigungswinkels des Tellers
- Einrichtungen zur Zufuhr von Feststoffen oder Schlämmen, Breien etc. und der Granulierflüssigkeit
- Einrichtung zur Reinigung des Tellerbodens und -randes

Abb. 5-18 zeigt einen Granulierteller.

An einer Stelle im Teller wird das Feststoffpulver zugeführt und an einer anderen die Granulierflüssigkeit. Durch die Drehbewegung des Tellers werden die Feststoffteilchen und die bereits agglomerierten Teilchen mitgerissen bis zur höchsten Stelle des Tellers und rollen von dort auf der schräg stehenden Materialschicht nach unten ab. Die größten Granulate verlassen den Teller über den Rand.

Abb. 5-18. *Eirich*-Pelletierteller in Betrieb (Granulierteller). 1 Wasserzugabe, 2 Materialaufgabe, 3 Pelletauslauf (Werkfoto *Gustav Eirich*, Hardheim)

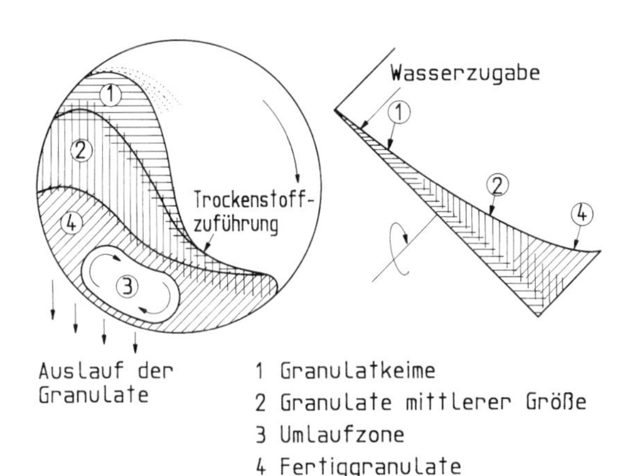

Abb. 5-19. Arbeitsprinzip eines Granuliertellers unter besonderer Darstellung der örtlichen Bildung der Granulatgrößen (nach *Papadakis* [24, 26])

Der Zulauf an Feststoffen und die Zugabe an Granulierflüssigkeit bedingen den Ablauf der Pellets (Abb. 5-19).

Es ist zweckmäßig, die Granulierflüssigkeit in den nach unten laufenden Feststoffstrom einzusprühen.

Durch veränderte Maßnahmen ist die Pelletgröße zu beeinflussen:
- Neigungswinkel des Tellers
- Drehzahl des Tellers
- Verhältnis der Höhe des Tellerrandes zum Tellerdurchmesser
- Art und Ort der Flüssigkeitszugabe
- Ort der Feststoffaufgabe und Kornfeinheit und Kornspektrum des Feststoffes

Alles ist auf einen bestimmten Feststoff zu beziehen, denn seine spezifischen Eigenschaften sind tendenzbestimmend. Es gibt Granulierteller bis zu einem Durchmesser von 7 m. Die Durchsatzleistung erreicht Werte von 50 t/h. Bei Stoffen mit einer hohen Schüttdichte bis zu 100 t/h. Nach *Ries* [19, 20] kann man 4 Bauarten unterscheiden:

- Granulierteller mit höherem Rand (bis zu 50% vom Durchmesser)
- Granulierteller mit flachem Rand (8–15% vom Durchmesser)
- Stufengranulierteller
- Puderrand-Granulierteller

Die Granulierteller mit flachem Rand sind die gebräuchlichsten.

Die Entscheidung, ob ein Teller mit einem höheren oder einem flacheren Rand einzusetzen ist, soll von Vorversuchen und nicht allein von theoretischen Überlegungen abhängig gemacht werden. Sehr oft macht man die Erfahrung, daß andere Faktoren, wie Stoffbeschaffenheit (Oberfläche, Struktur, Benetzbarkeit, Feinheit) und Art der Granulierflüssigkeit, einen stärkeren Einfluß auf den Granuliervorgang ausüben als die Form des Tellers.

Der Stufenteller bietet neben dem Vorteil einer verbesserten Klassierung die Möglichkeit, das Granulat in den einzelnen Stufen mit verschiedenen Stoffen zu umhüllen. Für eine notwendige Puderung verwendet man einen Teller mit einem sogenannten Puderrand. Für die verschiedenen Möglichkeiten der Agglomeraterzeugung und des Einsatzes von Granuliertellern hat *Ries* ein Schema entwickelt, das in Abb. 5-20 wiedergegeben ist.

Aus dieser Darstellung ist die Vielzahl der Möglichkeiten erkennbar, Rollgranulate zu erzeugen. Rollgranulate lassen sich aus einem Feststoff oder aus mehreren Komponenten herstellen. Zur Vorgranulation unter Verwendung einer Granulierflüssigkeit dient ein Mischgranulator. Über die Wege A, B und C fließen die Rohstoffe oder die vorgranulierte Mischung in den Granulierteller und werden dort durch eine Rollgranulation agglomeriert. Die Art der Granulierflüssigkeit läßt dann weitere Varianten zu:

- Granulierung eines einzelnen Feststoffes mit Wasser
- Granulierungen von Mischungen aus Feststoffen, ggfs. unter vorherigem Zusatz von Granulierflüssigkeiten, wie Bindemittellösungen, Schlämmen und Schmelzen

In einem Granuliergerät kann auch durch Schmelzen des Feststoffes oder durch das Abkühlen einer Schmelze in dem sich drehenden Gerät granuliert werden. Be-

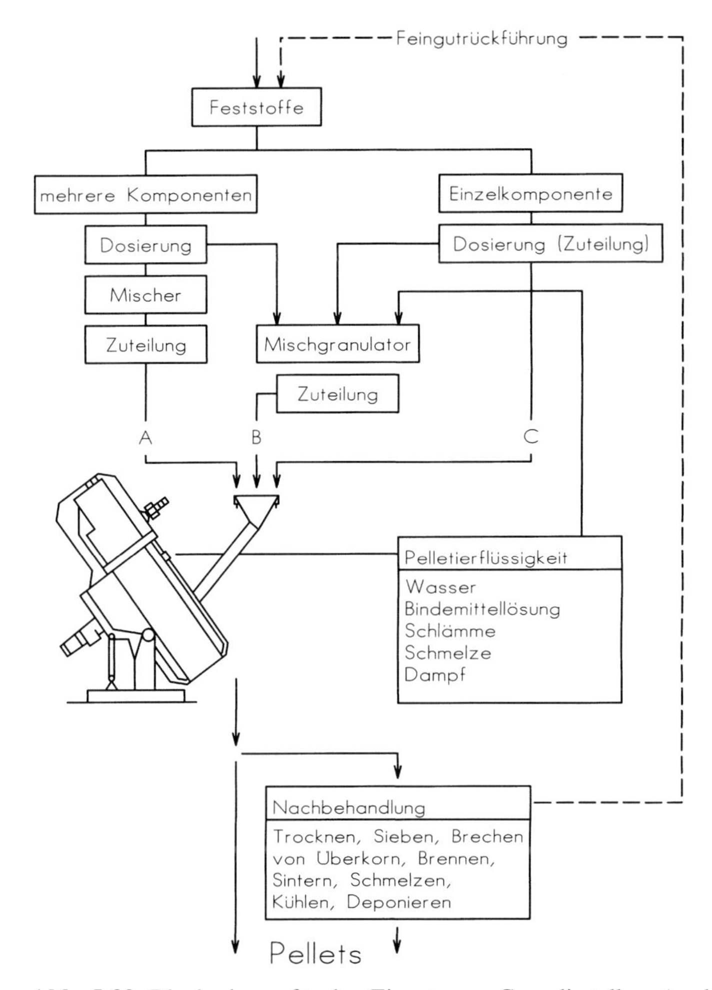

Abb. 5-20. Blockschema für den Einsatz von Granuliertellern (nach *Ries* [19, 20])

stimmte Stoffe lassen sich auch trocken, ohne jegliche Zusätze granulieren. Allerdings sind das Einzelfälle.

Die Beeinflußbarkeit der Granulateigenschaften

Bei der Beeinflußbarkeit der Granulateigenschaften müssen zwei Gruppen unterschieden werden:

- Eigenschaften, die durch den Granuliervorgang selbst nicht mehr zu beeinflussen sind
- Eigenschaften, die durch den Granuliervorgang beeinflußt werden können

Beide Gruppen interessieren gleichermaßen und ihre Beachtung ist für das Erreichen der gewünschten Eigenschaften unerläßlich.

Durch den Granuliervorgang nicht beeinflußbare Eigenschaften

Durch den Granuliervorgang sind nicht zu beeinflussen:
- die repräsentative Korngröße der granulatbildenden Teilchen
- die Oberflächenspannung der Granulierflüssigkeit
- die Benetzbarkeit des Feststoffes
- die stoffliche Zusammensetzung

Es handelt sich um Parameter, die für die Eigenschaften der fertigen Granulate entscheidend sind.

Korngröße der granulatbildenden Teilchen

Zur Charakterisierung einer Korngröße sollten angegeben werden:

- die Ergebnisse der Siebanalyse
- der mittlere Korngrößendurchmesser und
- die spezifische Oberfläche

Im Abschnitt über den Bindemechanismus ist der Zusammenhang zwischen der Zugfestigkeit von Agglomeraten und der repräsentativen Korngröße für Modellsubstanzen nach *Rumpf* [21] mathematisch beschrieben worden.

Es gilt allgemein: Die Zugfestigkeit ist der Korngröße umgekehrt proportional.

Diese Korrelation bezieht sich nicht nur auf die Zugfestigkeit, sondern auf jede Art von Festigkeit, also auch auf die Druck-, Fall- und Abriebfestigkeit. Vom Ausgangsstoff für die Rollgranulierung wird gefordert, daß die Feinheit der zu agglomerierenden Teilchen unter 0,2 mm liegen soll. Das gilt erstens nicht für jeden Stoff und zweitens ist diese Forderung unter bestimmten Voraussetzungen auf etwa 50% zu begrenzen. Da sich jeder Stoff aufgrund seiner Struktur beim Zerkleinern anders verhält, entstehen Partikeln unterschiedlicher Form, Struktur und Oberflächenbeschaffenheit. Bei der Zerkleinerung können kubische, annähernd runde oder auch splittrig-faserige Partikeln entstehen, die sich beim Granulieren völlig verschieden verhalten. Aus den Daten der Siebanalyse lassen sich keine Rückschlüsse auf die Form und Struktur eines Stoffes schließen. Manche Stoffe zerbrechen beim Zerkleinern in mehr kubische und andere in mehr splittrige Teilchen. Wegen des Rolleffektes bei der Granulierung ist leicht einzusehen, daß sich diejenigen mit kubischer Form leichter granulieren lassen, als diejenigen mit splittrigem Äußeren. Die zuvor geforderte Zerkleinerung unter 0,2 mm ist mit hohen Kosten verbunden. Deshalb stellt sich die Frage, ob man dieser Notwendigkeit anders begegnen kann. *Rumpf* [22] führt aus, daß der zu agglomerierende Stoff auch einen erheblichen Teil an gröberen Körnern enthalten kann, wenn gemäß der in Abb. 5-21 dargestellten Modellvorstellung die kleineren Teilchen die gröberen allseitig umgeben. Die Festigkeit der Agglomerate aus dem Gemisch von groben

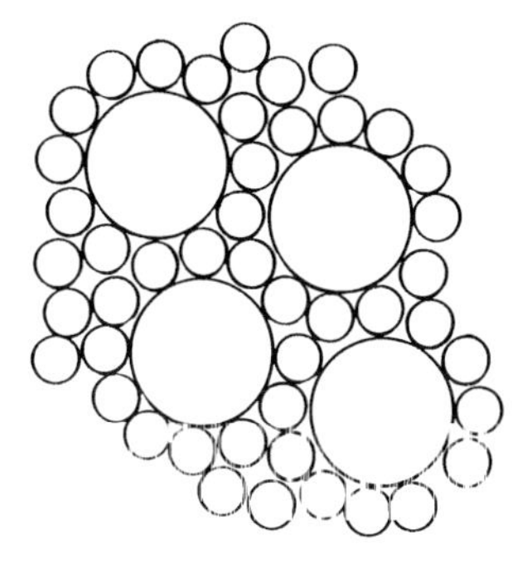

Abb. 5-21. Modellvorstellung zum Einfluß des Feinanteils auf die Festigkeit von Granulaten (nach *Rumpf* [22])

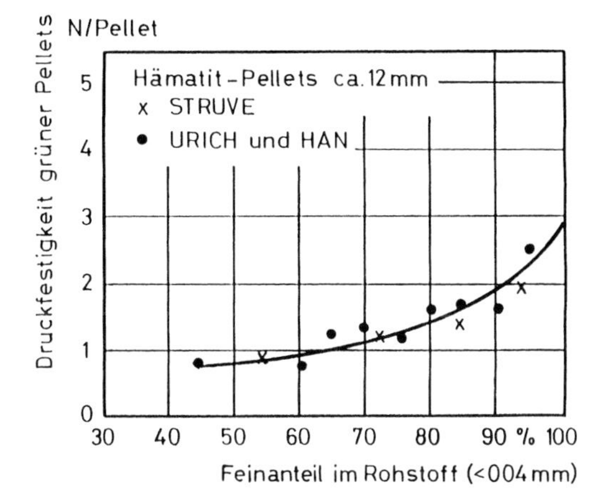

Abb. 5-22. Beziehung zwischen der Druckfestigkeit und den Feinanteilen bei Eisenerzagglomeraten (nach *Struve* [27, 28])

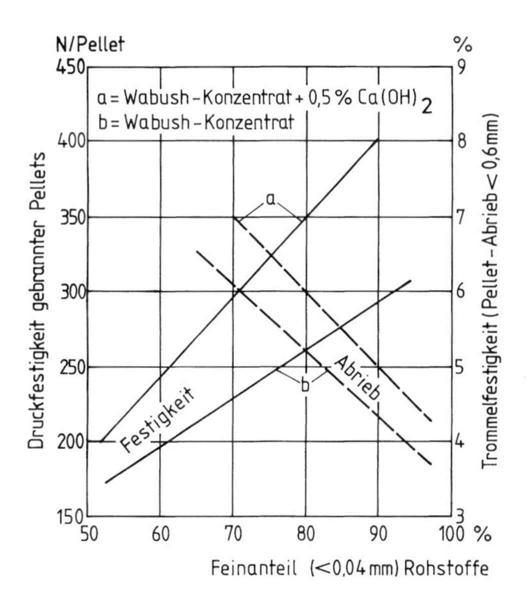

Abb. 5-23. Druck- und Trommelfestigkeit gebrannter Agglomerate (Pellets) in Abhängigkeit von Feinanteilen der Rohstoffe sowie der Einfluß von Calciumhydroxid (nach *Meyer* [34])

und feinen Teilchen entspricht dann derjenigen von Agglomeraten, die nur aus feinen Teilchen aufgebaut sind. Den Zusammenhang zwischen den Feinanteilen einer zu agglomerierenden Mischung und der Festigkeit zeigt Abb. 5-22 für Hämatit.

Zusätze von besonders feinteiligen Stoffen werden auch als „Granulierhilfsmittel" bezeichnet. So werden z. B. bei der Pelletierung von Eisenerzen Flugasche oder Bentonit zugegeben.

Abb. 5-23 zeigt die festigkeitserhöhende Wirkung von Calciumhydroxid beim Granulieren von Eisenerz-Flotations-Konzentrat.

Oberflächenspannung und Benetzbarkeit

Die Zugfestigkeit eines Agglomerates steigt mit zunehmender Benetzbarkeit und Oberflächenspannung der Granulierflüssigkeit.

Da die Benetzbarkeit und die Oberflächenspannung gegenläufig sind, können Probleme bei der Granulierung von schwer benetzbaren Stoffen auftreten. Schwer benetzbare Stoffe sind z. B. Ruß und auch Flotationskonzentrate, an denen noch hydrophobe Stoffe anhaften. Zur Verbesserung der Benetzbarkeit können der Granulierflüssigkeit Netzmittel zugesetzt werden. So gelingt es, die Partikel zu benetzen, indem man die Oberflächenspannung herabsetzt. Das wiederum hat den Nachteil, daß damit auch die Festigkeit der Granulate verringert wird. Deshalb ist man in der Praxis gezwungen, einen Kompromiß einzugehen.

Interessant ist der Kunstgriff von *Klatt* [23, 25], dem Feststoff zunächst nur eine geringe Menge an entspanntem Wasser zuzugeben. Das etwas vorgefeuchtete Material wird anschließend mit Wasser, das eine relativ große Oberflächenspannung besitzt, wie üblich granuliert.

Tab. 5-7 zeigt den Zusammenhang zwischen der Oberflächenspannung, der Granulierflüssigkeit und der Druckfestigkeit.

Tabelle 5-7. Festigkeit und Oberflächenspannung von Feuchtagglomeraten (nach *Conway-Jones*)

Alkohol-Wasser-Mischungen			
Alkohol [Vol.%]	Wasser [Vol.%]	Oberflächenspannung a [10^{-3} N/m]	Druckfestigkeitsfaktor K [daN/cm^2]
0	100	72,2	8,15
10	90	50,2	5,91
30	70	35,0	4,44
100	0	22,3	2,37

Die stoffliche Zusammensetzung

Die chemischen und physikalischen Eigenschaften des zu granulierenden feinteiligen Feststoffes sind für die Granulierbarkeit von ausschlaggebender Bedeutung. Verbunden ist der Begriff „Granulierbarkeit" immer mit den Zielvorstellungen über das Endprodukt, denn granulieren kann man fast alle Stoffe. Entscheidend ist nur, ob die Agglomerate den Anforderungen entsprechen. In der Futtermittel-Industrie hat man über das Verhalten der verschiedenen Stoffe beim Pelletieren Erfahrungen gesammelt und die Stoffe nach dem Preßverhalten geordnet. Das kann für den Praktiker eine gute Hilfe sein. Es wäre bestimmt eine reizvolle und nützliche Aufgabe, das Granulierverhalten der mannigfaltigen Stoffe unter jeweils gleichen Bedingungen zu definieren und eine Systematik hierüber aufzustellen.

Erfahrungsgemäß läßt sich ein mittelhartes Material, das beim Zerkleinern zu einer mehr oder weniger kubischen Form mit einer etwas angerauhten Oberfläche zerfallen ist, vorteilhaft granulieren.

Durch den Granuliervorgang beeinflußbare Eigenschaften

Durch den Granuliervorgang sind zu beeinflussen:
- die Form der Agglomerate
- die Größe der Agglomerate
- die Porosität
- die Feuchtigkeit
- der Flüssigkeitsfüllungsgrad

Die wichtigste Eigenschaft ist die Porosität, weil sie die anderen Eigenschaften des Agglomerats mehr oder weniger stark beeinflußt.

Porosität der Granulate

Die Porosität hängt einerseits von der Korngröße und der Korngrößenverteilung des zu agglomerierenden Stoffes und anderseits vom Granuliervorgang selbst ab.

Es wirken im Granulierteller zwei Kräfte:
- Oberflächenspannung der Granulierflüssigkeit
- mechanische Kräfte

Beeinflußbar beim Tellerbetrieb sind die mechanischen Kräfte, insbesondere diejenigen, die durch die Fallhöhe im Teller bedingt sind. Die Porosität wird sinken, wenn die Fallhöhe bei großem Tellerdurchmesser groß ist. Diesen Zusammenhang fanden *Papadakis* und *Blombled* [24] bestätigt (Tab. 5-8).

Der Neigungswinkel, mit dem der schräg stehende Teller im praktischen Betrieb gefahren wird, liegt zwischen 45° und 55°. Durch eine Verstellung des Tellers kann man die Verweilzeit verändern. Je flacher der Teller geneigt ist, um so größer ist die Verweilzeit und um so kleiner die Fallhöhe. Beide Größen – Fallhöhe und Verweilzeit – verhalten sich diametral. Durch eine Erhöhung des Telleran-

Tabelle 5-8. Abhängigkeit der Granulatporosität vom Tellerdurchmesser

Teller	Granulierteller-Durchmesser D in m	Porosität in %
Laborteller	0,4	30–35
Laborteller	0,8	25–30
Betriebsteller	4,0	20

Tabelle 5-9. Porosität und Feuchtigkeit von Granulaten mit und ohne Stufeneinbauten im Granulierteller

Tellereinbauten (Stufen)	mit	ohne
Endfeuchtigkeit des Granulates in %	15,9	12,9
Porosität des Granulates in % (15 mm Durchmesser)	36,6	29,2

des könnten andere Verhältnisse geschaffen werden. Das ist nur begrenzt möglich, weil das Fassungsvermögen des Tellers dann ansteigt und eine höhere Antriebsleistung erforderlich ist, was neue Konstruktionen bedingt. Die jetzigen Konstruktionen führten zu Geräten, die das Stadium der Entwicklung hinter sich gelassen und sich bereits bewährt haben. Die Veränderung des Neigungswinkels des Tellers im Bereich 45° bis 55° bringt bereits Beeinflussungsmöglichkeiten der Fallhöhe und damit der Porosität. Der stärkere Einfluß auf die Porosität ist jedoch vom Durchmesser des Tellers abhängig. Bei großem Tellerdurchmesser – so wie in der Eisen- und Zementindustrie eingesetzt – hat man zuweilen das Problem, daß die Granulate eine zu geringe Porosität aufweisen und deshalb bei der nachfolgenden Härtung im Ofen zerplatzen. Um die großen Teller und damit die hohen Massenströme beibehalten zu können, werden die großen Teller mit Einbauten versehen, um die Fallhöhe zu verringern. Bei einer verringerten Fallhöhe steigt die Porosität wieder an. *Klatt* [25] hat hierzu Werte angegeben, die in Tab. 5-9 zusammengestellt sind.

Die Erhöhung der Porosität durch die Einbauten ist unverkennbar. Eine weitere Möglichkeit, die Porosität zu beeinflussen, liegt in der Veränderung der Drehzahl des Tellers. Die Darstellung in Abb. 5-24 soll die Auswirkungen der Drehzahlveränderung auf die Bewegung des Granuliergutes zeigen.

Nach *Papadakis* [26] werden Granulierteller im allgemeinen mit Drehzahlen von $n \approx 0{,}75\ n_{krit.}$ betrieben. Bei dieser Drehzahl sind die Fallhöhe und die Verweilzeit betriebsgerecht eingestellt. Die kritische Drehzahl, also die Drehzahl, bei der die gebildeten Granulate durch die Zentrifugalkraft an den Tellerrand gedrückt werden, läßt sich unter Berücksichtigung der in Abb. 5-25 dargestellten Geometrie nach *Klatt* [25] folgendermaßen berechnen:

$$n_{krit.} = \frac{42,3}{\sqrt{D}} \cdot \sqrt{\sin \beta} \tag{5-1}$$

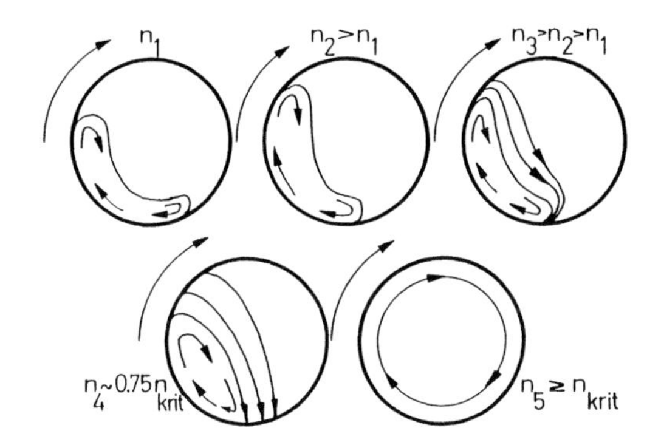

Abb. 5-24. Bewegungsbahnen im Granulierteller (nach *Pietsch* [29])

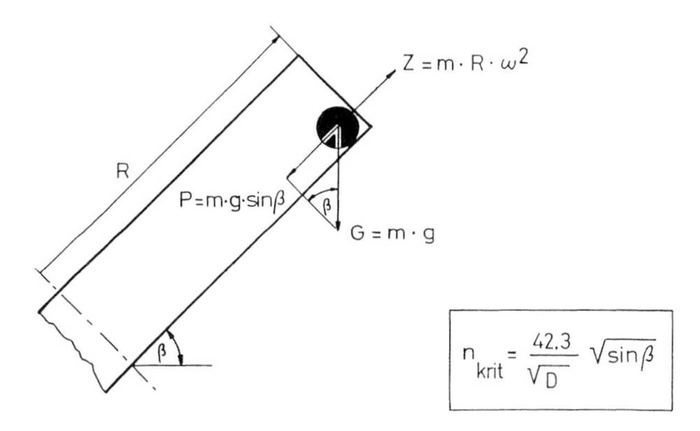

Abb. 5-25. Kritische Drehzahl eines Granuliertellers (nach *Pietsch* [29])

Es bedeuten:
$n_{krit.}$ = kritische Drehzahl [min^{-1}]
D = Tellerdurchmesser [m]
β = Winkel der Tellerneigung

Granulatform, -oberfläche und -größe

Durch den Rollvorgang entstehen über Keimbildung und Anlagerung von feinteiligen Partikeln kugelförmige Gebilde. Die Grundform ist also die Kugel, die mehr oder weniger ideal ausgebildet ist. Ihre Oberfläche ist glatt bis rauh. Durch Untersuchungen an Erzkonzentraten und Feinerz haben *Bhrany* und Mitarbeiter [27, 28] allgemein gültige Zusammenhänge gefunden:

Für jedes zu agglomerierende Pulver existiert eine kritische Feuchtigkeitsaufnahmemenge, und es besteht eine Abhängigkeit zwischen dieser und dem Kapillaritätsverhalten des Feststoffes.

Die *kritische Feuchtigkeitsaufnahmemenge* steht zu folgenden Eigenschaften des Rohstoffes:

- Korngröße
- Kornspektrum
- Porosität (des Stoffes, nicht des Agglomcrates)
- Benetzungsverhalten

Die *Beschaffenheit der Oberfläche* der Granulate läßt erkennen, wie sich die zugegebene Menge an Granulierflüssigkeit in Bezug zur kritischen Feuchtigkeitsmenge verhält. Sind die Granulate in ihrem Aussehen mit der Oberfläche eines Golfballs zu vergleichen, d. h., sie sind so trocken, daß von der Oberfläche kleine Stücke abspringen und die Granulate beim Aufprall auf den Tellerrand zerspringen, dann ist die zugegebene Menge an Granulierflüssigkeit zu gering. Sobald bei einer Erhöhung der Flüssigkeitszugabe keine Stücke mehr abspringen, sondern sich Stükke anlagern und die Granulate wie Brombeeren (Abb. 5-26) aussehen, dann beginnt die Phase der Überfeuchtung. Das kann soweit gehen , daß überdimensional große (kartoffelähnliche) Granulate entstehen. Für den Praktiker bedeutet dies, daß der Zulauf an Granulierflüssigkeit gedrosselt werden muß. Es kann aber auch bedeuten, daß keine Granulierung zustande kommt. Dann muß die Granulierung erneut begonnen werden. Selbst eine vermehrte Zugabe an trockenen Feststoffen führt bei einer Überfeuchtung nicht immer zum Ziel.

Ein gut ausgeführter Granuliervorgang beruht immer auf der Einhaltung einer optimalen Feuchtigkeitsmengenzugabe.

Um die erzeugten Granulate hinsichtlich der Oberfläche zu verbessern, läßt man sie auf einem zusätzlichen Tellerrand nachrollen, oder man pudert sie, wenn sie eine zu feuchte Oberfläche haben.

Die Granulatgröße ist nicht eindeutig durch *einen* Faktor zu beeinflussen. Im Einzelnen müssen beim Granulieren folgende Faktoren beachtet werden, um eine gewünschte Größe der Granulate zu erreichen:

- Feuchtigkeitsmenge
- Tellerneigung
- Verweilzeit im Teller
- Rohstoffzugabe
- Durchsatzmenge

Golfballartige Struktur: zu trocken, kleine Stücke platzen heraus

Brombeerartige Struktur: zu feucht, kleine Stücke haften an

Abb. 5-26. Oberflächenstrukturen von Agglomeraten der Rollgranulation (nach *Pietsch* [29])

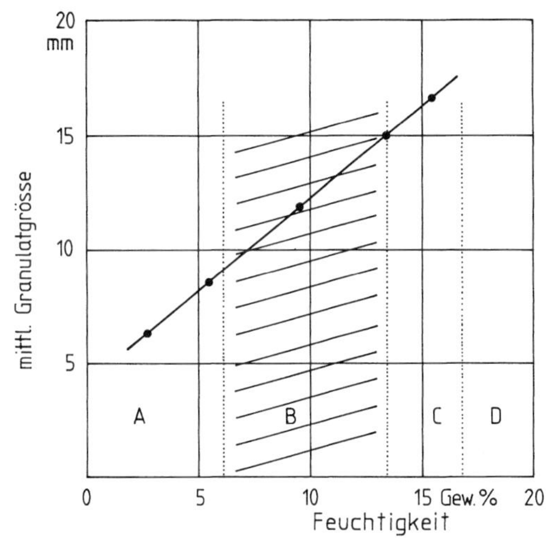

Abb. 5-27. Abhängigkeit der Granulatgröße von der bei der Aufbauagglomeration zugesetzten Flüssigkeitsmenge (nach *Papadakis* und *Blombled* [24])

Tabelle 5-10. Änderung des mittleren Pelletdurchmessers bei Veränderung der Tellerneigung um 10° von 45° auf 55°

Rohmaterial	Pelletdurchmesser		Abnahme des Pelletdurchmessers	
	vorher [mm]	nachher [mm]	[mm]	[%]
Ziegelmehl	12,7	6,1	6,6	51,9
Ziegelmehl	24,1	18,6	5,5	22,8
Quarzit	30,9	18,4	12,5	40,4
Kalksteinmehl	27,3	17,5	9,8	35,8

Durch eine vermehrte Zugabe an Granulierflüssigkeit kann man bei bestimmten Rohstoffen die mittlere Granulatgröße erhöhen. Auf den ersten Blick scheint dieser Zusammenhang bei der Betrachtung von Abb. 5-27 (*Papadakis* und *Blombled* [24]) eindeutig. In Wirklichkeit erhält man nur im Bereich B brauchbare Granulate. Im vorliegenden Fall sind dies Granulate in der Größe zwischen 10–15 mm.

Was ist jedoch, wenn die Aufgabenstellung nur eine maximale Größe von 10 mm zuläßt? Dann muß ein anderer Faktor genutzt werden, um die Zielvorstellung zu erreichen: die Veränderung der Tellerneigung. In diesem Fall müßte der Teller schräger gestellt werden, wie die Versuchsergebnisse von *Gründer* und *Hildenbrand* [49] zeigen (Tab. 5-10).

Bei der Erhöhung des Massenstromes nimmt der Granulatdurchmesser ebenfalls ab. Gleichzeitig wird aber die Größenverteilung der Granulate breiter. Durch diese Maßnahme treten zwei Nebenerscheinungen auf: Die Porosität nimmt zu

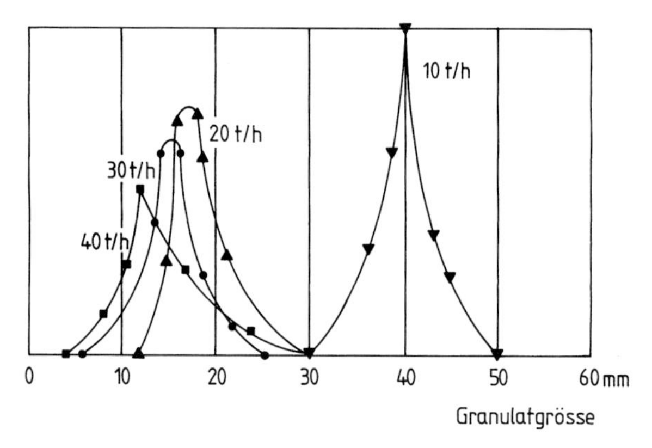

Abb. 5-28. Massendichteverteilung der Granulatgrößen bei verschiedenen Massenströmen in Granuliertellern (nach *Kayatz* [30])

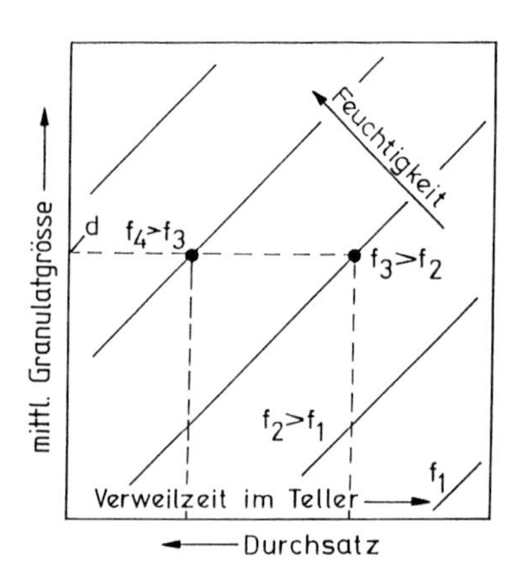

Abb. 5-29. Qualitative Abhängigkeiten der mittleren Granulatgröße von den Parametern Feuchtigkeit, Verweilzeit und Durchsatz bei der Aufbaugranulation im Granulierteller (nach *Kayatz* [30])

und der Bedarf an Granulierflüssigkeit steigt. Die Beziehung zwischen Granulatgröße und der Veränderung des Massenstromes hat *Kayatz* [30] aufgezeigt. Sie ist in Abb. 5-28 graphisch dargestellt. Vom gleichen Autor stammt das Diagramm in Abb. 5-29, das die Zusammenhänge zwischen Granulatgröße, Feuchtigkeit, Verweilzeit und Durchsatz verdeutlicht. Es ist richtig, dieses Diagramm nicht mit Zahlenwerten zu versehen, da die Werte von Tellergröße zu Tellergröße und von Material zu Material verschieden sind.

Für den Praktiker ist dieses Diagramm sehr nützlich, da es auf das hinweist, was zu tun ist, wenn bestimmte Zielvorstellungen erreicht werden sollen. Als Beispiel ist in dem Diagramm durch eine gestrichelte Linie angezeigt: wenn die Granulatgröße beibehalten werden soll, aber die Verweilzeit verkürzt werden muß, um einen höheren Durchsatz zu erzielen, dann ist die Feuchtigkeit von f3 und f4 zu erhöhen.

Feuchtigkeit der Granulate und Flüssigkeitsfüllungsgrad

Bei der Rollgranulierung werden im Vergleich zu anderen Agglomerationsverfahren Flüssigkeiten benötigt, deren Anteil je nach Beschaffenheit des Rohstoffes zwischen 10 und 35% betragen kann. Die trockene Aufbaugranulierung ist eine Ausnahme.

Das Porenvolumen der Agglomerate wird weitgehend mit der Flüssigkeit aufgefüllt. Je mehr Flüssigkeit die Poren erfüllt, um so höher ist der *Flüssigkeitsfüllungsgrad.* Ein Granulat hat aufgrund seiner Kapillarität das Bestreben, sich mit der angebotenen Flüssigkeit vollzusaugen. Eine Erhöhung des Flüssigkeitsfüllungsgrades wird auch durch eine mechanische Bearbeitung im Granulierteller erzielt. Die damit verbundene Verringerung des Porenvolumens ergibt eine relative Erhöhung des Flüssigkeitsfüllungsgrades. *Pietsch* gibt für die Feuchtigkeit folgende Formel an:

$$f = \psi \frac{\pi \rho_f}{1 - \pi \rho_s} \tag{5-2}$$

Mit:
ψ = Flüssigkeitsfüllungsgrad
π = Porosität
ρ_f = Flüssigkeitsdichte
ρ_s = Feststoffdichte

Mit Wasser als Granulierflüssigkeit und Kalksteinmehl mit einer spezifischen Dichte von 2,71 g/cm^3 und einem Flüssigkeitsfüllungsgrad von 80% errechnet sich die Feuchtigkeit unter Zugrundelegung einer Porosität von 35% folgendermaßen:

$$f = 80 \cdot \frac{0,35}{1 - 0,35} \cdot \frac{1}{2,71} \qquad f = 15,9\% \tag{5-3}$$

Diese Berechnung gilt für einen porenfreien Feststoff, der allerdings in der Praxis kaum anzutreffen ist.

Granulate haben im allgemeinen Flüssigkeitsfüllungsgrade zwischen 80–95%.

5.2.5.4 Granuliertrommel

Die ersten Granuliertrommeln für eine Rollgranulierung wurden unabhängig voneinander 1912 und 1913 von *Andersen* [31] in Schweden und dem Deutschen *Brackelsberg* [32, 33] erfunden und gebaut. Ihre Aufgabe war es, feinteilige Eisenerze zu pelletisieren. Die Entwicklung der Granuliertrommel war eng verknüpft mit der Eisenerzpelletisierung und der Hüttenindustrie. *Meyer* [34, 35] hat die Entwicklung der Eisenerzpelletisierung eingehend beschrieben und verwendet den Ausdruck „Pelletisierung", der in diesem Abschnitt beibehalten werden soll. Das Stückigmachen feinkörniger Eisenerze begann um die Jahrhundertwende durch das Sintern des Erzes mit Koks. Einige Jahre später begann man, sich mit der Pelletisierung zu beschäftigen. Es dauerte allerdings mehr als drei Jahrzehnte, bis das Verfahren der Pelletisierung zur Betriebsreife entwickelt war. Besonders in den USA und in Schweden hat man sich mit den Problemen der Pelletisierung von feinkörnigen Eisenerzen auseinandergesetzt. Je größer das Angebot an feinkörnigen Eisenerzen durch Flotationsabbrände, Flotations- und Magnetkonzentrate war, um so stärker wurde das Verfahren zur Pelletisierung weiterentwickelt. Ende der 40er, Anfang der 50er Jahre wurden die ersten Betriebsanlagen in Schweden und in den USA in Betrieb genommen. Es wurden Granuliertrommeln eingesetzt, deren Ursprung auf die Entwicklungen von *Brackelsberg* und *Andersen* zurückgeht. Über die Granuliertrommeln als Maschinen zur Pelletisierung von Eisenerzen berichten eine Reihe von Autoren, so z.B. *Tigerschiöld* [36, 37], *Joseph* [38], *Pietsch* [39], von *Struve* [27, 28], *Rausch* [40] u.a. Die von ihnen beschriebenen Trommeln haben Durchmesser von 2–3 m und Längen von 7–8 m. Die Umfangsgeschwindigkeiten solcher Trommeln liegen zwischen 0,7–1,4 m/s. Trommeln dieser Größenordnung weisen Massenströme zwischen 40 und 100 t/h auf. Die Größe der gewünschten Granulate (Pellets) liegt zwischen 10–30 mm. Diese Granuliertrommeln sind zum Austrag hin um 2°–5° geneigt, um damit den axialen Transport zu gewährleisten. Der Füllungsgrad solcher Trommeln ist außerordentlich gering; er beträgt nur etwa 2–3%. Obwohl solche Trommeln den Nachteil haben, daß die austretenden Pellets von sehr ungleicher Größe sind und deshalb anschließend gesiebt werden müssen, ist ihr Einsatz weltweit verbreitet. Die Unterkornrückführung beträgt etwa 200–250% und kann bis auf 400% anwachsen. Allerdings – und auf diese Vorteile verweist *Pietsch* – ist die Trommel durch schwankende Betriebsverhältnisse nicht leicht zu beeinflussen. Das mag der Grund dafür sein, daß noch Ende der 60er Jahre bei der Eisenerzpelletisierung zu etwa 80% Granuliertrommeln eingesetzt wurden, obwohl die Trommel bereits Mitte der 50er Jahre durch die Entwicklung des Granuliertellers Konkurrenz bekommen hatte.

Die verfahrenstechnischen Unterschiede zwischen einer Granuliertrommel und einem Granulierteller sind in Abb. 5-30 dargestellt. Im oberen Teil der Abb. ist das Verfahrensschema bei Einsatz einer Granuliertrommel dargestellt. Hinter der Granuliertrommel befindet sich ein Sieb, von dem das abgesiebte Unterkorn über ein Rücklaufsystem wieder der Trommel zugeführt wird. Ein solcher Rücklauf entfällt beim Einsatz eines Granuliertellers – so wie es im unteren Teil der Abbildung gezeigt wird.

Umfangsgeschwindigkeit und Drehzahl von Granuliertrommeln

Bei Granuliertellern und -trommeln wird als kritische Drehzahl $n_{krit.}$ diejenige bezeichnet, bei der das in der Maschine befindliche Material durch die Wirkung der Zentrifugalkraft an den Tellerrand oder an die Trommelwand geschleudert wird. Rechnerisch läßt sich die kritische Drehzahl für die unterschiedlichen Trommeldurchmesser nach *Pietsch* [39] und *Ries* [41] wie folgt ermitteln:

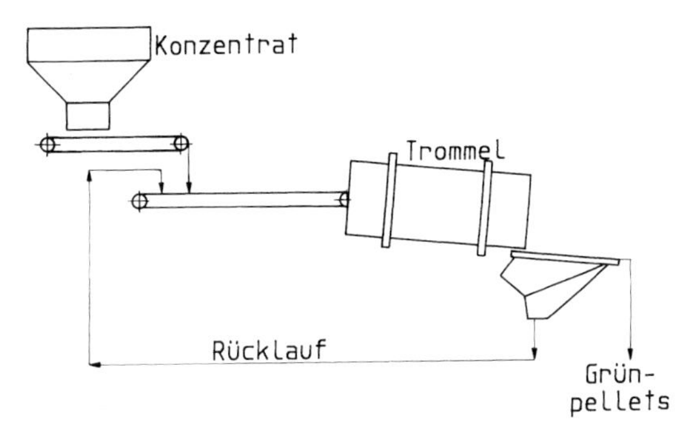

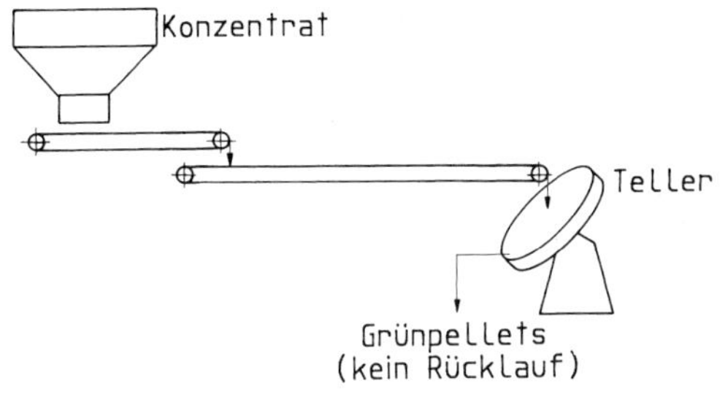

Abb. 5-30. Verfahrenstechnische Unterschiede zwischen einer Granuliertrommel und einem Granulierteller (nach *Rausch* [40])

$$n_{krit.} = \frac{42,4}{\sqrt{D}} \qquad (5\text{-}4)$$

(Die Literaturangaben schwanken zwischen 42,3 und 42,4).

Trommeln im Betrieb laufen mit Drehzahlen zwischen 0,7–0,8 $n_{krit.}$. Für verschiedene Trommeldurchmesser sind die Drehzahlen und die Umfangsgeschwindigkeiten in Tab. 5-11 angegeben. Die Drehzahlen vermindern sich von 35,6 U/min bis auf 19,0 U/min bei Granuliertrommeln mit Durchmessern zwischen 0,8–2,8 m. Entsprechend steigen die Umfangsgeschwindigkeiten von 1,49 m/s bis 2,79 m/s.

Es erscheint zweckmäßig und deckt sich mit den praktischen Erfahrungen, die Umfangsgeschwindigkeit als Maßstab für den Bewegungsablauf in einer Granuliertrommel heranzuziehen. Wenn man davon ausgeht, daß das Material in einer sich drehenden Trommel nicht auf der Trommelwand gleitet, sondern durch die Zentrifugalkraft an diese angedrückt wird bis die Schwerkraft überwiegt, dann kann man durch die Benutzung der Werte für die Umfangsgeschwindigkeit den Bewegungsablauf besser erfassen. Das Material erreicht an der Wand eine bestimmte Höhe, bei der die *Neigung der Materialschicht* dem *Böschungswinkel des Materials* entspricht (*Jineseu* und *Jineseu* [42]). Damit ist der Grenzpunkt erreicht. Bei weiterer Bewegung der Trommel fällt das Material, insbesondere die schon gebildeten Granulate, über dem Scheitelpunkt S (Abb. 5-31) ab und rollt oder rutscht über die Materialschicht (Strecke S–U in Abb. 5-31) zum Unterpunkt U. Hier werden das Material und die Einzelpartikel erneut von der Drehbewegung der Trommel erfaßt und zum Scheitelpunkt S zurückgebracht. Die in Abb. 5-31 gezeichnete gestrichelte Linie entspricht mehr dem Bild, das sich dem Betrachter

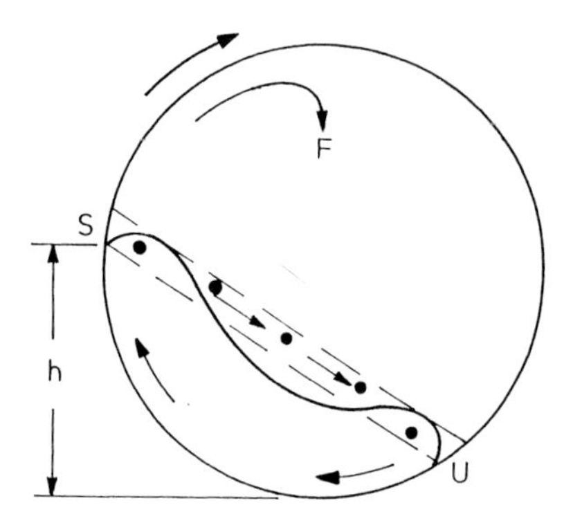

Abb. 5-31. Abrollverhalten in einer Granuliertrommel

darbietet. Überhaupt ist die Beobachtung eines solchen Ablaufes für die Einstellung der geeigneten Umfangsgeschwindigkeit (Drehzahl) wesentlich. Jedes Material zeigt ein spezifisches Verhalten, das wegen der vielen mathematisch nicht erfaßbaren Faktoren visuell ermittelt werden muß.

Eine Granulation in Gang bringen, ohne zu beobachten, ist nicht möglich.

Das Erscheinungsbild des „Überkippens" am Scheitelpunkt und „Einrollens" am Umdrehpunkt – auch Kaskade genannt – bestimmt die Variation in der Umfangsgeschwindigkeit. Trommeln sollten hierfür mit Getrieben, Hydraulikmotoren, Netzfrequenzumwandlern, Keilriemen oder Räderübersetzungen ausgerüstet sein.

Die praktische Erfahrung zeigt nun, daß die in Tab. 5-11, Spalte 5, angegebenen Umfangsgeschwindigkeiten bei den Trommeln mit Durchmessern über 1,0 m zu hoch sind. Es tritt bei den meisten Stoffen das ein, was in Abb. 5-31 mit der Bezeichnung F dargestellt ist. Das Material wird fast bis zum höchsten Punkt der Trommel mitgerissen und fällt dann herab, ohne auf einer Fläche abzurollen. Eine Granulation wird nur schwer erreicht. Der eigentliche Effekt der Trommel, Granulate zu erzeugen, ist gestört. Vielfach befindet sich zwischen S und F ein Abstreifer in der Trommel, der ein entsprechend frühes Abfallen des Materials bewirkt. Es tritt der gleiche negative Effekt ein wie zuvor beschrieben. Diese Erscheinung bezeichnet man als Katarakt; sie ist typisch für Kugelmühlen.

Für ein einwandfreies Granulieren in der Trommel ist die Ausbildung einer Kaskade durch Veränderung der möglichen Parameter zwingend notwendig.

Als Parameter kommt neben der Umfangsgeschwindigkeit auch die Durchsatzmenge in Betracht. Sowohl eine zu große als auch eine zu kleine Menge verhindern den gewünschten Rollvorgang. *Sommer* und *Herrmann* [43] haben in ihrer Arbeit schon auf die Notwendigkeit hingewiesen, konstante Umfangsgeschwindigkeiten einzuhalten.

$$V_u = \text{konst.}$$

Tabelle 5-11. Umfangsgeschwindigkeiten und Drehzahlen von Granuliertrommeln

1 Durchmesser	2 Radius	3 $n_{krit.}$	4 Betriebs-drehzahl[a]	5 Umfangsge-schwindigkeit[b]
D	r	$\frac{42,4}{\sqrt{D}}$	$n_{krit.}$ 0,75	v_u
[m]	[m]	$\left[\frac{U}{min}\right]$	$\left[\frac{n_U}{min}\right]$	$\left[\frac{m}{s}\right]$
0,8	0,4	47,4	35,6	1,49
1,0	0,5	42,4	31,8	1,67
1,25	0,625	37,9	28,4	1,86
1,6	0,8	33,5	25,1	2,10
2,0	1,0	30,0	22,5	2,36
2,4	1,2	27,4	20,6	2,59
2,8	1,4	25,3	19,0	2,79

1 Durchmesser	6 Drehzahl für korrigierte Umfangsgeschwindigkeiten	7	8	9
D	$v_{U\,min}$=0,75 m/s	f_{min}[c]	$v_{U\,max}$=1,5 m/s	f_{max}[c]
[m]	$\left[\frac{U}{min}\right]$		$\left[\frac{U}{min}\right]$	
0,8	17,9	0,38	35,8	0,75
1,0	14,3	0,34	28,6	0,68
1,25	11,5	0,30	22,9	0,60
1,6	9,0	0,27	17,9	0,53
2,0	7,2	0,24	14,3	0,48
2,4	6,0	0,22	11,9	0,44
2,8	5,1	0,20	10,2	0,40

[a] Faktor f für den praktischen Betrieb
[b] Nach Spalte 4
[c] Korrigierte Faktoren f_{min} und f_{max} für den praktischen Betrieb

Das bedeutet, daß die Umrechnung der praktischen Drehzahl n aus der kritischen Drehzahl $n_{krit.}$ nicht mit einem konstanten Faktor, z.B. 0,75, möglich ist, sondern mit Faktoren, wie sie in den Spalten 7 und 9 von Tab. 5-11 aufgeführt sind.

Zwei Arten von Umfangsgeschwindigkeiten sind aus der betrieblichen Praxis heraus zu definieren:

1. $v_{u\,min}$ =0,75 m/s
2. $v_{u\,max}$ =1,5 m/s

In diesem Bereich bewegen sich die praktischen Umfangsgeschwindigkeiten.

5.2.5.5 Granulierkonus

Mit dem in Abb. 5-32 dargestellten Granulierkonus werden besonders in den USA Eisenerze pelletiert.

Pietsch [39] und *Ries* [44] nennen als besonderes Merkmal für den Konus, daß er ebenso wie ein Granulierteller durch den Mechanismus der Materialbewegung einen Klassiereffekt bewirkt:

Nahezu gleich große Granulate verlassen den Granulierkonus.

Nach *Ries* [44] werden diese Geräte mit einem äußeren Konus-Durchmesser von 1200–6100 mm hergestellt. Die Antriebe haben Leistungen zwischen 3,7–92 kW. Bei Eisenerzen werden Durchsatzleistungen von ca. 4–100 t/h erreicht. Daraus ergeben sich spezifische Antriebsleistungen von ca. 0,8–0,9 kW/t. Die Material- und Flüssigkeitszuführung erfolgt im hinteren Teil des Konus. Das Feingut, die Granulierkeime und die kleinen Agglomerate befinden sich auf dem Grund des Materialbettes, während die größeren Agglomerate über den Rand ausgetragen werden. Der Granuliereffekt ist durch die Drehzahl, die Neigung und die Feuchtigkeitszugabe beeinflußbar. Beim Granulierkonus verhält sich der äußere Durchmesser (Tellerrand) zum inneren Durchmesser (Tellerboden) wie 2:1. Die Tiefe des Konus beträgt die Hälfte des äußeren Durchmessers. Für die Tatsache, daß der Granulierkonus im europäischen Industriebereich nicht oder nur selten zu finden ist, gibt es keine technisch-wissenschaftlich fundierte Erklärung. Er ist unkompliziert in der Konstruktion und liefert nahezu gleich große Granulate. Granulatgrößen und -festigkeiten sind in den üblichen Bereichen manipulierbar. Abgesehen von der möglichen Wettbewerbssituation gibt es eigentlich nur einen erkennbaren Nachteil für den Konus: Er ist nur mit relativ aufwendiger Konstruktion staubdicht abzukapseln. Bei bestimmten Produkten kann das von ausschlaggebender Bedeutung sein. Abdeckungen an Granulierteller und -trommel sind einfacher zu verwirklichen und werden dort angebracht, wo es erforderlich ist.

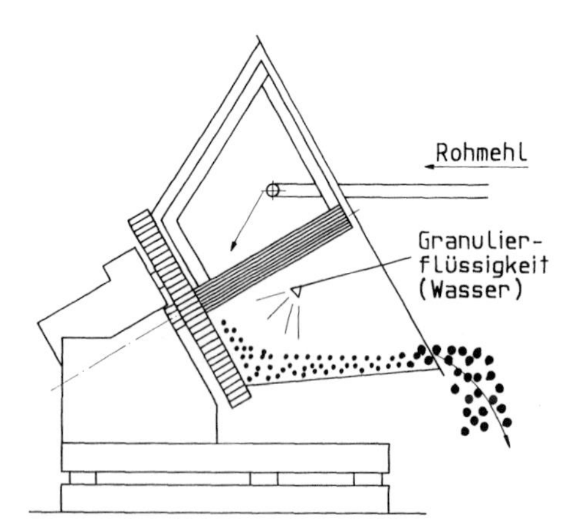

Abb. 5-32. Arbeitsprinzip eines Granulierkonus

5.2.5.6 Praktische Hinweise für die Handhabung der Granulierflüssigkeit

Bisher wurde im Wesentlichen nur davon gesprochen, welche Mengen an Granulierflüssigkeiten eingesetzt werden müssen und in welchem Verhältnis sie zum Feststoff stehen sollten. Außerdem wurde gezeigt, daß zwischen der Granulatgröße und der Menge an Granulierflüssigkeit ein Zusammenhang besteht. Beide Aussagen beziehen sich auf die Granulierflüssigkeiten, die bei der Aufbaugranulation verwendet werden. Der Begriff Granulierflüssigkeit wird bei der Aufbauagglomeration gebraucht, nicht hingegen bei der Preßagglomeration. Bei der Herstellung von Agglomeraten durch Verpressen werden nicht selten ebenfalls Flüssigkeiten zugesetzt, die streng genommen auch als Granulierflüssigkeit bezeichnet werden müßten, denn das Endprodukt der Preßagglomeration ist ebenfalls ein Granulat; jedenfalls kann es als solches bezeichnet werden. Die Flüssigkeiten, die beim Agglomerieren durch Pressen eingesetzt werden, sind unter der Bezeichnung Gleit- und Bindemittel bekannt. Im Zusammenhang mit der Aufbauagglomeration, insbesondere der Rollagglomeration, weisen nur wenige Autoren darauf hin, daß es von Bedeutung ist, an welcher Stelle des Granuliergerätes die Flüssigkeit zugegeben wird. Diese Stelle ist empirisch festzulegen oder experimentell zu ermitteln. Aber nicht nur das Wo ist für den Granuliervorgang von ausschlaggebender Bedeutung, sondern auch das Wie. Damit ist gemeint, ob die Granulierflüssigkeit nur in das Granuliergerät „einläuft" oder ob man sie mit entsprechenden Vorrichtungen versprüht, verdüst oder schließlich die Flüssigkeit in Form eines Nebels an den zu granulierenden Feststoff heranbringt. Sehr oft wird der Fehler gemacht, diesen sehr wichtigen Punkt in der Granuliertechnik zu vernachlässigen. Man geht einfach davon aus, daß es nur auf die Menge der Granulierflüssigkeit ankomme, um die entsprechende Granulatgröße zu erhalten. Das ist in der Praxis nicht der Fall.

Bei vielen Vorgängen der Rollgranulation spielt die Beziehung zwischen der Granulatgröße und der Einbringungsart der Granulierflüssigkeit eine wesentliche Rolle.

Es besteht zudem eine Relation zwischen der Einbringungsart und der dann benötigten Menge an Granulierflüssigkeit. Hierüber sind aus der Literatur keine wissenschaftlich fundierten Ergebnisse bekannt. Deshalb kann nur auf praktische Erfahrungen zurückgegriffen werden, die aber für den Ingenieur, der mit Agglomerationsaufgaben betraut wird, von größter Wichtigkeit sein können.

Eine der am häufigsten verwendeten Granulierflüssigkeiten ist Wasser.

Wasser in einen Granulierteller oder eine -trommel dosierend und messend einlaufen zu lassen, ist keine Schwierigkeit. Ebenso läßt es sich mit Hilfe der Düsen- und Spraytechnik leicht bewerkstelligen, das Wasser versprüht oder verdüst aufzugeben. Für das Vernebeln des Wassers eignen sich die sogenannten Einstoffdüsen jedoch nicht. Will man Wasser in einem Granuliergerät feinst vernebeln, dann muß man sogenannte Zweistoffdüsen einsetzen, die die Flüssigkeit mit Hilfe eines

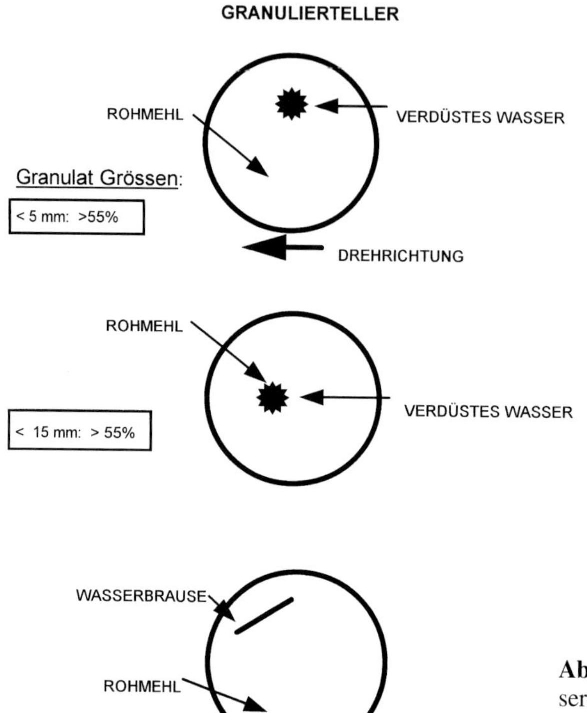

Abb. 5-33. Auswirkungen der Wasser- und Rohmehlzuführung bei der Rollagglomeration (nach *Gründer* und *Hildenbrand* [49])

gasförmigen Mediums vernebeln, vorwiegend mit Luft. Der Klassiereffekt, d. h. die Gleichmäßigkeit der Granulate in der Größe, steigt mit zunehmender Flüssigkeitsverteilung. Läßt man das Wasser lediglich einlaufen, so erhält man sehr oft auch beim Einsatz von Granuliergeräten mit klassierender Wirkung Granulate unterschiedlicher Größe. Dem kann man dadurch begegnen, daß man entsprechende Düsen einbaut, um das Wasser zu versprühen. Der Effekt, der durch solche Düsen hinsichtlich der Gleichmäßigkeit der Granulatgröße erzielt wird, ist häufig überraschend.

Schwierig zu granulierende Stoffe sollte man bei der Granulation „einnebeln". Schwierig zu granulieren bedeutet in diesem Zusammenhang entweder, daß sich die Granulate aus den feinteiligen Partikeln nur sehr langsam aufbauen oder daß der Aufbauvorgang sehr schnell fortschreitet, so daß innerhalb kürzester Zeit relativ große Granulate entstehen, während der Rest der Granuliermasse noch nicht granuliert ist und vorwiegend aus Granulierkeimen besteht.

Durch das Vernebeln von Wasser bei der Aufbaugranulation kann man zweierlei erreichen:
Erstens, daß die klassierende Wirkung einer Granuliermaschine noch unterstützt wird und zweitens, daß relativ kleine Granulate hergestellt werden können.

Damit ist – wie bereits erwähnt – auch eine Verminderung der erforderlichen Granulierflüssigkeitsmenge verbunden. Der *Nachteil des Vernebelns* besteht darin, daß die Granulierzeit erhöht werden muß. Mit anderen Worten, die Verweilzeit der Granuliermasse in dem Granuliergerät muß verlängert werden. Da Wasser eine niedrige Viskosität besitzt, ist die praktische Handhabung und Durchführung des Versprühens und Vernebelns einfach. Die Auswirkungen der Wasser- und Rohmehlzuführung auf die Granulatgröße zeigt Abb. 5-33.

Schwierigkeiten treten jedoch auf, wenn die Granulierflüssigkeit eine vergleichsweise hohe Viskosität besitzt. Melasse und Wasserglas, die als Granulierflüssigkeit und gleichzeitig als Bindemittel häufig bei der Rollgranulation eingesetzt werden, weisen eine hohe Viskosität auf. Um auch diese Flüssigkeiten versprühen oder vernebeln zu können, muß die Viskosität herabgesetzt werden. Hierfür gibt es in der Regel folgende Möglichkeiten:

- Veränderung der Viskosität durch Verdünnung, z.B. durch Wasser
- Veränderung der Viskosität durch Temperaturerhöhung

Welche der beiden Möglichkeiten einzusetzen ist, hängt von den Anforderungen ab, die an das Endprodukt gestellt werden. Außerdem kommt hinzu, daß eine Verdünnung der Granulierflüssigkeit durch Wasser häufig eine nachfolgende Trocknung der Granulate notwendig macht. In den meisten Fällen ist es jedoch wirtschaftlicher, die Granulierflüssigkeit zu erwärmen, um so die Viskosität herabzusetzen und ein Versprühen oder Vernebeln zu ermöglichen. In den Fällen, in denen organische Bindemittel wie z.B. Kunstharze verwendet werden, muß mit Lösungsmitteln gearbeitet werden. Das Arbeiten mit Lösungsmitteln bringt aber eine Reihe von betrieblichen Nachteilen mit sich. Sie reichen vom Geruch bis zur Explosionsgefährlichkeit. Nur in Ausnahmefällen sollte man den Einsatz von Lösungsmitteln befürworten.

5.2.5.7 Granulierbarkeit

Die Granulierbarkeit eines Stoffes bezüglich einer Agglomeration durch Rollbewegungen zu beurteilen, kann nach *Ries* [45] über die Bestimmung seiner Korngröße oder Korngrößenverteilung und seiner spezifischen Oberfläche erfolgen. Eine Eintragung in ein RRS-Körnungsnetz (*Rosin – Rammler – Sperling*) läßt eine Differenzierung der Granulierbarkeit eines Stoffes zu. Abb. 5-34 gibt die Körnungslinie von verschiedenen Materialien und Granulaten wieder. Materialien mit einer kleinen oberen Korngrenze und einem flachen Verlauf der Körnungslinie sind durchweg gut granulierbar. Beispiele hierfür sind in der Kurve Nr. 8 und diejenigen für Zemente 12 bis 14.

Ungünstig hingegen ist der Kurvenverlauf Nr. 7. Denn Materialien mit einer mittleren bis groben oberen Korngrenze und einem steilen Verlauf sind für die Rollgranulierung problematisch.

Eine Reihe von feinteiligen Stoffen, die granuliert werden sollen, fallen in einer nach diesem Diagramm (Abb. 5-34) ungünstigen Form an. Um deren Granulierbarkeit zu verbessern, können verschiedene Zusätze und Maßnahmen helfen. Die

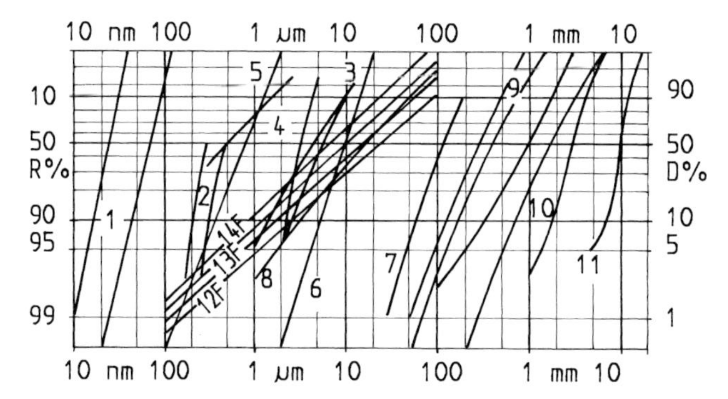

Abb. 5-34. Körnungskennlinie von Agglomerat-Rohstoffen und fertigen Agglomeraten im RRS-Körnungsnetz (nach *Ries* [45])
1 Ruß, 2 Titandioxid, 3 Mennige, 4 Blanc-Fix, 5 Pigmente, 6 Mineralschwarz, 7 Ungünstige Kornverteilung (steiler Verlauf), 8 Günstige Kornverteilung (flacher Verlauf), 9 Düngemittel, 10 Eisenerzpellets; 12F Zement, Sorte 12 F; 13F Zement, Sorte 13 F; 14F Zement, Sorte 14 F

Tabelle 5-12. Verbesserung der Granulierbarkeit durch Zusätze und Maßnahmen (in Anlehnung an *Ries* [45])

Ausgangsstoffe	Zusätze	Maßnahmen
A1 pulverförmige Einzelkomponenten	Z1 Wasser	M1 Schmelzen durch Anheizen
A2 Gemisch aus mehreren Einzelkomponenten	Z2 wäßrige Bindemittellösungen	M2 Antrocknen mit Heißluft
A3 Schmelzen	Z3 organische Bindemittellösungen	
A4 plastische Filterkuchen	Z4 Schmelzen	
A5 trockene Filterkuchen	Z5 Trockenstoff	
A6 grobstückiges Rohmaterial	Z6 Pasten	
A7 Pasten und Breie	Z7 hochviskose Lösungen	
A8 Lösungen, Suspensionen		

wichtigsten Arten von Ausgangsstoffen, die verwendbaren Zusätze und die ergreifbaren Maßnahmen sind in Tab. 5-12 zusammengefaßt. Gleichzeitig zeigt Tab. 5-12 die miteinander kombinierbaren Möglichkeiten. Hier dient als Beispiel die Aufgabe, trockene Filterkuchen (A5) – wie sie bei Filterpressen anfallen – durch rollende Aufbauagglomeration zu granulieren. Die in der mittleren Spalte der Tabelle aufgeführten Zusätze Z1, Z2 und Z3 sind einsetzbar.

Bei Pasten und Breien (A7) werden zur Granulierung Trockenstoffe (Z5) zugesetzt. Weitere Möglichkeiten sind in Tab. 5-13 zusammengestellt.

Tabelle 5-13. Möglichkeiten der Verbesserung der Granulierbarkeit (wahlweise eine oder mehrere zugleich oder nacheinander)

Ausgangsstoffe	Zusätze und Möglichkeiten
A1	Z1 – Z2 – Z3 – Z4 – Z5 – Z6 – Z7 –M1
A2	Z1 – Z2 – Z3 – Z4 – Z5 – Z6 – M1
A3	Z1 – Z5
A4	Z5 – M2
A5	Z1 – Z2 – Z3 – Z4 – Z6 – Z7 – M1
A6	Z1 – Z2 – Z3 – Z6 – Z7
A7	Z5 – M2
A8	Z5

5.2.5.8 Granulatkeime

Der Mechanismus des Aufbaugranulierens beginnt – wie allgemein bekannt und anerkannt – mit den sogenannten Granulat- oder Pelletkeimen. Hier können sich Vorgänge nach *Srb* und *Ruzickovaso* [46] abspielen, wie sie in Abb. 5-35 dargestellt sind. Im Fall A wird mit einer geringeren Menge an Flüssigkeit gearbeitet als im Fall B. Hier bilden sich zwischen den einzelnen Partikeln aufgrund der Kapillar- und Oberflächenspannungskräfte kleine Keime, die dann mehr und mehr wachsen. Dort werden durch eine erhöhte Granulierflüssigkeitsmenge und deren Oberflächenspannung einzelne Partikeln zusammengehalten und weitere Partikeln in das System integriert.

In jedem Fall müssen die Haftkräfte größer sein als die Schwerkraft, die auf die Partikeln einwirkt.

Für den praktischen Betrieb gilt, daß die zu agglomerierenden Partikeln feinteilig sein müssen, um die für die Einleitung der Granulation notwendigen Granulatkeime zu bilden.

Nicht selten wird von der Überlegung ausgegangen, das Unterkorn einer nachfolgenden Siebung der getrockneten Granulate als Granulatkeime einzusetzen. Diese Überlegung kann dann ein Fehlschluß sein, wenn die Größenordnung der Korngrößen nicht passen. An einem Beispiel soll erläutert werden, welche Größenverhältnisse vorliegen könnten, die nicht zueinander passen und zu erheblichen Problemen bei dem Betrieb einer Aufbaugranulation führen können. In einem Gerät der Aufbauagglomeration werden beispielsweise aus einem Rohmehl unter 0,09 mm Granulate der Größe von 0,1–9 mm hergestellt. Nach der Trocknung und Absiebung, um ein Gutkorn zwischen 3–9 mm zu erhalten, fallen etwa 30% Unterkorn zwischen 0,1–3mm an. Wenn das Unterkorn in die Granuliermaschine zurückfließt, wird nur ein geringer Anteil als Ausgangssubstanz für die Bildung von Granulatkeimen zur Verfügung stehen. Der größere Teil wird im Kreislauf gefahren und unter Umständen zu einer Anreicherung führen. Das zieht zwangs-

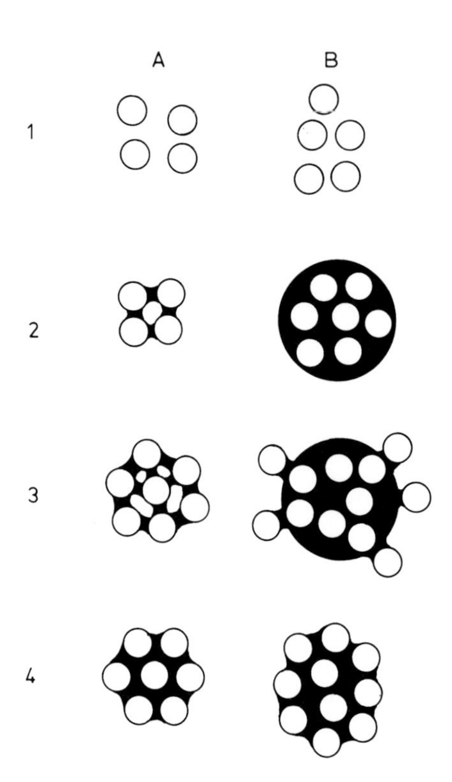

Abb. 5-35. Schematische Darstellung der Bildung von Granulatkeimen mit niedrigen und hohen Gehalten an Granulierflüssigkeit (nach *Srb* und *Ruzickova* [46])

läufig eine Minderung der Durchsatzleistung nach sich. Die getrocknete Körnung 0,1–3 mm hat erstens eine veränderte Oberfläche und damit ein unterschiedliches Benetzungsverhalten und zweitens soviel grobe Anteile, daß selbst durch Zufuhr frischen feinteiligen Materials keine Agglomeration zustande kommt. Das Blockdiagramm (Abb. 5-36) zeigt eine graphische Darstellung der geschilderten Verfahrensweise.

Die bei diesem Beispiel auftretende Problematik kann nur dadurch gelöst werden, daß das Unterkorn genauso wie das Überkorn fein aufgemahlen wird. Dadurch entstehen nicht nur neue Oberflächen, sondern auch für die Keimbildung geeignetes feinteiliges Material.

Es können zwei Phasen der Granulation nach *Brhany* [47, 48] unterschieden werden:
1. Bildung der Granulatkeime und
2. daran anschließend die eigentliche Aufbauphase der Granulation

In der ersten Phase dominieren die Kapillarkräfte, während in der zweiten Phase diejenigen Kräfte vorherrschen, die auf die Bewegung des Materials zurückzuführen sind. Hinzu kommen in der zweiten Phase die Kräfte der Oberflächenspan-

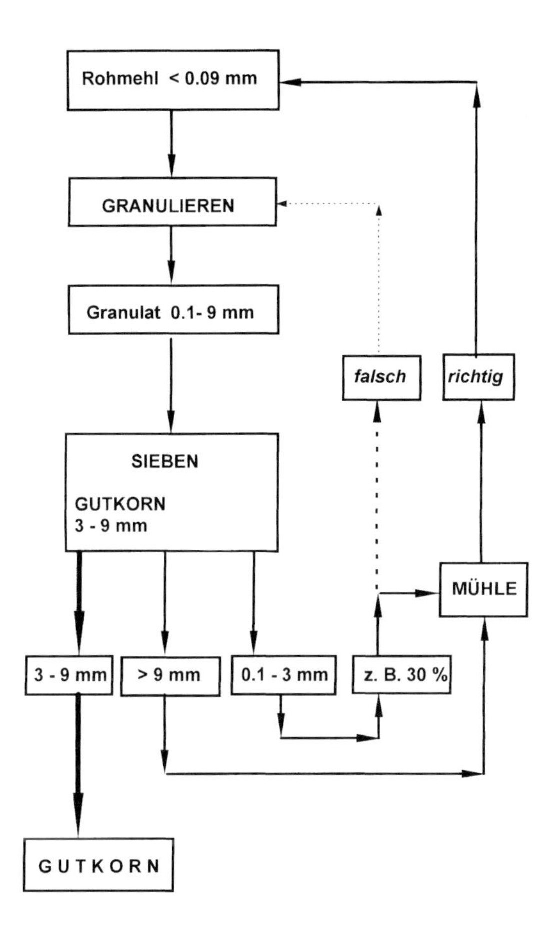

Abb. 5-36. Körnungsproblematik bei der Rollagglomeration durch Siebung als verfahrenstechnischer Zwischenschritt

nung, die durch die zugegebenen Flüssigkeiten wirksam werden. Granulatkerne oder Granulatkeime bilden sich dann, wenn zu dem trockenen Material Flüssigkeit in geringer Menge zugeteilt wird. Eine schematische Darstellung dieses Vorganges zeigt Abb. 5-35 A. Die mit der Granulierflüssigkeit benetzten Partikeln werden durch Flüssigkeitsbrücken aneinander gebunden. Wenn weiteres Wasser und trockenes Rohmaterial zugeführt werden, dann beginnt die eigentliche Agglomeratbildung. In Abb. 5-35 B sind die Vorgänge dargestellt, die dann eintreten, wenn das trockene Rohmehl überfeuchtet wird. Die einzelnen Partikeln werden durch die Oberflächenspannung der zugeführten Granulierflüssigkeit zusammengehalten. Bei den geschilderten, aber vom Prinzip her verschiedenen Aufbauphasen ist keine Kontinuität zu erwarten. Das heißt, daß schon gebildete Agglomerate durch Druck und Stoß wieder zerfallen können und sich dann erneut aufbauen. Eingehend wurde dieser Vorgang bereits in einem anderen Abschnitt beschrieben.

Von besonderer Bedeutung beim Aufbau von Granulaten ist das Verhältnis der Größen zwischen den schon gebildeten Granulaten und dem einzelnen Partikel, das an das Granulat angelagert werden soll.

Schematisch sind solche Größenverhältnisse in Abb. 5-37 dargestellt.

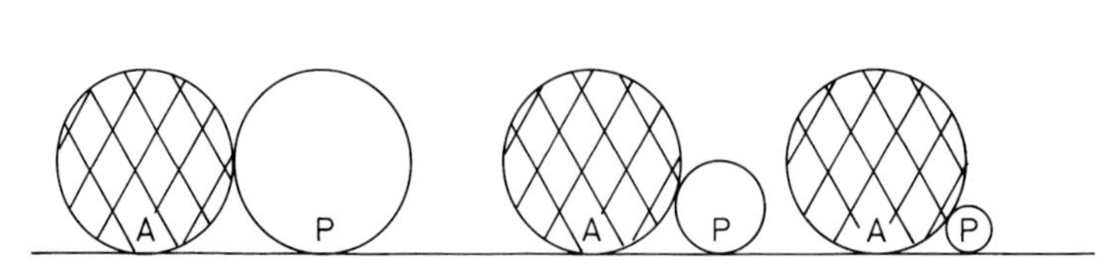

Abb. 5-37. Schematische Darstellung von Größenvergleichen zwischen Agglomeraten und zu granulierenden Partikeln

Mit A sind die schon gebildeten Agglomerate bezeichnet und mit P die vom Agglomerat aufzunehmenden Partikeln. Das unter 3. gezeichnete System wird bei dem Vorhandensein von Granulierflüssigkeit wirksam werden. Das unter 1. dargestellte Größenverhältnis kann nur dann zur Agglomeration führen, wenn ein besonders klebendes Bindemittel verwendet wird. *Srb* und *Ruzickova* [46] geben an, daß die von einem Agglomerat aufzunehmenden Partikeln maximal nicht größer als etwa 1/12 bei trockenen Partikeln und etwa 1/25 bei feuchten Partikeln sein sollten. Anders ausgedrückt:

$$1. \quad \frac{\text{Durchm. d. Agglomerates } D}{\text{Durchm. d. Partikels } p\,(tr)} \leq 12 \tag{5-5 a}$$

$$2. \quad \frac{\text{Durchm. d. Agglomerates } D}{\text{Durchm. d. Partikels } p\,(\text{feuchte})} \leq 25 \tag{5-5 b}$$

Die Größenverhältnisse sind in Abb. 5-38 dargestellt. Eine graphische Darstellung hierzu zeigt Abb. 5-39. Ein Agglomerat mit einem Durchmesser von 4 mm kann also nur trockene Partikeln aufnehmen, deren Durchmesser nicht größer als 0,333 mm ist. Bei feuchtem Material liegt die analoge Grenze bei 0,160 mm. Die Autoren ziehen daraus den Umkehrschluß, daß aus Partikeln einer bestimmten Größe auch nur Agglomerate bis zu einem maximalen Durchmesser entstehen können.

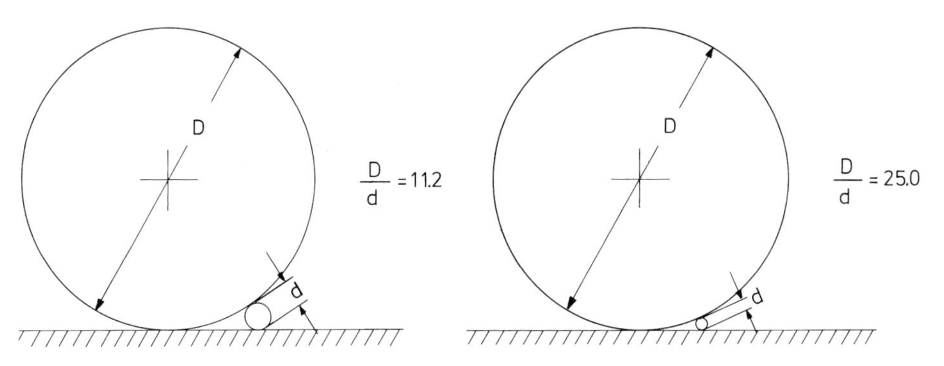

Abb. 5-38. Größenvergleich zwischen Agglomerat und aufzunehmenden Partikeln bei der Rollgranulation

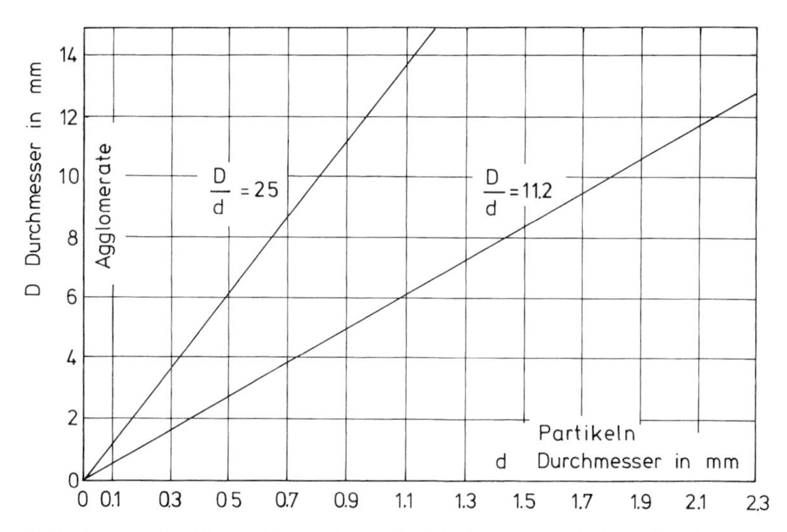

Abb. 5-39. Graphische Darstellung der Beziehung zwischen Agglomerat- und Partikelgrößen bei der Rollgranulation

Literatur zu Kapitel 5

[1] Schubert, H.: Über Grenzflächenvorgänge in der Agglomerationstechnik; Chemie-Ing.-Techn. 47. Jahrg. (1975), Nr. 3, S. 86

[2] Schubert, H.: Haftung zwischen Feststoffteilchen aufgrund von Flüssigkeitsbrücken; Chemie-Ing.-Techn. 46. Jahrg. (1974), Nr. 8, S. 333

[3] Winkler, F.: Deutsches Reichspatent Nr. 437970 (1926)

[4] Winkler, F.: Historische Entwicklung der Vergasung von feinkörniger Kohle nach dem Verfahren von Fritz Winkler (14. 07. 1947), Firmarchiv BASF

[5] Winkler, F.: Arbeiten im Werk Oppau 1916-1941. Jubiläumsschrift, verfaßt zu Winklers 25. Dienstjubiläum von seinen Mitarbeitern Dr. Friedrich, Dr. Giller, Dr. Linckh, Dr. Feiler, Dr. Duftschmid, Dr. Felsch, Dr. Hirschbeck (09. 10. 1941), Firmarchiv BASF
[6] Feiler, P.: Die Wirbelschicht; Firmen-Archiv BASF
[7] Naunapper, D.: Apparate und Verfahren für das Granulieren in der Wirbelschicht. Vortrag VDI Seminar: „Verfahrenstechnik des Agglomerierens", Stuttgart (1987)
[8] Naunapper, D., Hirschfeld, P.: Ausgewählte Instantisierungs- und Formgebungsverfahren für den Nahrungs- und Genußmittelbereich; Vortrag anläßlich der Internationalen Fachtagung „Instantisieren – Qualitätskriterien für Rohmaterialien und Verfahrenstechniken" (1983)
[9] Wurster, C.: „Die technische Gewinnung von wasserfreiem Aluminiumchlorid", Z. angew. Chem. 43 (1930), S. 877 „Kohle und Öl in ihrer Bedeutung für die BASF", Die BASF 12, Heft 1, (1962), S. 13
[10] Hirschfeld, P.: Instantisierung; Vortrag VDI Seminar: „Verfahrenstechnik des Agglomerierens"; München (1989)
[11] Ries, H. B.: Pellets nach Maß; Maschinenmarkt 95 (1989), Nr. 2 S. 16–20
[12] Schwarz, M., Hölscher, H.: Aufbereitungs-Technik (1975), Nr. 12, S. 652/655
[13] Sastry, K. V. S., Fürstenau, D. W.: Agglomeration 77; Am. Inst. Min., Petrol. Engs., Inc., 2 Bände, New York (1977) S. 381–402
[14] Schubert, H.: Grundlagen des Agglomerierens; Chemie-Ing.-Techn. 51 (1979), Nr. 4, S. 266–277
[15] Ries, H. B.: Aufbaupelletierung, Verfahren und Anlagen; Aufbereitungs-Technik (1979), Nr. 12
[16] Ries, H. B.: Granuliertechnik und Granuliergeräte; Aufbereitungs-Technik (1970), Nr. 3, 5, 10 u. 12
[17] Heinze, G.: Umwandlung von feinkörnigem Material in Grobkörner; Chemie-Technik 15 (1986), Nr. 6, S. 16–21
[18] Heinze, G.: Neuartige Granuliertrommel zum Agglomerieren von feindispersen Stoffen; Aufbereitungs-Technik 28 (1987), Nr. 7, S. 404–409
[19] Ries, H. B.: Verfahrenstechnische Anwendungsmöglichkeiten für Pelletiermaschinen und Pelletierteller; 3. Internationales Symposium Agglomeration Nürnberg (1981) Preprints Band 2
[20] Ries, H. B.: Aufbaupelletierung bzw. Rollgranulierung oder Mischpelletierung durch Anwendung von Pelletiertrommeln, Pelletiertellern und Pelletiermischern; Seminar des VDI Bildungswerkes „Verfahrenstechniken des Agglomerierens" Stuttgart (1987), München (1989)
[21] Rumpf, H.: Zur Theorie der Zugfestigkeit von Agglomeraten bei Kraftübertragung an Kontaktpunkten; Chemie- Ing.-Techn., 42. Jahrg. (1970), Nr. 8, S. 538
[22] Rumpf, H.: Grundlagen und Methoden des Granulierens; Chemie-Ing.-Techn., 30. Jahrg. (1958), Nr. 3, S. 144–158
[23] Klatt, H.: Pelletisieren von Feinst-Erzen und deren Sinterung im Gas-Ölschachtofen; Aufbereitungs-Technik, 1. Jahrg. (1960), Nr. 3, S. 129–136
[24] Papadakis, F. M., Bombled: La granulation des matières premières de cimenterie. Revue des Matèriaux de Construction (1961), No. 549, S. 289–299
[25] Klatt, H.: Die betriebliche Einstellung von Granuliertellern; Zement–Kalk–Gips, 11. Jahrg. (1958), Nr. 4, S. 144–154
[26] Papadakis, M.: Rev. Matèr. constrct. (1960), Nr. 542, S. 295–308
[27] Struve v., G.: Die Pelletierung – ein erfolgreiches Agglomerierverfahren für Eisenerze; Klepzig Bachberichte (1963), Nr. 11, S. 401–405

[28] Struve v., G.: Grundlegende Betrachtungen über das Pelletisieren von Erzen; Chemie-Ing.-Techn. 36. Jahrg. (1964), Nr. 10, S. 1019–1027
[29] Pietsch, W.: Die Beeinflussungsmöglichkeiten des Granulierbetriebes und ihre Auswirkungen auf die Granulateigenschaften; Aufbereitungs-Technik (1966), Nr. 4, S. 177
[30] Kayatz, K.: Gleichmäßigkeit des Granulierbetriebes; Zement – Kalk – Gips (1964), Nr. 5, S. 183
[31] Andersen, A.G.: Schwedisches Patent Nr. 35124 (1912)
[32] Brackelsberg, C.A.: Deutsches Reichspatent Nr. 289606 (1913)
[33] Brackelsberg, C.A.: Techn. Mitt. U. Nachr. (1916), Nr. 15, S. 189–194
[34] Meyer, K.: Entwicklung der Eisenerz-Pelletisierung; Stahl u. Eisen 76 (1956), Nr. 10, S. 588
[35] Meyer, K.: Stand der Entwicklung der Pelletisierung von Eisenerzen; Stahl u. Eisen 82 (1962), Nr. 3, S. 147
[36] Tigerschiöld, M.: J. Iron Steel Inst. 177, (1954), Nr. 1, S. 13–24; Erörterung: 179 (1955), S. 165–270
[37] Tigerschiöld, M.: Stahl u. Eisen 72 (1952), S. 459–466 (Hochofenauss. 258); bes. S. 426
[38] Joseph, I.L.: Pelletizing of iron ore concentrates; Blast. Furn. Steel Plant Jun. 1955, Teil I und II, S. 641–646 und 745–752
[39] Pietsch, W.: Stand der Welt-Eisenerzpelletierung; Aufbereitungs-Technik (1968), Nr. 5, S. 201
[40] Rausch, H.: Pelletisieren feinkörniger Eisenerze; Chemie-Ing.-Techn. 36. Jahrg. (1964), Nr. 10, S. 1011
[41] Ries, H.B.: Verfahrensarten und Bauformen üblicher Pelletierteller; Maschinenmarkt 85 (1979), Nr. 53, S. 1064–1066
[42] Jinescu, V.V., Jinescu, I.: Verfahrenstechnische Berechnungsgrundlagen für Drehtrommelanlagen; Aufbereitungs-Technik (1972), Nr. 9, S. 573
[43] Sommer, K., Herrmann, W.: Auslegung von Granulierteller und Granuliertrommel; Chemie-Ing.-Techn. 50 (1978), Nr. 7, S. 518–524
[44] Ries, H.B.: Aufbaugranulierung; Vortrag im Haus der Technik e. V. Essen gemeinsam mit dem Arbeitskreis Verfahrenstechnik im Ruhrbezirksverein des VDI
[45] Ries, H.B.: Aufbaugranulierung; Aufbereitungs-Technik (1971), Nr. 11
[46] Srb, J., Ruzickova, Z.: Pelletization of Fines; Developments in Mineral Processing 7 Elsevier (1988). Amsterdam – Oxford – New York – Tokyo
[47] Bhrany, U.N., Johnson, R.T., Myron, T.L., Pelczarski, E.A.: Kinetik des Granulierens; Aufbereitungs-Technik (1963), Nr. 5, S. 199
[48] Bhrany, U.N.: Entwurf und Betrieb von Pelletiertellern; Aufbereitungs-Technik (1977), Nr. 12, S. 641
[49] Gründer, W., Hildenbrand, H.: Untersuchung der Arbeitsweise eines Labor-Pelletiertellers; Chemie-Ing.-Techn. (1961), Nr. 11, S. 749
[50] Hauser, G.: Charakterisierung von Agglomeraten; in: Hochschulkurs zum Thema „Agglomerieren und Instantisieren", Techn. Univ. München in Weihenstephan (1988)

6 Preßagglomeration

6.1 Begriffe

6.1.1 Allgemeines

Durch eine Agglomeration werden die Partikel eines Feststoffes so aneinander gebracht, daß eine Partikelhaftung entsteht. Wird die Partikelhaftung durch von außen wirkende Kräfte unterstützt, dann spricht man von der Preßagglomeration (Frank [1]).

Abb. 6-1 zeigt den Versuch einer Klassifizierung der Preßagglomeration unter Berücksichtigung der Arbeiten von *Pietsch* [2], *Rieschel* [3], *Ries* [4] und *Zisselmar* [5].

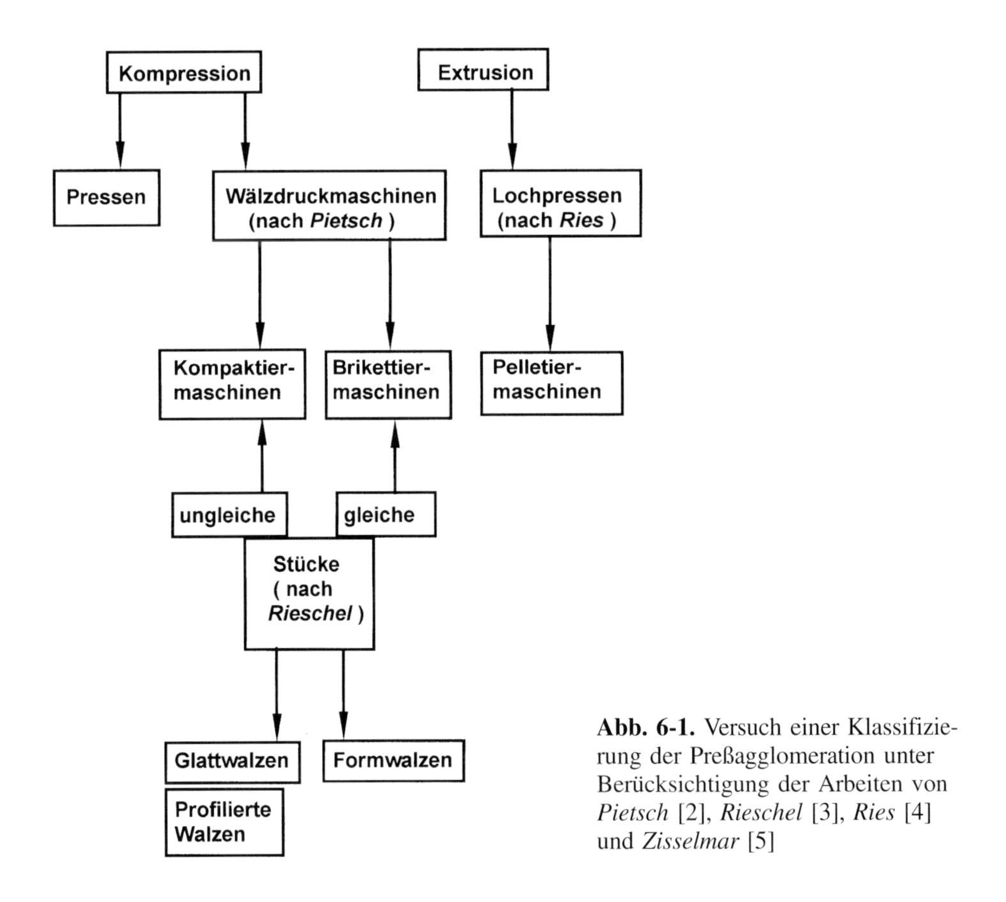

Abb. 6-1. Versuch einer Klassifizierung der Preßagglomeration unter Berücksichtigung der Arbeiten von *Pietsch* [2], *Rieschel* [3], *Ries* [4] und *Zisselmar* [5]

Nach *Zisselmar* werden die äußeren Druckkräfte entweder durch Extrusion oder durch Kompression auf die zu agglomerierenden Teilchen aufgebracht.

Bei der Extrusion wird das Material durch eine Öffnung gepreßt. Bei der Kompression wird das feindisperse Material zwischen zwei Flächen gepreßt.

In den Fällen, in denen die Kompression des Materials im Spalt zwischen zwei gleich großen, mit gleicher Geschwindigkeit gegenläufig rotierenden Walzen geschieht, definiert man diesen Vorgang als *Kompaktieren* oder *Brikettierung*.

Von *Pietsch* wurde eine Gliederung nach Stempelpressen, Strangpressen und Wälzdruckmaschinen gewählt. Die Gruppe der Wälzdruckmaschinen teilt er dann in Brikettier-, Kompaktier- und Pelletiermaschinen auf. Die Walzenoberflächen der *Brikettiermaschinen* sind mit Hohlformen ausgestattet, die dann die Form der Agglomerate bestimmen. Bei den *Kompaktiermaschinen* gibt er verschiedene Ausführungen an. Die Walzen können entweder eine glatte, geriffelte oder kontinuierliche profilierte Oberfläche haben. Dementsprechend ist auch die Form der Agglomerate. Bei den *Pelletiermaschinen* – so definiert *Pietsch* –, die nach dem Wälzdrucksystem arbeiten, wird das allgemein gültige Verfahrensprinzip abgewandelt und zwar so, daß das Material zwar eingezogen, aber dann durch Bohrungen in den Innenraum hohler Walzen gepreßt wird. Diese Definition bezieht sich nur auf eine bestimmte Pelletiermaschine. Im allgemeinen sind Pelletiermaschinen vom Typ her entweder Lochpressen oder Strangpressen. *Ries* nennt eine Reihe von verschiedenen Ausführungsformen von Lochpressen: Lochwalzenpressen, Zahnradlochwalzen, Rillenwalzen, Schneckenpressen, Lochtrommelpressen, Riffelwalzenpressen, Lamellenpressen und Ausstoßkneter. In seiner Arbeit über die industrielle Anwendung der Kompaktierung beschäftigt sich *Rieschel* ausführlich mit der Bestimmung der Begriffe Brikettierung und Kompaktierung. Beide Begriffe haben ihren Ursprung in der französischen Sprache. „La brique – der Ziegel“ ist das Ursprungswort für Brikettierung. Die Bezeichnung Kompaktierung ist mit dem französischen Wort „compacté – fest, dicht“ etymologisch zu erklären. Zwischen den beiden Vorgängen, nämlich der *Kompaktierung* und der *Brikettierung*, besteht vom Standpunkt der Preßtechnik aus gesehen kein grundsätzlicher Unterschied. Ein Unterscheidungsmerkmal zwischen beiden Verfahren sieht *Rieschel* darin, daß die Brikettierung gleichförmige Stücke erzeugt, während durch die Kompaktierung ungleiche, plattenförmige Stücke geformt werden. Aus dieser Darstellung kann man ersehen, daß die Definition der Begriffe in der Agglomerationstechnik nicht einfach ist. Sie überschneiden sich zum Teil, denn häufig werden die gleichen Begriffe für verschiedene technische Vorgänge benutzt. Das Wort „Pelletieren“ wird z.B. sowohl für die Preßagglomeration als auch für die Aufbau- und Rollgranulation verwendet. In einem Pelletierteller wird ebenso pelletiert wie mit Hilfe einer Pelletierpresse. Vorschläge und Ansätze, hier eine allgemein gültige Systematik zu schaffen, waren bisher ohne Erfolg.

6.1.2 Preßverhalten

Mit relativ einfachen Methoden im Voraus bestimmen zu können, wie sich ein Stoff bei irgendeiner Art der Agglomeration verhält, ist eine ebenso notwendige wie unentbehrliche Aufgabe, die leider nur selten erfüllbar ist. Soweit es das Preßverhalten betrifft, ist auf die Arbeit von *Stahl* [6] zu verweisen. Sie ist eine wertvolle Hilfe für den Praktiker.

Stahl [7] hat die für die Auswahl eines Preßverfahrens gültigen Gesichtspunkte in einer Frage zusammengefaßt: „Wie kommt man vom Schüttgut zum Preßling und dies auf möglichst wirtschaftliche Weise?“

Kernstück der von *Stahl* beschriebenen Apparatur ist eine Stempelpresse (Abb. 6-2). Als Parameter zur Bestimmung der Preßbarkeit werden bei konstanter Stempelgeschwindigkeit der Preßweg (S) und die sich daraus ergebende Preßkraft (F) gemessen. In Abb. 6-3 sind sogenannte Preßkennlinien für sich verschieden verhaltende Stoffe eingetragen. Die *degressive* Kennlinie zeigt eine ausgeprägte Hysterese und ist typisch für faserige Stoffe. Für Minerale und Salze z.B. ergibt sich eine *progressive* Kennlinie mit einer schwachen Hysterese. Zwischen beiden ergeben sich Übergangslinien, wobei die Hysterese von dem überwiegenden Komponentenanteil abhängig ist. Materialien mit progressiver Kennlinie zeigen dann die Übergangskennlinie, wenn sie stark belüftet sind. Auch Mischungen von Stoffen zeigen häufig solche Linien, besonders, wenn einzelne Komponenten stark degressiv sind. Bei pastösen Stoffen ist die Kennlinie linear.

Beim Preßversuch wird nach dem Erreichen des gewünschten Maximalwertes das Preßwerkzeug entlastet. Das hergestellte Agglomerat expandiert und die ge-

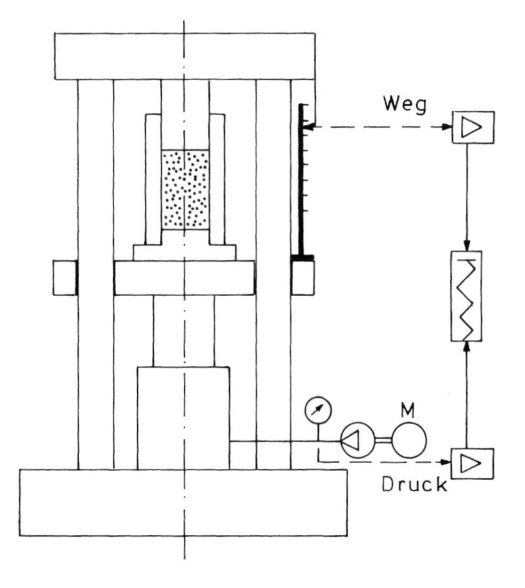

Abb. 6-2. Versuchsanordnung mit Stempelpresse zur Ermittlung von Preßkennlinien (nach *Stahl* [6])

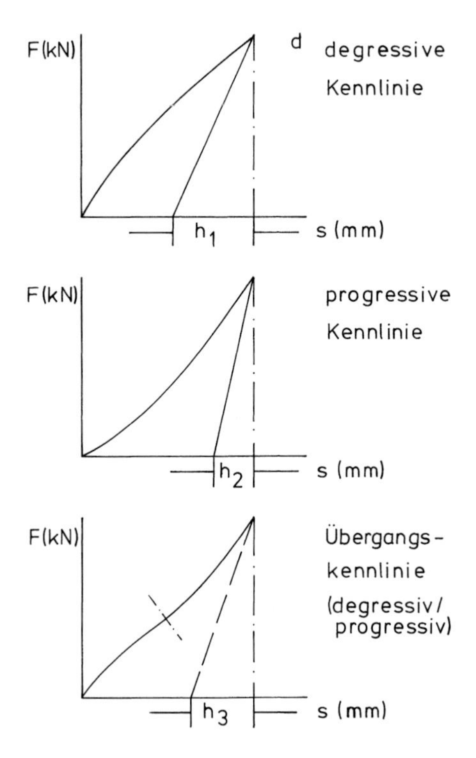

Abb. 6-3. Preßkennlinien (nach *Stahl* [6])

messene Preßkennlinie zeigt eine Hysterese: die zurückbleibende Wirkung einer Kraft. Bei der Volumenveränderung des zu agglomerierenden Schüttgutes wird Arbeit verrichtet. Bei der elastischen Verformung wird die im Schüttgut gespeicherte potentielle Energie nach der Entlastung völlig freigesetzt; bei der plastischen Verformung nur ein Teil: Ein Agglomerat ist entstanden. Mit der Verformung ist ein Umsatz von mechanischer Energie in Wärmeenergie verbunden, so daß sich das komprimierte Schüttgut nicht sofort im thermodynamischen Gleichgewicht befindet. Es wird eine gewisse Zeit zum Energieausgleich benötigt. Produkte mit stark ausgeprägter Hysterese benötigen eine ausreichende Preßzeit. Es gelten folgende Zusammenhänge:

- Preßkraft, Preßweg und die Verweilzeit des Schüttgutes im Gesenk sind für das Agglomerat von Bedeutung.
- Im progressiven Bereich ist die Hysterese kleiner als im degressiven Bereich.

Durch einen solchen Test ist mit relativ einfachen Mitteln eine Aussage zu erhalten, ob ein Material überhaupt preßbar ist. Darüber hinaus läßt sich die erforderliche Menge und Art eines Bindemittels ermitteln. Mit diesem Test erhält man auch Aussagen über die erforderlichen Preßwege. Für die Auswahl der geeigneten Verfahren ist dies bedeutend, weil z. B. Strangpressen zwar im Druck limitiert sind, aber eine sehr lange Verweilzeit haben. Walzenpressen hingegen arbeiten mit extrem hohen Preßdrücken und gleichzeitig sehr kurzen Preßzeiten und -wegen.

Aufgrund der beschriebenen Prüfungen kann eine entsprechende Maschine ausgewählt werden. Hierbei ist zu fragen:

- Wie hoch ist die verfügbare Preßkraft?
- Welche Verweilzeit des Materials kann unter Druck erreicht werden?
- Kann die erwünschte Form des Agglomerates mit dem gewählten Preßverfahren hergestellt werden?
- Sind die gewünschten Agglomerateigenschaften erreichbar?

Gewünschte Eigenschaften können sein:

- hohe Festigkeit und geringer Abrieb
- Formgenauigkeit und Größe
- Lagerfähigkeit und Wasserbeständigkeit
- hohe Dichte und niedrige Porosität

6.2 Maschinen für die Preßagglomeration

Entsprechend der Bezeichnung „Preßagglomeration" üben alle hierzu gehörenden Maschinen Druckkräfte auf das feinteilige Ausgangsmaterial aus. Für die Erzeugung dieser Druckkräfte sind stets höhere spezifische Agglomerationsenergien – Energien pro t Agglomerationsgut – notwendig als bei der Aufbauagglomeration.

Agglomerationsverfahren	Spezifische Agglomerationsenergie
Brikettierpressen	2–20 kWh/t
Pelletierpressen	6–80 kWh/t
Granulierteller und -trommel	0,5–10 kWh/t

Für die Übertragung der Druckkräfte auf das zu agglomerierende Material werden Stempel oder Walzen verwendet. Bei Tabletten- und Stempelpressen sind es Stempel und bei den übrigen Maschinen Walzen, die den Druck ausüben. Da der Energieaufwand für eine Maschine teilweise beträchtlich sein kann, ist jede Agglomerationsaufgabe auch unter diesem Gesichtspunkt zu betrachten. Parallel dazu müssen die von den Agglomeraten geforderten Eigenschaften ein Maßstab für die Auswahl der Maschine sein. Durch Pressen hergestellte Agglomerate haben in der Regel eine höhere Festigkeit als die nach anderen Verfahren erzeugten. Man gewinnt die bessere Festigkeit nur mit einem höheren Energieaufwand. Bei der Aufbauagglomeration können bessere Festigkeiten durch Bindemittel und Härtung (Trocknung) erzielt werden; also auch durch einen höheren Kostenaufwand. Für die Auswahl einer entsprechenden Maschine (Tab. 6-1) zur Lösung einer Agglomerationsaufgabe mit Hilfe eines Preßvorgangs muß vor allem der Durchsatz (Massenstrom) geprüft werden.

Wälzdruckmaschinen haben im Vergleich zu Pelletiermaschinen einen höheren Durchsatz. Er liegt bei maximal 80–100 t/h.

Tabelle 6-1. Maschinen für die Preßagglomeration (nach *Ries* [4])

Kompaktier- und Brikettpressen
Zweiwalzenpressen – Schülpenpresse (glatte und geriffelte Walzen) – Brikettpresse – Prismenwalzenpresse – Formwalzen für plastische keramische Massen – Formwalzen für Schokolade
Ringwalzenpressen – stehende Ausführung – liegende Ausführung – schräge Ausführung
Kugelpressen
Drehtischpressen
Tablettenpressen – Rundlaufpressen – Rundläufer-Trockendragiermaschine für Manteltabletten – Zwei- und Dreischichten-Rundläuferpressen Extenterpressen
Formwalzenautomat
Lochpressen
Lochwalzenpressen – eine Formwalze und eine Druckwalze – zwei Formwalzen – drei Formwalzen
Zahnradlochwalzen – Granulatformmaschine nach *Hosokawa Bepex*
Lochtrommelpressen – eine Druckwalze – zwei Druckwalzen – mit Austragsstiftwalze
Pelletpressen – Scheibenmatrizen-Kollerpresse: angetriebene Matrize, stationär rotierende Koller oder Druckwalzen; stationäre Scheibenmatrize, angetriebene Koller oder Druckwalzen – Ringmatrizen-Kollerpresse: angetriebene rotierende Ringmatrize, stationär rotierende Druckwalzen; stationäre Ringmatrize, rotierend angetriebene Druckwalzen – Plastikmühle
Ringwalzen – für Kautschuk – für Zementrohmehl

Tabelle 6-1 (Fortsetzung)

Schneckenpressen – kalte Verformung feuchter oder plastischer Massen – heißplastische Verformung von Kunststoffen in Extrudern – axialer Austritt am Mundstück – Banddüse – Fadendüse mit Kopfabschlag – Trockenabschlag – Naßabschlag – Schneckengangdüse – radialer Austritt am Schneckenrumpf – Banddüse – Fadendüse – Siebtrommel mit Schneidmessern
Riffelwalzenpresse
Lamellenpresse
Ausstoßkneter

Pelletiermaschinen haben einen Durchsatz, der in der Regel 8–10 t/h nicht überschreitet. Von den Herstellern der Pelletiermaschinen werden auch höhere Durchsatzleistungen angegeben. Diese beziehen sich auf bestimmte, sehr leicht zu verpressende Stoffe.

Für *Tablettenpressen* werden bei Leistungsangaben die Stückzahl pro Zeiteinheit und nicht die t/h angegeben. Es ist kaum denkbar, daß man Pharmazeutika brikettiert und umgekehrt Eisenerzkonzentrate tablettiert. Aus der Vielzahl der in der Tabelle aufgeführten Maschinen sind die wichtigsten ausgewählt und in den folgenden Abschnitten beschrieben:

- Wälzdruckmaschinen
- Brikettierpressen
- Lochpressen
- Pelletierpressen
- Zahnradlochwalzen/Granulatformmaschinen
- Tablettenpressen

6.2.1 Wälzdruckmaschinen

Das Prinzip der Wälzdruckmaschinen besteht darin, daß zwei Walzen mit gleicher Geschwindigkeit gegeneinander laufen. Der Abstand der Walzen ist so gering, daß sich nur ein kleiner Spalt ergibt, durch den das zu agglomerierende Material eingezogen und beim Durchgang durch den Walzenspalt verdichtet und geformt wird. Durch diesen Vorgang wird das Material um das 1,5–3 fache verdichtet. In

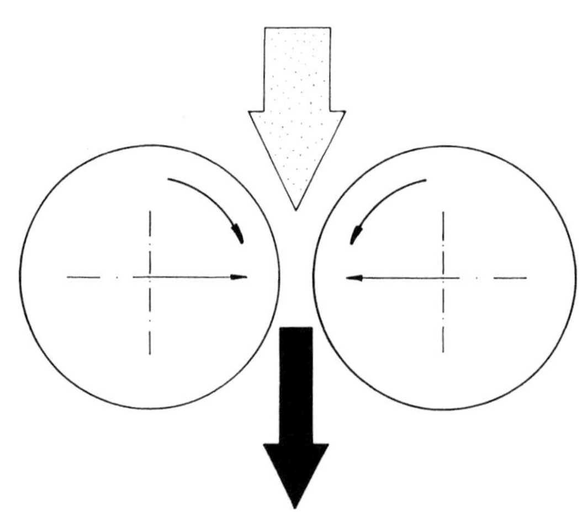

Abb. 6-4. Verfahrensprinzip der Wälzdruckmaschinen (nach *Pietsch* [8])

Abb. 6-4 ist das allgemeine Verfahrensprinzip von Wälzdruckmaschinen schematisch dargestellt.

Die Wälzdruckmaschinen werden auch als Walzenpressen bezeichnet. Sie sind eine belgische Erfindung, die jedoch erstmalig nicht in Belgien, sondern gegen Ende der 70er Jahre des vorigen Jahrhunderts in den USA verwirklicht wurde. In Deutschland wurden die ersten Walzenpressen 1901 von der Firma *Köppern in Hattingen* gebaut. Sie dienten der Brikettierung von Steinkohle unter Verwendung von Pech als Bindemittel (*Rieschel* [11]) und (*Zech* [9]). Eine Übersicht der Wälzdruckmaschinen zeigt Tab. 6-2. Hier sind die Wälzdruckmaschinen gegliedert in drei Hauptgruppen:

Brikettier-, Kompaktier- und Granulatform- oder Pelletiermaschinen

Tabelle 6-2. Übersicht und Ordnungsschema von Wälzdruckmaschinen

Wälzdruckmaschinen			
Maschinen-elemente	Walzen		Walzen, Koller und Matrizen
Maschinen-bezeichnung	Brikettier-maschinen	Kompaktier-maschinen	Granulatform- und Pelletier-maschinen
Produkthabitus	Formen	keine Formen profiliert, glatt	Strangformen
Produkt-bezeichnung	Briketts	Schülpen	Pellets; zylindrische Formen, z. B. 4 mm Durchmesser und 10 mm lang
Produkt-förmigkeit	gleichförmig	ungleichförmig	nahezu gleichförmig

Abb. 6-5. Produkte von Brikettier- und Kompaktiermaschinen: Briketts, Schülpen und daraus durch Zerkleinerung und Sieben hergestellte Granulate (Werkbild *Köppern*)

Abb. 6-5 zeigt ein Foto der Produkte von Brikettier- und Kompaktiermaschinen. Im oberen Teil des Bildes befinden sich Briketts, z. B. aus Kohle, Salz und Metall.

Die in der Form unregelmäßigen Schülpen sind auf dem unteren Teil des Bildes zu sehen. Aus preßtechnischen Gründen werden auch Walzen mit angedeuteten Formen (halbe Briketts) verwendet. Schülpen sind im allgemeinen Zwischenprodukte, die der Gewinnung von Brechgranulaten dienen. Durch Zerkleinern und Sieben der Schülpen werden definierte Kornklassen erzielt, z. B. 2–8 mm. Endprodukte dieser Art zeigt das Foto im rechten unteren Teil.

6.2.1.1 Brikettierung und Brikettiermaschinen

Einführung

Die Brikettierung begann mit der Verformung der wirtschaftlich geringwertigen Feinkohle. Für die Kohlebrikettierung gilt das Jahr 1975 als Jubiläumsjahr (*Meyer* [10]), denn 100 Jahre zuvor nahm in Westdeutschland die Grube Laurweg in Kohlscheid bei Aachen die Brikettherstellung aus Steinkohlen-Feinkohle auf. Versuche um die Mitte des vorigen Jahrhunderts basieren auf Entwicklungsarbeiten, die in Belgien mit einer Stempelpresse begonnen hatten, die als Couffinhal-Presse in die Geschichte der Brikettierung eingegangen ist. Diese Presse bestand aus einer waagerecht angeordneten Formplatte, in der quaderförmige Stückbriketts zwischen 0,5 kg und 10 kg hergestellt wurden. Die größeren Stückbriketts wurden von der Eisenbahn als sogenannte Lokomotivbriketts abgenommen. Die Leistung der Pressen wurde im Laufe der Jahre von 6 t/h bis auf 14 t/h gesteigert. Die vor dem Jahre 1875 liegenden Versuche kamen aus zwei Gründen nicht zum betrieblichen Dauereinsatz:

1. Das für die Brikettherstellung notwendige Bindemittel Pech mußte damals zu hohen Preisen aus England eingeführt werden.
2. Die Versuche gingen nicht von einer Fachfirma aus, sondern wurden von den Zechen selbst ausgeführt und scheiterten an mangelnden Kenntnissen und der Ungeübtheit der Arbeiter. Hinzu kamen Betriebsbelästigungen durch das Pech.

Aus der Entwicklungsgeschichte der Brikettierung sind für den Praktiker auch heute noch gültige Regeln für das Agglomerieren abzuleiten:

- Mit der Agglomerationstechnik können wirtschaftlich geringwertige Produkte in höherwertige umgewandelt werden.
- Für das Agglomerieren müssen preiswerte Bindemittel verfügbar sein.
- Zur Lösung von Aufgaben durch Agglomerieren gehören Fachwissen und Erfahrung.
- Umweltprobleme können durch die Agglomerationstechnik gelöst werden. Das Entstehen neuer Probleme muß vermieden werden.

Gegen Ende des vorigen Jahrhunderts kam eine entscheidende technische Änderung: Die wenig leistungsfähigen Stückbrikettpressen wurden durch die in der Leistung besseren Walzenpressen (Wälzdruckmaschinen) ersetzt. Die Leistung dieser neuen Brikettiermaschinen lag zwar am Anfang nur bei 6 t/h, aber es folgte eine schnelle Entwicklungs- und Verbesserungsphase, die zu Leistungen zwischen 20 bis 40 t/h führte. Die Leistungsdifferenz ist durch die Größe der Briketts bedingt. Wenngleich die Steinkohlenbrikettherstellung von 7,2 Mio. t im Jahre 1956 auf heute unter 1,0 Mio. t zurückging, so ist doch die Walzenpresse nach wie vor ein technisch wichtiges Gerät für die Preßagglomeration. Sie hat inzwischen Eingang in andere Industriezweige gefunden (Abb 6-6 bis 6-8).

Abb. 6-6. Vorderansicht einer Brikettierpresse (Werkbild *Köppern*)

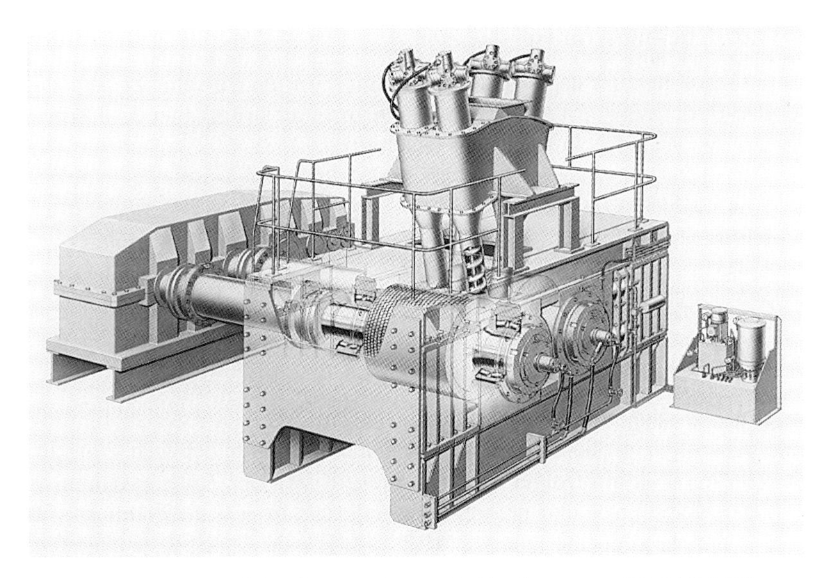

Abb. 6-7. Gesamtansicht einer modernen Brikettierpresse (Werkbild *Köppern*)

Abb. 6-8. Walzensatz einer Brikettiermaschine (Werkbild *Köppern*)

Probleme der Wälzdruckmaschinen

Bei den Brikettiermaschinen ist die Auswahl der mit Formen versehenen Walzen von entscheidender Bedeutung. *Pietsch* [2] hat sich in einer grundlegenden Arbeit mit den *Problemen* der Wälzdruckmaschinen beschäftigt.

Probleme bei Wälzdruckmaschinen:
- Einzugsverhalten
- Ab- und Auslöseverhalten
- Oberflächenprofilierung
- Überlastung
- Verschleiß

Die Einzugsverhältnisse sind in Abb. 6-9 dargestellt. Im linken Teil der Abbildung ist für zwei unterschiedlich große Walzen der Zustand skizziert, der sich einstellt, wenn der Zwickelbereich (keilförmiger Bereich) gefüllt ist. Der Einzugswinkel α ist abhängig von der Reibung des zu pressenden Materials im Zwickelbereich.

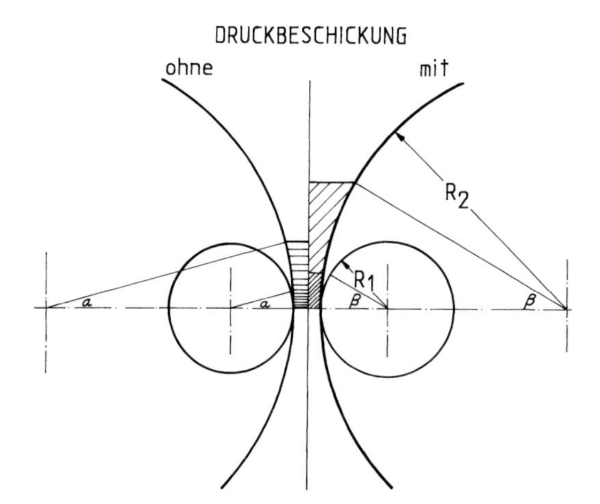

Abb. 6-9. Schematische Darstellung verschiedener Einzugsverhältnisse bei Wälzdruckmaschinen (nach *Pietsch* [2])

Der Einzugswinkel α ist der Winkel, bei dem das Material durch die Walzen eingezogen wird. Er ist unabhängig vom Walzendurchmesser konstant, wenn die anderen Größen, wie Umfangsgeschwindigkeit und Material- und Oberflächenbeschaffenheit, gleich bleiben. Die Verdichtungsverhältnisse sind abhängig vom Walzendurchmesser. Die Verdichtungsverhältnisse werden durch eine Druckeinspeisung wegen der damit verbundenen Entlüftung und Vorverdichtung erhöht (rechte Seite der Abbildung). Durch den Druck vergrößern sich außerdem die Reibung und der Einzugswinkel (β). Das *Ablöseverhalten* ist bedingt durch die unterschiedliche Neigung der Materialien, an der Oberfläche der Walzen zu kleben. Dieses Haften beruht auf den Kräften, die im Zusammenhang mit den Bindungsmechanismen der Agglomerate genannt worden sind. Also beispielsweise: Flüssigkeitsbrücken, Feststoffbrücken, Kapillar- und Grenzflächenkräfte, van-der-Waals-

Kräfte und elektrostatische Kräfte. Bei glatten Walzen kann man dieses Problem auf mechanischem Wege durch das Anbringen von Abstreifern lösen.

Profilierte Walzen und Formwalzen müssen differenziert behandelt werden: Benutzung von Trennmitteln, Oberflächenbehandlung der Walzen und/oder Erdung der Maschinen.

Wenn diese Maßnahmen nicht wirken, dann ist man gezwungen, das Aufgabegut zu ändern, z. B. den Wassergehalt, das Bindemittel, die Körnung oder die Temperatur. Beim Brikettieren von Steinkohle mit Pech z. B. ist die Einhaltung der optimalen Preßtemperatur für das Ab- und Auslöseverfahren von ausschlaggebender Bedeutung. Das *Auslöseverhalten* von Briketts aus profilierten Walzen zeigt Abb. 6-10. Beim linken Bild ist der untere Teil der Form mit Material gefüllt. Das nachfolgende Bild zeigt den eigentlichen Verdichtungsvorgang, der in dieser Phase für den unteren Teil des Briketts bereits abgeschlossen ist, während der obere Teil noch nicht verdichtet wird. Die Form ist hier sowohl nach unten als auch nach oben geöffnet. Das gilt auch für die etwas weiter fortgeschrittene Phase des nächsten Bildes. Hier ist der Preßvorgang nahezu beendet. Im rechten Bild ist der obere Teil der Form geschlossen und der untere so weit geöffnet, daß sich das Brikett aus der Form lösen kann. Da es sich bei der Brikettierung über Walzenpressen nicht um einen einheitlichen und gleichmäßig verteilten Preßvorgang handelt, treten starke Schub- und Scherkräfte auf, die zum gefürchteten Aufplatzen der Briketts führen oder – wie der Praktiker sagt – zum „Schnäbeln".

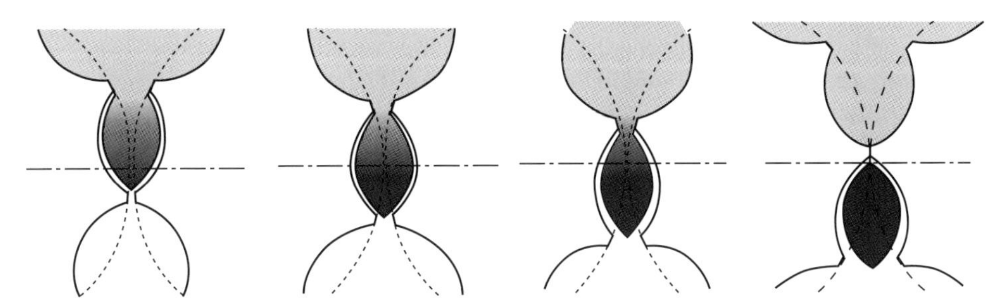

Abb. 6-10. Schematische Darstellung der Brikettformung in Wälzdruckmaschinen (nach *Pietsch* [2])

Die mechanischen Möglichkeiten, das Aufplatzen zu verhindern, sind gering. Die einzige mögliche, aber nicht immer wirksame Variante ist die Veränderung des Preßdrucks. Vielfach hat der Praktiker nur die Wahl, die Mischung des Aufgabegutes zu verändern. Da das aber nur in Grenzen möglich ist, muß er sich unter Umständen nach einem anderen Agglomeratsverfahren umsehen.

Die *Oberflächenprofilierung* ist vom Durchmesser der Walzen abhängig. Je größer die Walzen sind, um so größer kann wegen der geringeren Krümmung die

Formabmessung in Richtung Umfang sein. Bei der Wahl der Profilierung ist auf ein gutes Schließ- und Auslöseverhalten der Briketts zu achten.

Es gilt: je genauer die Formen schließen, um so besser ist die Qualität der Briketts. Eine umgekehrte Tropfenform ist für das Auslösen günstig; ebenso eine flache Kissenform. Kugel- oder zylinderförmige Briketts sind nicht darstellbar.

Das Auslöseverhalten ist sehr wichtig, da zurückgelassene Stücke – durch Bruch und Ankleben entstanden – zu einer Veränderung der Verdichtungsverhältnisse führen. Es kommt zu *Überlastungen,* die von den Konstruktionsteilen der Maschine aufgenommen werden müssen. Um Überlastungen durch Fremdkörper, wie z.B. Eisenteile, zu verhindern, sollte der Einlauf einer Brikettiermaschine durch Magnetabscheider und Siebe gesichert sein. Bei den meisten Wälzdruckmaschinen ist eine Walze beweglich angeordnet und wird über Federsysteme oder hydraulische Vorrichtungen angedrückt. Der Druck, der zwischen den Walzen auf der Linie der stärksten Annäherung wirkt, läßt sich nicht angeben, da das Verhalten der Partikel des zu verpressenden Materials nicht berechenbar ist. In der Praxis gibt man eine willkürliche definierte Größe an, nämlich die auf die Längeneinheit der Walzenbreite bezogene maximale Zuhaltekraft mit der Dimension kN/cm. Die Ausbildung des Profils der Walze hat Auswirkungen auf den Verschleiß der Formen. Da die Reibungskräfte, die zwischen Material und Formwand auftreten, relativ niedrig sind, ist auch der Verschleiß der Formen bei Brikettiermaschinen vergleichsweise gering. Das ist ein besonderer Vorteil der Wälzdruckmaschine. Die Walzendrehzahl muß so eingestellt sein, daß zwischen Material und Formenoberfläche kein Schlupf entsteht. Durch eine Druckbeschickung können die Einzugsbedingungen verbessert werden. Dadurch wird es möglich, die Umfangsgeschwindigkeit und damit die Leistung zu erhöhen. Eine Verschleißminderung tritt auch ein, wenn heiß brikettiert wird. Die schematische Darstellung in Abb. 6-11 zeigt die wesentlichen Funktionen einer Brikettiermaschine. Die Beschickung wird von

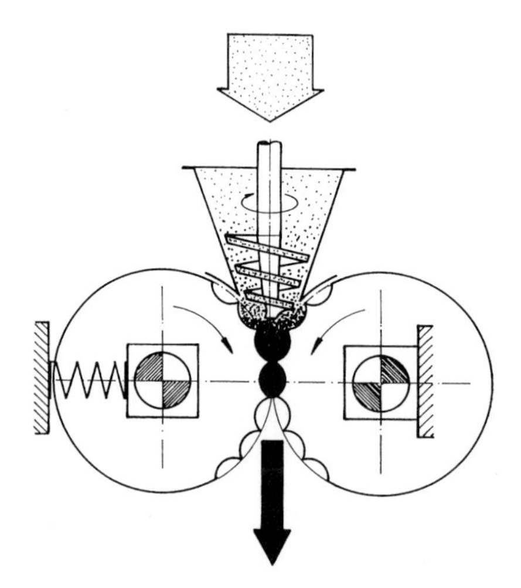

Abb. 6-11. Schematische Darstellung der wesentlichen Funktionsteile einer neuzeitlichen Brikettiermaschine (nach *Pietsch* [2])

einer konischen Druckschnecke bewirkt, die gleichzeitig das zu brikettierende Material entlüftet, verdichtet und homogenisiert.

Durch eine höhere Drehzahl der Schnecke erzielt man eine bessere Vorverdichtung und damit ein festeres Produkt. Die bewegliche Anordnung einer Walze ist durch eine Feder skizziert. Sowohl die Walzen als auch die Schnecken sind mit stufenlos regelbaren Antrieben versehen. Dadurch wird eine hohe Flexibilität erzielt, die eine Anpassung an die Materialeigenschaften in einem weiten Bereich erlaubt. Bei besonders breiten Walzen wird eine zweite oder sogar eine dritte Druckschnecke zusätzlich eingebaut. Die in Abb. 6-8 gezeigten Formen erzeugen ellipsenförmige Briketts, sogenannte Eierbriketts, oder die kleineren Nußbriketts. Die einst für die Brikettierung von Steinkohle entwickelten Maschinen sind heute in vielen Industriezweigen zu finden. Als Beispiel sei die Brikettierung von Soda genannt, wie sie *Rieschel* beschreibt. Soda wird in der Stahlindustrie zur Entschwefelung eingesetzt. In feinkörniger Form läßt sie sich wegen der Thermik oberhalb des Stahlbades nur schwer einbringen. Deshalb ging man dazu über, die Soda bindemittellos zu brikettieren. Weitere Beispiele sind die Brikettierung von Maleinsäureanhydrid und Natriumcyanid *Zech* [12] oder die Heißbrikettierung von Graugußspänen, wie sie in Abb. 6-12 dargestellt ist (nach *Hosokawa Bepex*) und die Brikettierung von vielen anderen Produkten, Nebenprodukten und Abfallprodukten.

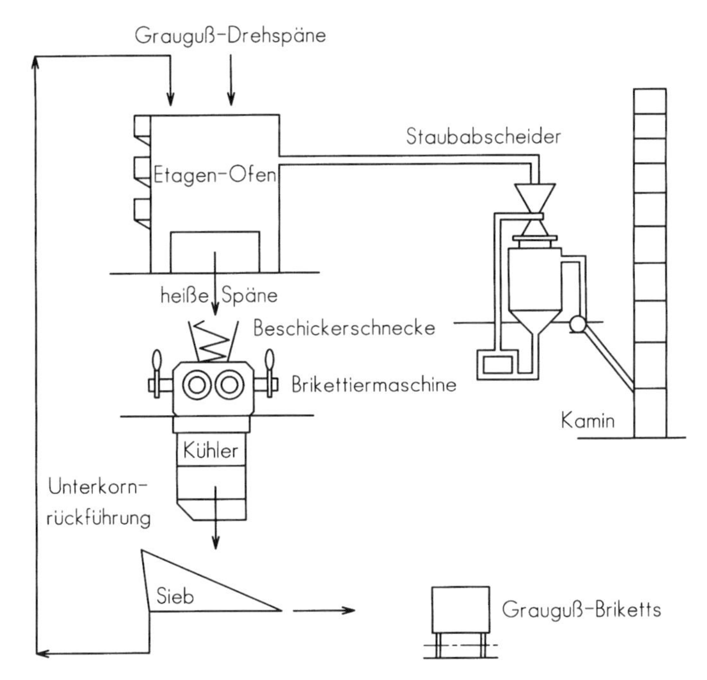

Abb. 6-12. Verfahrensschema einer Heißbrikettierung von Graugußspänen (nach Firmenschrift *Hosokawa Bepex*)

Bindungsmechanismus der Briketts

Die Abhängigkeit der Brikettierbarkeit vom zu pressenden Material ist viel stärker als bei den anderen Agglomerationsverfahren. Sie ist vorrangig an die plastische Verformbarkeit der Materialien gebunden. Bei Mineralien ist die Härte nach der *Mohs*schen Härteskala (*Mohs* 1773–1839, Prof. in Wien) ein Maß für die Verformbarkeit. Plastisch verformbar sind Materialien bis zur Härte 3; sie können bindemittellos brikettiert werden. Es wirken Kohäsionskräfte und im begrenzten Rahmen Adsorptionsschichten von Wasser an den Oberflächen der Partikel. Stoffe, die härter und spröder sind, müssen unter Zusatz von Bindemitteln brikettiert werden. Während des Pressens werden einzelne Körner zerstört und es entsteht sekundärer Hohlraum, der verbleibt. Außerdem treten elastische Verformungen auf, die mit Schubspannungen verbunden sind und die Bruchfestigkeit der Briketts übertreffen können. Als Folge gehen die Briketts nach der Druckentlastung zu Bruch. Zerkleinerung und Brikettierung stehen sich diametral gegenüber. Je härter und spröder ein Stoff ist, um so mehr Bindemittel muß zugesetzt werden. Es überwiegen Bindemittel, die zu Festkörperbrücken führen.

Zusammenfassung: Beim Brikettieren werden entweder Kohäsionskräfte wirksam oder durch Zusatz von Bindemitteln Festkörperbrücken gebildet.

Technologie der Brikettierung

Um die Technologie eines Verfahrens und damit das Verfahren selbst zu beherrschen, muß man die Einflußgrößen kennen. Die Kenntnis darüber, daß es solche gibt und welche es sind, genügt allerdings nicht, denn darüber hinaus müssen ihre Wirkung und die Abhängigkeit zu den Qualitäts-Zielvorstellungen bekannt sein.

Welche Einflußgrößen sind beim Brikettieren neben den maschinenbedingten zu berücksichtigen?

- Korngröße
- Korngrößenverteilung
- Form und Oberfläche der Partikel
- Härte, Sprödigkeit und Festigkeit des Brikettiergutes
- Wassergehalt des Brikettiergutes
- Eigenschaften des Bindemittels (z. B. Klebkraft)
- Temperatur beim Brikettieren

Vor dem Brikettieren sollte das Ausgangsmaterial siebanalytisch untersucht werden, um über die Korngrößen und Korngrößenverteilung Auskunft zu geben.

Es gibt eine maximale Korngröße, die durch die Größe der Preßform bestimmt wird. Bei ellipsenartigen Formen, deren Preßprodukte etwa Eiform haben, können die Längen der beiden Ellipsenachsen beispielsweise 25 mm und 40 mm betragen. Die maximale Korngröße des Brikettiergutes sollte nicht mehr als ein Fünftel der kleinsten Achse betragen, also 5 mm.

Lückenvolumina der gröberen Körner sollten durch entsprechende Feinanteile in Menge und Größe ausgefüllt sein. Im Normalfall wird das Kornspektrum nach der vorgeschalteten Zerkleinerungsmaschine so verwendet, wie es anfällt. Berücksichtigt wird nur, daß die maximale Korngröße nicht überschritten wird. In den Fällen, in denen eine hohe Festigkeit der Agglomerate gefordert wird, müssen künstlich hergestellte Feinkornfraktionen im entsprechenden Verhältnis zusammengemischt werden; auch von Fremdmaterialien. Durch die hohen Preßkräfte können Partikeln des Ausgangsmaterials während des Preßvorganges zerstört werden. Hier sind zwei Dinge zu beachten:

1. Die *Korngrößenverteilung* ändert sich. Dieser Vorgang kann sich auf die Festigkeit der Agglomerate nachteilig auswirken, weil dadurch das „Ineinanderpassen" der verschiedenen Kornfraktionen – feinere Anteile in die Lückenvolumina der gröberen – nicht mehr aufrechterhalten wird.
2. Durch die Kornzerstörung entstehen neue *Oberflächen und neue Formen*, die im Falle einer Verwendung von Bindemitteln in der Ausgangsmischung nicht vom Bindemittel benetzt sind. Ein Mangel an Flüssigkeits- und Festkörperbrükken führt zwangsläufig zu einer Festigkeitsverminderung.

Die *Härte*, die *Sprödigkeit* und die *Festigkeit* der einzelnen Partikeln spielen bei der Entstehung neuer Oberflächen eine maßgebliche Rolle. Beim Verpressen von Kristallen, z.B. Salzkristallen, können die Preßkräfte ein Verschmelzen der Kristalle bei eventuell gleichzeitiger Veränderung der Kristallstruktur bewirken. Damit geht in der Regel die Entstehung eines dichteren Gefüges und damit eine Festigkeitserhöhung einher. Nicht immer ist also eine Zerstörung gröberer Partikeln durch die Preßkräfte mit Nachteilen verbunden. Auch dann nicht, wenn dadurch – bedingt durch die Struktur des Ausgangsmaterials – solche Oberflächenstrukturen oder Formen der Partikeln entstehen, die sich ineinander verhaken oder verzahnen. Hier resultiert daraus eine Erhöhung der Festigkeit des Agglomerats. Von Einfluß auf die Festigkeit der Briketts ist der *Wassergehalt* der Ausgangssubstanz. Wasser kann die Oberfläche der Partikel anlösen, so daß chemische Reaktionen ablaufen oder bei nachfolgender Trocknung eine Bindung durch Kristallisation eintritt. In beiden Fällen kann sich die Festigkeit der Briketts vorteilhaft verändern. Ein Zuviel an Wasser kann allerdings auch den gegenteiligen Effekt bewirken, da dann die Kapillarkräfte und Kräfte der Oberflächenspannung teilweise wieder aufgehoben werden. Von Vorteil ist ein bestimmter Wassergehalt zum besseren Aus- und Ablöseverhalten der Briketts aus den Formen.

Zum Erreichen einer geforderten Festigkeit der Briketts ist die Verwendung eines Bindemittels notwendig. Besonders sehr spröde und harte Substanzen lassen sich nur mit Bindemittel brikettieren. Dadurch werden Bindebrücken – in der Regel Festkörperbrücken – geschaffen, die den Zusammenhalt der einzelnen Partikeln im Brikett gewährleisten.

Wenn durch die Preßkräfte – wie zuvor schon erwähnt – besonders spröde und harte Partikeln zerstört werden, reicht der vorgegebene Bindemittelanteil nicht immer aus. Um diesem Vorgang Rechnung zu tragen, sollte von vornherein der Bindemittelanteil erhöht werden, so daß der zusätzliche Anteil an Bindemittel beim Pressen an die neu entstandenen Oberflächen „herangedrückt“ wird. Die Verwendung von Wärme beim Brikettieren kann folgende Einflüsse haben:

- Das Ausgangsmaterial wird plastischer, läßt sich besser verformen und führt dann zu festen Briketts.
- Durch die bessere Verformbarkeit werden geringere Preßdrücke benötigt.
- Lösungseffekte an der Oberfläche der Partikel bewirken die Entstehung von Festkörperbrücken.
- Einsparung oder sogar Verzicht auf Bindemittel. In manchen Fällen sind wirtschaftliche Gesichtspunkte maßgebend; in anderen sind Qualitätsfragen vorrangig.

Anwendungsgebiete für das Brikettieren und die Briketts

Beispiele für die Heißbrikettierung:

I	Eisenschwamm (direktreduziertes Eisen)	bei 700–750 °C
II	Magnesit	bei 500–600 °C
III	Hüttenstäube	bei 700–750 °C
IV	Blei-Zink-Erze	bei ca. 400 °C
V	Eisenspäne	bei ca. 700 °C

Eingesetzt wurden die Brikettpressen seit Beginn der Jahrhundertwende für die Brikettierung von feinkörniger Steinkohle. Während die Stückkohle – jedenfalls zur damaligen Zeit – guten Absatz fand, war die Feinkohle schwer zu verkaufen. Briketts aus dieser Feinkohle fanden reichlich Abnehmer, denn sie waren ein guter und vor allem ein heimischer Brennstoff. Das änderte sich mit der zunehmenden Konkurrenz durch das Heizöl, besonders in den 60er Jahren. Von da an wurden kaum noch Brikettfabriken für Steinkohle gebaut, so daß neue Anwendungsgebiete für die Brikettpressen erschlossen werden mußten. Wegen der Vorteile, die stückiges Material gegenüber dem staubigen hat, wurden mehr und mehr Agglomerationsmaschinen eingesetzt und somit auch Walzenpressen.

Heute gibt es Brikettierprozesse in fast allen Industriezweigen. Die wichtigsten hat *Zisselmar* [5] mit Beispielen genannt:

- Steine- und Erdenindustrie:
  Brikettierung von Branntkalk, Rauchgasgips, Dolomit
- Hüttenindustrie:
  Hüttenstaub-Brikettierung (750–800 °C); der im Filter aufgefangene Staub wird erhitzt und brikettiert und dem Hüttenprozeß wieder zugeführt. Eisenschwamm-Brikettierung; kalt (mit Bindemittel, Wasserglas oder Kalkhydrat) oder heiß (750–800 °C)
- Feuerfestindustrie:
  Magnesit-Brikettierung zur Erzeugung einer gasdurchlässigen homogenen Ofenschüttung
- Chemische Industrie:
  Natriumsulfat-Brikettierung

6.2.1.2 Maschinen für die Brikettierung und Kompaktierung

Beschreibung des Aufbaus von Walzenpressen

Im Ordnungsschema über Wälzdruckmaschinen (siehe Tab. 6-1) gehören die Kompaktiermaschinen und die Brikettiermaschinen zu den Maschinen, die mit Walzen ausgestattet sind.

Eine Walzenpresse üblicher Bauart für die Brikettierung und Kompaktierung besteht aus vier Baugruppen:

1. Rahmen
2. Materialzuführeinrichtung
3. Walzen mit Preßwerkzeugen und Anpreßhydraulik
4. Antrieb

Rahmen

Bei den Rahmenkonstruktionen unterscheidet man zwischen dem starren Rahmen und dem Klapprahmen. Bei letzterem kann man die Seitengurte aufklappen, so daß dadurch von der Seite her die Walzen ein- und ausgebaut werden können (Abb. 6-13 und 6-14).

Abb. 6-13. Kompaktiermaschine mit einem starren Rahmen (Werkbild *Köppern*)

Abb. 6-14. Kompaktiermaschine mit Klapprahmen (Werkbild *Köppern*)

Materialzuführeinrichtung

Als Materialzuführeinrichtung wählt man entweder einen Fülltrichter oder eine Füllschnecke. Die Entscheidung, welche Zuführeinrichtung verwendet werden soll, ist abhängig von den Eigenschaften des zu verpressenden Materials. Ausschlaggebend sind das Fließverhalten und die Schüttdichte. Um zu erreichen, daß die Presse gleichmäßig gut gefüllt ist, muß man für eine gut funktionierende Dosierung sorgen. Das Material muß der Presse sehr gleichmäßig aufgegeben werden, damit eine gute Preßfüllung erreicht wird. Denn nur so sind auch einwandfreie Agglomerate zu erzielen. Für Materialien, die gut rieseln, genügt ein einfacher *Fülltrichter*. Um die Durchlaufmenge verändern zu können, ist der Fülltrichter mit einer Regelzunge auszurüsten. *Füllschnecken* oder *Stopfschnecken* werden verwendet, wenn die Schüttdichte zu niedrig oder das Füllvermögen unzureichend ist. Dann reicht die Schwerkraftaufgabe mit dem zuvor beschriebenen Fülltrichter nicht aus. Mit Hilfe der Füllschnecke wird für einen zwangsweisen Transport des zu verpressenden Materials bis in den Füllquerschnitt gesorgt. Auf dem Weg dahin wird gleichzeitig eine Vorverdichtung bewirkt, die für den späteren Preßverlauf von Vorteil ist. Die Antriebe der Schnecken sind entweder elektrisch oder hydraulisch. Sie müssen auf jeden Fall drehzahlregelbar sein, damit eine Anpassung des Massenstroms an die Kapazität möglich ist. Die gleichmäßige und kontinuierliche Zugabe des Materials ist von außerordentlicher Bedeutung. Sehr oft sind Schwankungen im Aufgabematerial nicht zu vermeiden. Hierbei kann es sich um Entmischungen, Schüttdichteschwankungen und ungleichmäßige Bindemittelverteilung handeln. Solche Schwankungen bedingen eine Veränderung der Materialzufuhr und haben zwangsläufig unterschiedliche Füllungen der Presse zur Folge. Dadurch können erhebliche Qualitätsschwankungen bei den gepreßten Agglomeraten auftreten. Welche Schwankungen durch gezielte Maßnahmen vermindert werden können, beschreiben die nächsten Abschnitte.

Anpreßhydraulik

Kleine, nicht dauerhafte Schwankungen werden automatisch über die hydraulische Abstützung der Walzen aufgefangen und ausgeglichen. Bei größeren, länger anhaltenden Schwankungen muß die Zuführeinrichtung nachgeregelt werden.

Regeleinrichtung

In Abb. 6-15 ist eine Regeleinrichtung zeichnerisch dargestellt. Überwacht werden entweder der Walzenspalt oder die Stromaufnahme des Walzenantriebsmotors. Ermittelte Abweichgrößen werden über ein Stellglied an die Zuführeinrichtung gegeben, die sich entsprechend der eingegebenen Größe verändert. Es entsteht ein geschlossener Regelkreis.

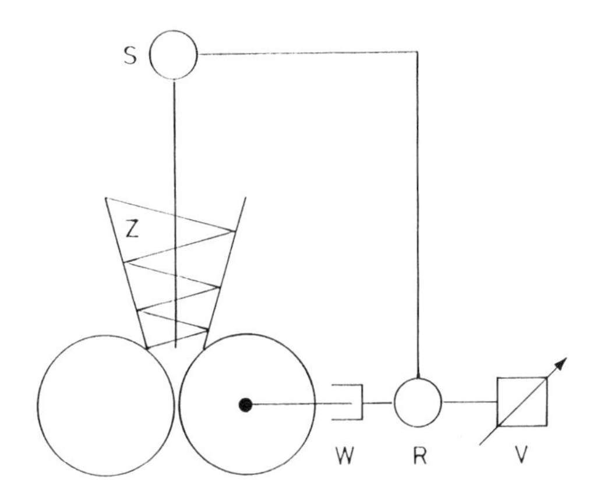

Abb. 6-15. Schematische Darstellung der Regelung der Materialzufuhr zu einer Kompaktiermaschine (nach *Zisselmar* [5])

Walzen mit Preßwerkzeugen

Die Gehäuse und Rollenlager – besonders vorteilhaft sind hier Pendelrollanlagen – ruhen im Pressenrahmen. In den Rollenlagern sind die Preßwalzen gelagert. Sie bestehen aus einem Walzengrundkörper, auf dem die Preßwerkzeuge befestigt sind. Die Preßwerkzeuge können entweder aus einem geschlossenen Ring oder aus Segmenten bestehen. Bei den beiden Walzen unterscheidet man zwischen der Fest- und der Loswalze. Die Festwalze ist im Rahmen unbeweglich festgelegt, während die Loswalze im Rahmen verschiebbar angeordnet ist. Letztere stützt sich gegen den Hydraulikkolben. Die Anpreßhydraulik hat vorrangig die Aufgabe, die Preßkräfte zwischen den Walzen zu kontrollieren. Mit Stickstoff gefüllte Ausgleichsspeicher garantieren bei geringen Füllungsschwankungen eine Änderung des Walzenabstandes bei gleichbleibendem Preßdruck. Damit soll eine gleichmäßige Produktqualität erzielt werden. Wird ein Fremdkörper in den Walzenspalt eingezogen, so bewirkt ein Überdruckventil die notwendige Entlastung der Hydraulikkolben. Die Loswalze kann ausweichen.

Walzendrehzahl

Die Walzendrehzahlen liegen im Bereich von 5–40 U/min. Zur Erzeugung dieser Drehzahlen werden hoch untersetzte Getriebe mit zwei Abgangswellen verwendet. Stufenlose Drehzahlverstellungen können vorteilhafterweise aber auch elektrisch durch thyristorgesteuerte Gleichstrommotoren oder frequenzgesteuerte Drehstrommotoren vorgenommen werden. In Tab. 6-3 sind die notwendigen spezifischen Preßkräfte für verschiedene Stoffe aufgeführt.

Preßkräfte

Die Preßkräfte sind abhängig von den Eigenschaften des Stoffes sowie von der Form des Endproduktes (Brikettform) und vom Walzendurchmesser. Sie liegen, wenn man sie auf einen Walzendurchmesser von 1000 mm bezieht, zwischen 10 und 140 kN/cm. Die Ermittlung der Preßkräfte ist selbst bei Kenntnis einer Vielzahl von Stoffeigenschaften nicht allein auf rechnerischem Wege möglich, sondern sollte experimentell festgestellt werden.

Praktisch gilt für alle Verfahrenstechnologien der Agglomeration das Prinzip, mit dem zu agglomerierenden Stoff zunächst Versuche anzustellen. Mit den Versuchsergebnissen können Berechnungen über die Auslegung des Agglomerationsgerätes vorgenommen werden.

Für die Brikettierung und die Kompaktierung werden nicht die Druckkräfte angegeben, die notwendig sind, um im Walzenspalt die geeigneten Drücke verfügbar zu haben, sondern üblicherweise die sogenannte spezifische Preßkraft. Eine be-

Tabelle 6-3. Spezifische Preßkräfte von Brikettpressen (nach *Zisselmar* [5])

Material	Spez. Preßkraft kN/cm (bezogen auf Walzendurchmesser × 1000)
Steinkohle	10–30
Keramikrohstoffe	40
Steinsalz	60–80
Mischdünger mit Harnstoff	40–60
Mischdünger (ohne Rohphosphat und Thomasmehl)	50–80
Mischdünger (mit Rohphosphat und Thomasmehl)	80
Kalkstickstoff	60
Kaliumchlorid (>20 °C)	50
Kaliumchlorid (<20 °C)	70
Kaliumsulfat (70–100 °C)	70
Rauchgasgips	95
Magnesit (kalt und heiß)	110–130
Branntkalk	130
Eisenschwamm	130–140
Erze (kalt, mit Binder)	60–80
Erze (heiß, ohne Binder)	120–140

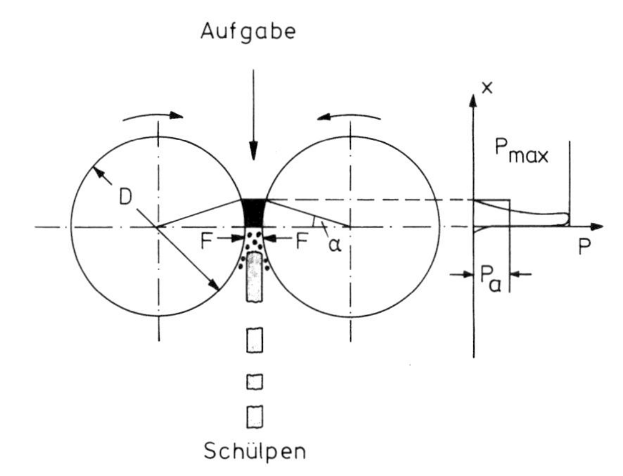

Abb. 6-16. Schematische Darstellung des Prinzips der Kompaktierung (nach *Zisselmar* [5])

stimmte Preßkraft ist notwendig, um die gewünschte Festigkeit der Agglomerate durch eine entsprechende Verdichtung zu erreichen (Abb. 6-16).

In der Praxis kennt man den Zustand des „Überpressens", d.h. das Überschreiten eines maximalen Preßdrucks. Wenn dieser Zustand eintritt, dann wird eine solche Vielzahl von Körnern im Preßgut zerstört, daß dadurch die Festigkeit der Briketts abfällt. Im Abschnitt über die Technologie der Brikettierung wurde auf die Bedeutung des Kornspektrums eingegangen.

Umfangsgeschwindigkeit und Entlüftungsverhalten

Zwischen der Umfangsgeschwindigkeit von Preßwalzen und dem Entlüftungsverhalten des zu verpressenden Materials besteht ein direkter Zusammenhang. Für die anfallende Menge an Luft gibt *Zisselmar* ein Beispiel. Rauchgasgips mit einer Schüttdichte von 860 kg/m^3 sowie einem Massenstrom von 20 t/h erfordert je Sekunde die Abführung von 4 l Luft. Durch den Preßvorgang wird das Hohlraumvolumen eines feinkörnigen Schüttgutes sehr stark verringert. Zur Aufrechterhaltung des Preßvorgangs muß die Luft entweichen können. Die Luft muß aus dem Walzenspalt nach oben entweichen, während der Materialstrom vertikal dazu nach unten abläuft. Diese gegensätzlichen Vorgänge führen zu unterschiedlichen Zustandsphasen des sich oberhalb der Walzen befindlichen Feststoffbettes. Die Entlüftungsvorgänge sind schematisch in Abb. 6-17 dargestellt. Nach unten gerichtete Pfeile beziehen sich auf den Materialstrom; die nach oben zeigenden auf die entweichende Luft (C). Breitere Walzen (B) bieten bessere Entlüftungsmöglichkeiten. Das Entweichen der Luft ist in den Seiten- und Vorderansichten (A) dargestellt.

In Relation zur Umfangsgeschwindigkeit der Preßwalzen bilden sich folgende Phasen aus:

- Die Schüttschicht bildet ein Festbett. Die Umfangsgeschwindigkeit ist niedrig.
- Es bildet sich eine Wirbelschicht in Form eines Fließbettes aus. Das bedeutet, daß die Umfangsgeschwindigkeit über den sogenannten Lockerungspunkt des Festbettes gesteigert worden ist.

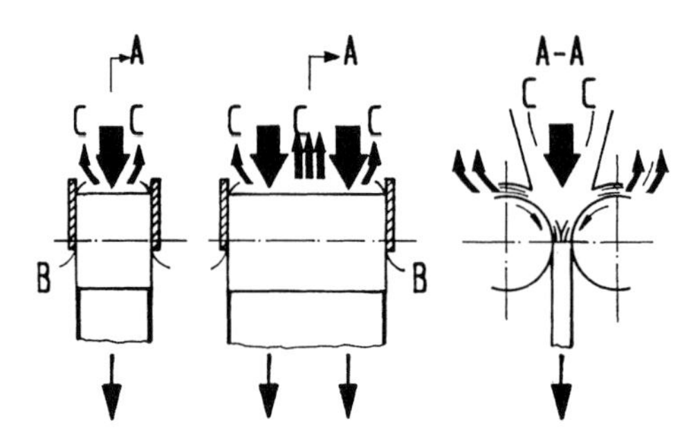

Abb. 6-17. Schematische Darstellung der Entlüftungsvorgänge in Walzenpressen (nach *Zisselmar* [5])

- Bei weiterer Steigerung der Umfangsgeschwindigkeit bildet sich eine pulsierende Wirbelschicht aus.

Der zuletzt genannte Zustand ist besonders kritisch. Die pulsierende Wirbelschicht wirkt sich sehr ungünstig auf den Preßbetrieb aus, denn es kommt dadurch zu einer ungleichmäßigen Füllung der Walzenpresse. Das beeinflußt sowohl die Festigkeit als auch die Dichte der Briketts oder anders gearteter Formkörper. Das Ergebnis ist, daß eine sehr schwankende Produktqualität erzeugt wird. Durch die Rückführung einer überhöhten Menge an Feingut kann eine solche Phase einer pulsierenden Wirbelschicht entstehen. Dieser Zustand kann so stark werden, daß akustisch wahrnehmbare Schläge die Maschine erschüttern und besonders große Belastungen am Getriebe und an den Lagern entstehen.

Tabelle 6-4. Entlüftungsgerechte Walzenumfangsgeschwindigkeiten bei Walzenpressen (nach *Zisselmar* [5])

Material	Max. Umfangsgeschwindigkeit [m/s]	Brikettformat [cm^3]	Art der Walzenoberfläche	Walzendurchmesser [mm]	Walzenbreite [mm]
Rauchgasgips	0,35	5–10	–	750	600
Kali KCl	0,70	–	Waffelung	1000	1250
LD-Staub	0,25	20	–	650	220
Magnesiumoxid (natur)	0,40	5-7	–	650/750	320
Blei-Zink-Oxid	0,27	100	–	750	265
Zirconiumtetrachlorid	0,17	–	Glattwalze	500	200
Dolomitstaub	0,17	6,5	–	650	250
Branntkalk (–5 mm)	0,50	10	–	650/1000	250/540

Da die Entlüftung eine Funktion der Walzenumfangsgeschwindigkeit ist, ist dadurch auch der Massenstrom der Walzenpresse begrenzt. Je größer das Entlüftungsproblem, um so geringer muß die Walzenumfangsgeschwindigkeit sein.

Besonders stark treten die Entlüftungsprobleme bei Glattwalzen auf. Man hat versucht, das Problem dadurch zu lösen, daß man geriffelte Walzen verwendet. Die Riffelung kann sowohl in der Achsrichtung als auch in der Umfangsrichtung vorgenommen werden. Am besten haben sich solche Walzenoberflächen bewährt, die nach Art der Brikettpressen gewaffelt sind. Mit ihnen können jedoch keine Briketts erzeugt werden, weil die Formmulden nicht deckungsgleich angeordnet sind. Es entstehen sogenannte gewaffelte Schülpen. Durch diese Art der Waffelung löst man nicht nur das Entlüftungsproblem teilweise, sondern verbessert darüber hinaus auch das Einzugsvermögen der Walzen und kann so den Massenstrom insgesamt steigern. Tab 6-4 enthält Beispiele für entlüftungsgerechte Walzenumfangsgeschwindigkeiten.

Spezifischer Energiebedarf

Von besonderem Wert ist die Kenntnis des spezifischen Energiebedarfs von Walzenpressen. Für eine Reihe von Stoffen sind die Werte hierfür in Tab. 6-5 aufgeführt. Während die mit Bindemittel zu brikettierende Steinkohle nur einen spezifischen Energiebedarf von 2–3 kWh/t hat, erfordert beispielsweise kaustischer Magnesit 18–20 kWh/t; also etwa das sechs- bis zehnfache.

Der spezifische Energiebedarf hängt von der Leistungsaufnahme und dem Massenstrom ab. Zur Ermittlung der Leistungsaufnahme müssen durch Versuche das Drehmoment und die Drehzahl bestimmt werden. Beide Größen sind materialabhängig. Wenngleich für eine Reihe von Stoffen entsprechende Werte bei Herstellern und Anwendern von Wälzdruckmaschinen vorliegen, so ist dennoch die Durchführung

Tabelle 6-5. Spezifischer Energiebedarf von Walzenpressen in Abhängigkeit vom Material (nach *Zisselmar* [5])

Material	Spezifischer Energiebedarf [kWh/t]
Rauchgasgips	11–12
Kaliumchlorid	7–8
kaustischer Magnesit	18–20
Eisenschwamm	8–12
Erz	7–9
Branntkalk	16–19
LD-Staub (heiß)	7–9
Steinkohle (Bindemittel)	2–3
Steinkohle (heiß)	4–6
Mischdünger (100–120 kN/cm)	12–13
Mischdünger (<80 kN/cm)	9–11

von Versuchen anzuraten. Außer zur Ermittlung der Leistungsaufnahme kann dabei auch der Massenstrom für ein bestimmtes Material festgestellt werden.

Massenstrom

In Tab. 6-6 sind Kenndaten und Richtwerte für Massenströme verschiedener Pressentypen eines Herstellers angegeben. Sie reichen von 0,5 bis zu 100m^3/h. Die Angabe in m^3/h soll die Unterschiede in der Schüttdichte eliminieren.

Tabelle 6-6. Kenndaten verschiedener Pressentypen (nach Werksangaben *Köppern*)

Pressentyp	Gesamtpreßkraft	Walzendurchmesser	Gewicht [kg] [a]	Durchsatzleistung [m^3/h] [a]
22	350	300–650	2070–4485	0,5–3,0
30	1100	500–1000	7300–15200	1,0–10,0
40	1600	500–1000	8445–23650	2,0–15,0
52	2600	650–1000	17100–41000	4,0–25,0
60	3650	650–1400	22260–48000	6,0–40,0
72	5300	750–1400	35000–57000	8,0–50,0
84	6400	850–1400	43000–65000	10,0–65,0
92	8650	1000–1400	55000–70000	4,0–80,0
500	10400	1000–1400	58000–85000	20,0–100,0

[a] Richtwerte, da von spezifischer Preßkraft und Aufgabematerial abhängig

Probleme und Definitionen der Kompaktierung anhand eines praktischen Beispiels

Es gibt Produkte, die sowohl durch eine Aufbau- als auch durch eine Preßgranulation zu Agglomeraten verarbeitet werden können, wie beispielsweise Düngemittel. Kugelförmige Düngemittel sind hinreichend bekannt. Sie werden in Granuliertrommeln oder auf -tellern hergestellt; müssen aber anschließend getrocknet werden. Denn zur Technologie der Aufbaugranulation gehört – von wenigen Ausnahmen abgesehen – die Verwendung von Flüssigkeiten, in der Regel mehr als 12 %. Die zugesetzte Flüssigkeitsmenge übernimmt eine Bindungsfunktion. Auch bei der Preßagglomeration ist eine optimale „Preßfeuchte“ notwendig. Ausgenommen hiervon sind Materialien mit geringer Härte, also Stoffe, die „weich“ sind. Hierauf hat *Rieschel* – wie im Abschnitt *„Bindemechanismen der Briketts“*, bereits erwähnt – aufmerksam gemacht. Dazu paßt auch, daß in der Kalisalzindustrie die Kompaktierung des Salzes zum Stand der Technik gehört. Hierüber und über Kompaktierung von anderen Düngemitteln haben *Stahl* [13] in einer Übersichtsarbeit und *Bakele* [18] über neue Wege berichtet. Neben einer geringen Härte sollte das zu granulierende Düngemittel neben Feinanteilen auch gröbere Anteile enthalten. Ein zu hoher Feinanteil erfordert eine starke Vorentlüftung, weil die Feinanteile besonders dazu neigen, in den Förder- und Mischaggregaten viel Luft anzulagern. Ein zu hoher Anteil an Grobgut bedingt einen höheren Energieverbrauch, weil neben dem eigentlichen Preßvorgang beim Agglomerieren auch ein Zerkleinerungsvorgang stattfindet. Zur bindemittellosen Kompaktierung eignen sich also Stoffe mit

- einer niedrigen Härte und
- einem relativ breiten Kornspektrum

Unter diesen Voraussetzungen allein ist noch nicht zu entscheiden, ob granuliert – im Sinne einer Aufbaugranulierung – oder kompaktiert werden soll. Bei der Aufbaugranulierung gilt folgendes Schema:

Die Kompaktierung als spezielle Form der Preßagglomeration hat ebenfalls ein Verfahrensschema mit „Nachstufen", um das gewünschte Endprodukt zu erhalten:

Feinteilige Stoffe
↓
Kompaktierung ohne Flüssigkeit
↓
Brechen und Sieben der durch die Kompaktierung entstandenen Schülpen mit Rücklauf des feinteiligen Unterkorns
↓
Produkt in der gewünschten grobteiligen Form

An die Stelle der Trocknung ist das „Brechen und Sieben" der Schülpen getreten. Wie bei so vielen Agglomerationstechnologien ist auch hier abzuwägen, welche Verfahrensweise geeignet ist, um das geforderte Produkt herzustellen. Der Vorgang des Brechens und Siebens hat – wie *Stahl* [13] gezeigt hat – mehrere Alternativen. Sie sind in Abb. 6-18 dargestellt.

Im linken Teil von Abb. 6-18 sind alle der Kompaktiermaschine nachgeschalteten Aggregate hintereinander aufgestellt: Vorbrecher, Feinbrecher und Sieb. Das beim Sieben anfallende Grobkorn wird dem Feinbrecher wieder zugeleitet. Bei höherem Gutkornanteil nach dem Durchlaufen des Vorbrechers empfiehlt sich eine Schaltung der Maschinenaggregate, wie sie im mittleren Blockdiagramm der Abbildung dargestellt ist. Hier wird direkt nach dem Vorbrecher gesiebt und das Grobkorn dann dem Feinbrecher zugeführt. Eine solche Verfahrensweise führt zu einer höheren Ausbeute an Gutkorn und entspricht damit der allgemeinen Zielvorstellung.

Bei dieser Zerkleinerungstechnologie muß berücksichtigt werden, daß aus manchen Rohstoffen Schülpen entstehen, deren Ränder im Vergleich zum Inneren wei-

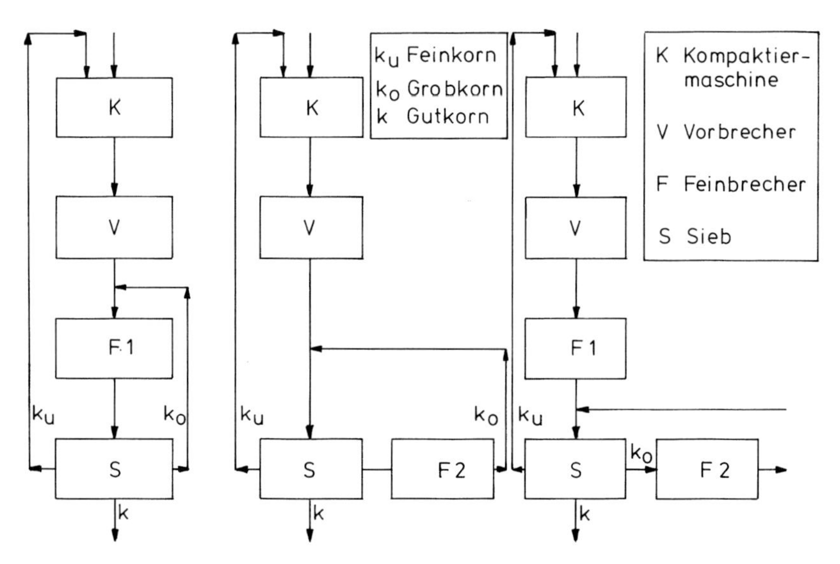

Abb. 6-18. Blockschema zu den Zerkleinerungsmöglichkeiten von Schülpen (nach *Stahl* [13])

cher sind. Das nach der Zerkleinerung herausgesiebte Gutkorn kann dann größere Anteile mit geringerer Festigkeit haben: Im Feinbrecher wird nach der Festigkeit und Härte klassiert. Das „weiche" Material wird fein zerkleinert und dann zur Kompaktiermaschine zurückgefördert. Bei hohen Anforderungen an das Produkt hinsichtlich der Festigkeit sollte die Reihenfolge Vorbrecher, Feinbrecher und Sieb gewählt werden. Gutkorn in optimaler Menge und mit guten physikalischen Eigenschaften erhält man, wenn die im rechten Teil der Abbildung dargestellte Technologie gewählt wird. Hier handelt es sich um eine zweistufige Feinzerkleinerung mit einer Zwischenabsiebung. Der erste Feinbrecher bringt relativ viel Grobkorn, auf dessen Zerkleinerung der zweite Feinbrecher abgestimmt ist.

6.2.2 Lochpressen

Das Prinzip einer Lochpresse ist anschaulich durch den Hinweis auf einen Fleischwolf zu erklären. Durch die gelochte Scheibe (Abb. 6-19) wird mit einer Schnecke das Aufgabegut hindurchgedrückt. Anstelle einer Schnecke können eine Walze, ein Stempel oder eine ähnlich wirkende Kraftübertragung verwendet werden. Eine Lochpresse mit einer Schnecke wird auch als Extruder bezeichnet. Maschinen dieser Art werden z. B. bei der Verarbeitung von thermoplastischen Kunststoffen eingesetzt.

Lochpressen mit Walzen zeigt Abb. 6-20. Das Aufgabegut wird von der Walze eingezogen und durch die gelochte Walze oder durch beide Walzen – falls beide gelocht sind – hindurch gepreßt. Diese Form der Agglomeration wird für leicht verformbare Stoffe verwendet.

Abb. 6-19. Fleischwolf mit erkennbarer Lochscheibe (nach *Thüringer Fleischereimaschinen*)

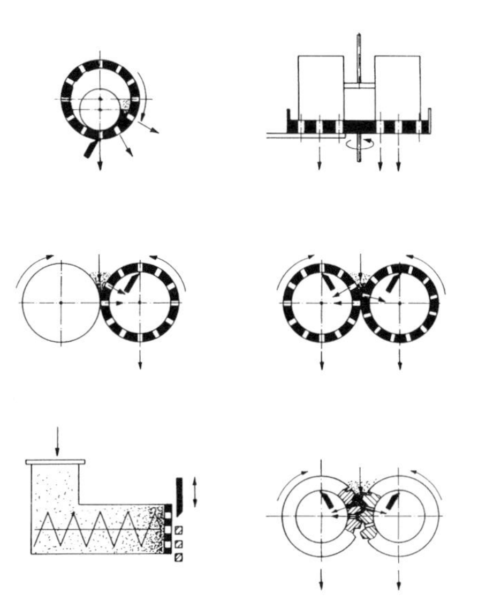

Abb. 6-20. Schematische Darstellung der verschiedenen Verfahren der Preßagglomeration mittels Lochpressen (nach *Stahl* [13])

Sehr effektiv arbeiten nach *Stahl* [13] die Zahnrad-Granulatformmaschinen. Bei diesen Maschinen greifen hohle Zahnräder (Abb. 6-20; rechts unten) mit Bohrungen im Zahngrund ineinander. Diese Verzahnung bewirkt, daß das Aufgabegut auch ohne Vorverdichtungsschnecke von den Zahnradwalzen eingezogen und durch die Bohrung gedrückt wird. Die Anwendungspalette für Maschinen dieser Art ist groß.

6.2.2.1 Pelletieren und Pelletierpresse

Definition und allgemeine Beschreibung des Preßvorgangs

An Stelle der Bezeichnung Pelletieren wird auch von Strangpreßagglomeration gesprochen. Die erzeugten Produkte werden in der Regel Pellets genannt, seltener Granulate. Als Werkzeuge für die Ausführung des Preßvorgangs durch einen offenen Preßkanal dienen die gelochte Matrize und die Koller. *Frank* [1] hat den Preßvorgang eingehend beschrieben und graphisch dargestellt (Abb. 6-21).

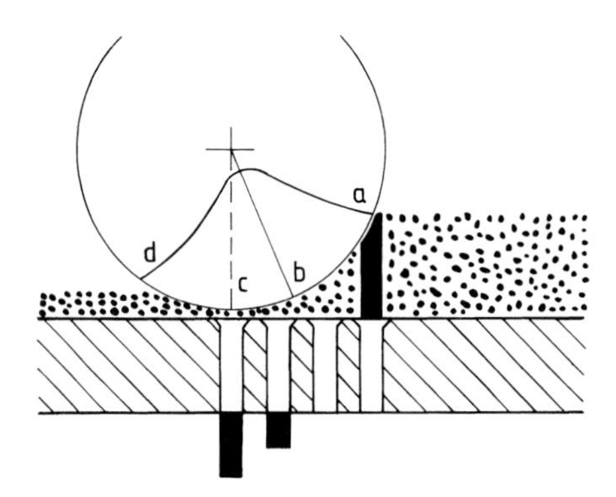

Abb. 6-21. Schematische Darstellung eines Preßvorgangs bei einer Flachmatrizen-Pelletierpresse (nach *Frank* [1])

Das zu agglomerierende feinteilige Material wird auf die mit Preßkanälen versehene Matrize gegeben. Es bildet sich eine mehr oder weniger dicke Materialschicht, die vom Koller überrollt und erfaßt wird (a). Die vom Koller beim Weiterrollen immer stärker verdichtete Materialschicht wird dann in die Kanäle der Matrize gedrückt. Dadurch wird der bereits in der Matrize befindliche Pfropfen etwas weiter geschoben. Scheibe für Scheibe wird eingewalzt (Punkt b und c). Der aus dem Preßkanal austretende Pfropfen wird entweder durch ein Messer abgeschnitten oder bricht durch die Schwerkraft ab. Falls überhaupt kein Einwalzen des Materials in die Preßkanäle erfolgt, muß der Preßkanal verkürzt oder das Material gleitfähiger gemacht werden. Der Punkt d der Abb. 6-22 ist derjenige, von dem an eine Ausdehnung sowohl der überrollten Materialschichten als auch des Pfropfenteilstückes erfolgt. Der Pfropfen ist in Abb. 6-22 dargestellt (*IFF-Report* [14]).

Bei einem einwandfreien Preßvorgang scheint der Pfropfen homogen zu sein; er ist es aber nicht, denn er besteht aus einzelnen Scheiben, die aneinander haften. Die Scheiben sind das Ergebnis eines jeden Überrollvorgangs.

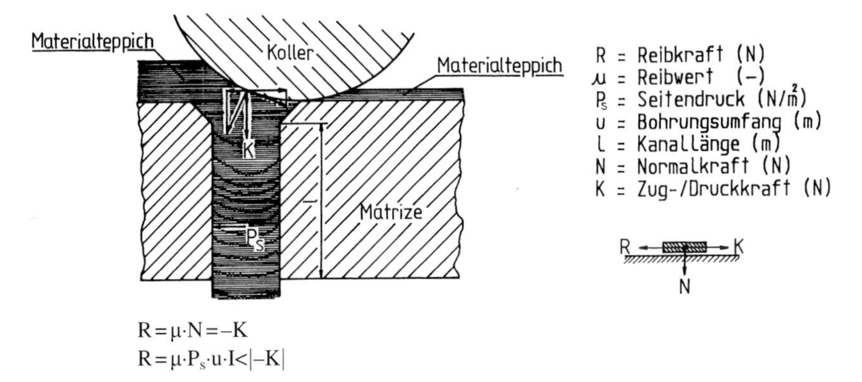

Abb. 6-22. Schematische Darstellung der Kräfte an einem Pfropfen in der Matrize einer Pelletiermaschine (nach *IFF-Report* [14])

Physikalische Beschreibung des Preßvorgangs

Aus dem zu agglomerierenden feinteiligen Material baut sich vor dem Koller ein sogenannter Schüttgutkeil auf (Abb. 6-23). Der Druck in diesem Schüttgutkeil muß groß genug sein, um die Reibung (Reibkraft) der Pellets im Preßkanal zu überwinden. Der Aufbau des Druckes hängt nach *Ruttloff* und *Gerlach* [15] von folgenden Faktoren ab:

Faktoren für den Druckaufbau:

- Fließeigenschaften des Materials
- Verformungswiderstand des Materials
- Grad des Formschlusses zwischen Koller und Matrize
- Restflächenanteil der Matrize

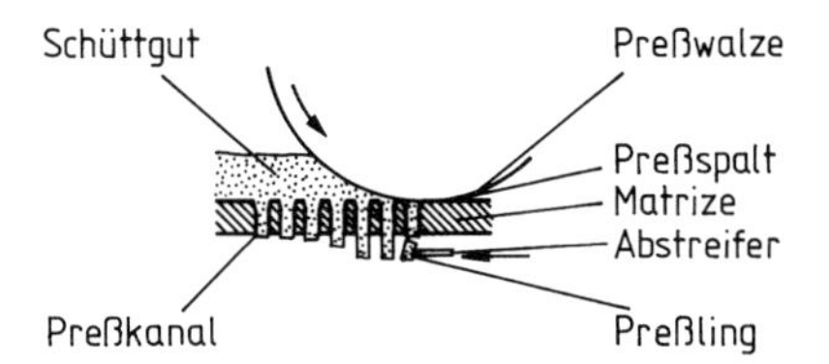

Abb. 6-23. Schematische Darstellung der Funktionsteile einer Flachmatrizen-Pelletierpresse

Die *Fließeigenschaft* des zu verpressenden Materials hängt von der dynamischen Zähigkeit (Viskosität) ab. Durch eine Vorbehandlung kann man die dynamische Zähigkeit beeinflussen. Die Vorbehandlung kann darin bestehen, daß kurz vor dem Verpressen Wasser eingedüst oder Dampf eingeleitet wird. Die dynamische Zähigkeit ist ein Materialwert, der von folgenden Faktoren beeinflußt wird: Wassergehalt, Partikelgröße, Form und Oberfläche der Partikel, Dichte der Partikel usw. Der *Verformungswiderstand* des zu pressenden Materials ist abhängig von der Verformungsgeschwindigkeit. Das zu verpressende Material verhält sich wie ein starrer Körper je höher die Verformungsgeschwindigkeit wird. Diese wiederum steht in Relation zur Matrizendrehzahl oder zur Drehzahl der Koller, zum Walzendurchmesser und zur Materialhöhe auf der Matrize. Mit dem sogenannten *Formschlußgrad* wird die Anzahl der Koordinatenrichtungen gekennzeichnet, in denen die Materialbewegung durch starre Flächen behindert ist. Er beträgt bei Ring- und Scheibenmatrizen theoretisch eins, denn die Materialbewegung ist nur zwischen Matrize und Koller (Preßwalze), also nur in einer Richtung behindert. In den beiden anderen Richtungen – hier senkrecht zur Richtung der Spalthöhe (Preßspalt) – besteht keine Begrenzung. Allerdings muß hier bedacht werden, daß bei dem großen Verhältnis von Kollerbreite zu Spalthöhe (Matrizenbreite zur Preßspalthöhe) die Bewegung des Materials vernachlässigt werden kann. Der Bewegungszustand der Koller bestimmt das Verhältnis von Druck- und Scherkräften, die auf das zu verpressende Material einwirken. Das *Rollen* und *Gleiten* auf der Matrize sind die Grenzfälle des Bewegungszustandes der Koller. Wenn die Gleitbewegung ansteigt, nimmt die Rollbewegung ab. Damit verbunden ist auch eine Abnahme der Druckkraft, die für die Verdichtung des Materials notwendig ist. Der Abstand zwischen Matrize und Koller muß minimal gehalten werden, ohne daß sich beide berühren dürfen. Unter *Restflächenanteil* der Matrize versteht man das Verhältnis der verbleibenden Flächen der gebohrten Matrize zur gesamten für den Preßvorgang zur Verfügung stehenden Fläche der Matrize. Je größer der Restflächenanteil ist, um so höher ist der Energieverbrauch. Der Anteil an Restfläche soll so niedrig wie möglich sein; er wird aber durch die erforderliche Wanddicke der Preßkanäle begrenzt, die notwendig ist, um eine ausreichende Standfestigkeit der Matrize zu gewährleisten.

Wenn der Druck im Schüttgutkeil die Haftreibung des Materials im Preßkanal einer Pelletierpresse überwunden hat, fließt das Material (Schüttgut) durch den Kanal.

Festigkeit der Pellets

Die Festigkeit der Pellets steht in Relation zu den Eigenschaften des Materials und zu den Druck- und Scherkräften im Preßkanal selbst, die wiederum von verschiedenen Faktoren abhängig sind.

Faktoren der Druck- und Scherkräfte im Preßkanal:

- Fließeigenschaft des Materials
- Form des Preßkanals
- Rauhigkeit des Preßkanals
- Matrizenwerkstoff der Preßkanallänge
- Verformungsgeschwindigkeit

Wie zuvor erwähnt, ist die Fließeigenschaft eines Materials von seiner dynamischen Zähigkeit abhängig. Für einen Druckaufbau ist erforderlich, daß ein Minimum an dynamischer Zähigkeit besteht. Schlämme und Breie mit einem hohen Anteil an Feuchtigkeit sind nicht pelletierbar, weil deren dynamische Zähigkeit

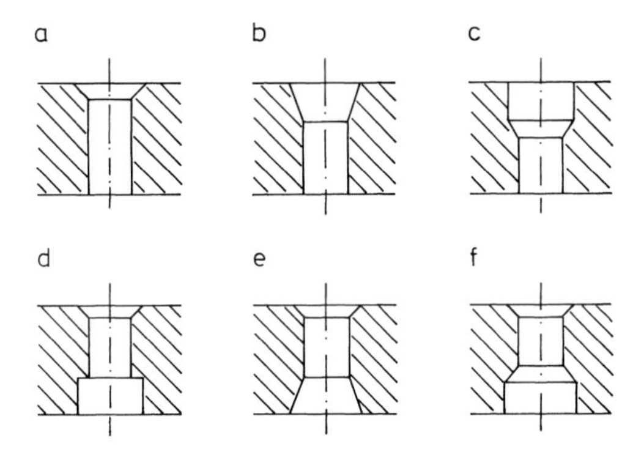

Abb. 6-24. Verschiedene Formen von Preßkanälen in Flachmatrizen von Pelletierpressen (nach *Frank* [1])

gering ist. Die Form des Preßkanals hat auf die Festigkeit eines Pellets einen besonderen Einfluß. Die Länge, der Durchmesser und der Steigungswinkel des angesenkten Teils des Preßkanals müssen aufeinander abgestimmt sein. Verschiedene Formen von Preßkanälen zeigt Abb. 6-24.

Die Rauhigkeit der Preßkanäle und der Werkstoff der Matrizen stehen in direkter Beziehung zur Reibkraft. Für die auftretenden Druckkräfte – nach *Schwanghart* [16] bis zu 12 MN – gilt, daß sie annähernd proportional zur Preßkanallänge sind. Von den sich einstellenden Kräften ist auch der Massenstrom abhängig. Mit abnehmender Länge nimmt der Massenstrom zu, aber die Qualität der Pellets bezüglich ihrer Festigkeit ab. Hier ist also abzuwägen zwischen Qualität und Quantität (= Massenstrom). Der Energiebedarf von Flachmatrizen-Pelletierpressen ist für verschiedene Rohstoffe in Tab. 6-7 aufgelistet. Im Vergleich zu anderen Arten der Preßagglomeration ist der Energiebedarf für die Herstellung von Pellets in zylindrischer Form mit Hilfe von Ring- und Flachmatrizenpressen relativ hoch. Eine geforderte Festigkeit kann jedoch der ausschlaggebende Faktor für die Auswahl dieses Agglomerationsverfahrens sein. Außerdem können bestimmte Stoffe eben nicht brikettiert, sondern müssen pelletiert werden. Das Brikettieren von Stroh oder ähnlichen faserigen Stoffen ist nicht bekannt, wohl aber das Pelletieren von Stroh mit Kollerpressen.

Tabelle 6-7. Beispiele für den Energiebedarf von Flachmatrizen bei verschiedenen Rohstoffen (nach *Frank* [1])

Rohstoff	Pelletdurchmesser	Energiebedarf
Mischfutter	3–5 mm	8–15 kWh/t
Trockenschnitzel	8 mm	ca. 15 kWh/t
getrockneter Müll	20 mm	30–40 kWh/t
gehäckseltes Getreidestroh	25 mm	35–40 kWh/t
Filterschlamm z. B. Gips	10 mm	6–25 kWh/t je nach H_2O-Gehalt
Mineralstoffgemisch	6 mm	ca. 30 kWh/t
Kunststoffabfälle	4–6 mm	40–80 kWh/t

Bindungsmechanismus der Pellets

Die in Kapitel 3 dargestellten Bindungsmechanismen werden in Abhängigkeit von den Rohstoffen und Zusatzstoffen auch beim Agglomerieren mit einer Pelletierpresse wirksam. Wenn es sich um faserige Stoffe handelt, wie Holz, Stroh oder Papier, dann liegt eine formschlüssige Bindung vor. Magnetische und elektronische Bindungen spielen keine Rolle beim Pelletieren. Besondere feinteilige Stoffe (Adhäsion) können durch van-der-Waals-Kräfte gebunden werden. Vor dem Pelletiervorgang werden den Stoffen oder Stoffgemischen vielfach hoch- und niedrigviskose Flüssigkeiten zugesetzt, also frei- und nicht freibewegliche Flüssigkeiten, die Flüssigkeitsbrücken im Pellet bilden. Sobald die Flüssigkeiten durch Trocknung oder durch Kühlung aushärten, entstehen Festkörperbrücken. Ein Beispiel für Pellets, in denen nahezu alle Bindungsmechanismen vorkommen, sind Mischfutter. Hier werden erwärmte Flüssigkeiten zugesetzt, die durch die nachfolgende Kühlung aushärten; es bilden sich aus Flüssigkeitsbrücken Festkörperbrücken. Außerdem wirken Kohäsionskräfte wegen der Feinheit der Partikel. Und schließlich gibt es formschlüssige Bindungen aufgrund der faserigen Struktur der pflanzlichen Einzelkomponenten.

Technologie des Pelletierens

Die drei Stufen der Technologie des Pelletierens:

1. Vorbereitung – in manchen Fällen auch Konditionierung genannt – des zu verpressenden Materials
2. Verpressen zu Agglomeraten in einer Pelletierpresse (Pelletieren)
3. Nachbehandlung

Es gilt die Forderung, bei einem möglichst großen Massenstrom eine gute Pelletqualität zu erzeugen. Die Entscheidung für die Größe einer Pelletierpresse ist abhängig von den Parametern:

- Matrizendurchmesser
- Kollerdurchmesser

Aufgrund von Vorversuchen mit einer Laborpresse kann die Größe der Betriebspresse hochgerechnet werden. Wenn die Betriebspresse die errechneten Leistungsdaten zu Beginn nicht erreicht, dann sind folgende Parameter zu prüfen und zu verändern:

- Veränderung der Preßkanallänge
- Veränderung der Zahl der Koller
- Erhöhung oder Verringerung der Umfangsgeschwindigkeit der Koller
- zusätzliche Aufbereitung des zu verpressenden Materials

Die genannten Parameter beziehen sich auf die apparativen Teile der Pelletierpresse.

Technologisch interessant ist die zusätzliche Aufbereitung des zu verpressenden Materials. Zwischen der Pelletqualität und der Aufbereitung bestehen Zusammenhänge, die für die Praxis von Bedeutung sein können.

Korngröße

Das Verhältnis zwischen Pelletdurchmesser und -länge beträgt in der Regel 1:2,5. Bei einem größeren Verhältnis neigen die Pellets zu erhöhtem Abrieb. Kürzere Pellets entstehen, wenn das zu verpressende Material zu grob ist. Hier hilft eine Aufbereitung zu mehr Feinkorn. Ein zu hoher Anteil an Grobkorn kann auch die Ursache für horizontale Risse im Pellet sein. Kornfeinheit und Kornspektrum sind für die Qualität der Pellets mit entscheidend.

Pelletierflüssigkeit

Eine weitere Möglichkeit, die Qualität zu verbessern, besteht darin, die Zugabemengen an Flüssigkeit zu überprüfen. Denn sowohl ein Zuviel als auch ein Zuwenig beeinflußt die Pelletqualität in starkem Maße.

Es ist eine der wichtigsten Aufgaben beim Pelletieren, das Optimum der Flüssigkeitszugabe experimentell festzustellen.

Ohne praktische Erfahrung neigt man dazu, diesen Punkt zu unterschätzen und die Ursache für Schwankungen im Massenstrom anderweitig zu suchen. Zuerst sollte man die Feuchtigkeit des zu pelletierenden Stoffes und die Zugabemengen an Pelletierflüssigkeit überprüfen, dann die anderen Parameter und zuletzt eine Abstimmung der Parameter aufeinander vornehmen.

Anwendungsgebiete für das Pelletieren und die Pellets

Mit der Vielgestaltigkeit der Industrie hat auch die Zahl der Anwendungsgebiete für das Pelletieren zugenommen. *Rea*-Gips, ein Produkt aus den Rauchgas-Entschwefelungsanlagen, ist solch ein neues Anwendungsgebiet für das Pelletieren. Pellets aus vorwiegend organischen Stoffen, die als Sekundärrohstoff bei der Müllseparation anfallen, werden als Brennstoff in der Zementindustrie verwendet.

Die Abfallindustrie erzeugt durch Pelletieren Sekundärrohstoffe. Sekundärrohstoffe sollen einer Wiederverwendung zugeführt werden.

Das gelingt in vielen Fällen besser, wenn der Rohstoff in Pelletform vorliegt und nicht in loser Form. *Frank* hat verschiedene Produktionsbereiche zusammengestellt und Beispiele für die Einsatzmöglichkeiten genannt (Tab. 6-8 und 6-9).

Tabelle 6-8. Anwendungsgebiete für das Pelletieren

Produktionsbereich Pelletierung
• in der Rohstoffaufbereitung
• für die Formgebung
• beim Verschneiden (Vermischen) mit Füllstoffen und Abfällen
• beim Aufbereiten von Abfällen für Recycling
• beim Aufbereiten von Abfällen zur Verwertung oder Beseitigung
• zur Veredelung von Fertigprodukten

Tabelle 6-9. Einsatzmöglichkeiten für das Pelletieren

Industrie	Verwendungsmöglichkeiten
Brauereien	Pelletierung von getrocknetem Biertreber, Einsatz als Futtermittel
Bergwerke	Pelletierung von Feinkohle zur Verbrennung oder Vergasung
Chemische Werke	Pelletierung von Farbgrundstoffen, Katalysatoren, Grundstoffe für die Kunststoffindustrie, Mineralstoffen, Filterstäuben, Silicatmehlen in der Glasgewinnung, synthetischem Gips, Waschmitteln, Zellstoffabfällen
Metallhütten	Pelletierung von Eisenpulver, Anodenschlamm bei der Kupfergewinnung
Futtermittelindustrie	Pelletierung von Mischfutter und Rohkomponenten
Kohlekraftwerk	Pelletierung von Rauchgasgips und Flugstaub
Kunststoffindustrie	Pelletierung von Kunststoffabfällen für eine Regranulation, dabei Vermischung mit Trägerstoffen, z. B. Papier, möglich
Landwirtschaft	Pelletierung von getrockneter Luzerne, Gras, Stroh, Olivenpülpe, Obsttrester; Pelletieren von Humus aus Rinderdung
Nahrungsmittelwerke	Pelletierung von Kaffeemehl, Teemehl, Hefe, Instantprodukten
Müllbeseitigungsanlage	Pelletierung von Müll als Brennstoff und zur Kompostierung; Pelletierung von Abfallpapier als Brennstoff, dabei Vermischung mit Kohlenstaub und anderen brennbaren Abfallprodukten möglich
Pharmazeutische Industrie	Pelletierung von Tablettenmasse zur Verdichtung; Pelletierung von organischen Heilmitteln, z. B. Tee
Holzindustrie	Pelletierung von Sägemehl, Hobelspänen, Holzabfällen als Brennstoff
Zuckerindustrie	Pelletierung von Rückständen der Zuckerherstellung = Trockenschnitzel, Bagasse, Kalkschlamm ($CaCO_3$)
Abfälle aus verschiedenen Industrien	Pelletierung von Teppichresten, Nichtmetallteilchen aus Autoverschrottung, Gummiresten, beschichteten Kunststoffresten

Pelletierpressen

Die Gestaltung der Matrizen ist für die Unterscheidung der Pressen maßgebend. Es werden *Scheibenmatrizen* – auch *Flachmatrizen* genannt – für den einen Pressentyp und *Ringmatrizen* für den anderen eingesetzt. Bei den Ringmatrizen rotieren die Matrizen oder die Koller laufen als Preßwerkzeuge innerhalb des Matrizenringes. Die Matrizenringe können horizontal oder vertikal angeordnet sein. Heute überwiegen die Pressen mit vertikalen Ringmatrizen. Bei den Scheibenmatrizen ist die Matrize horizontal gelagert. Die Koller drehen sich auf der Matrize oder exakt gesagt: auf der Materialschicht, die auf der Matrize liegt. Es gibt auch Pressen mit Flachmatrizen, die rotieren. Die Abb. 6-25 und 6-26 zeigen übersichtlich die Einzelteile der beiden Pressentypen, die außerdem in Tab. 6-10 zusam-

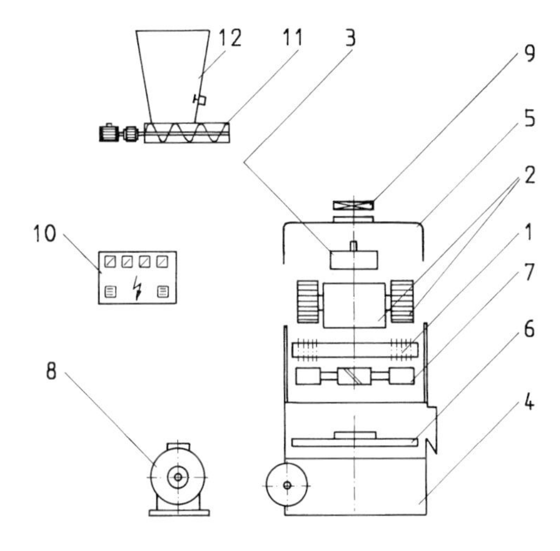

Abb. 6-25. Einzelteile einer Flachmatrizen-Pelletierpresse (nach *IFF-Report* [14])

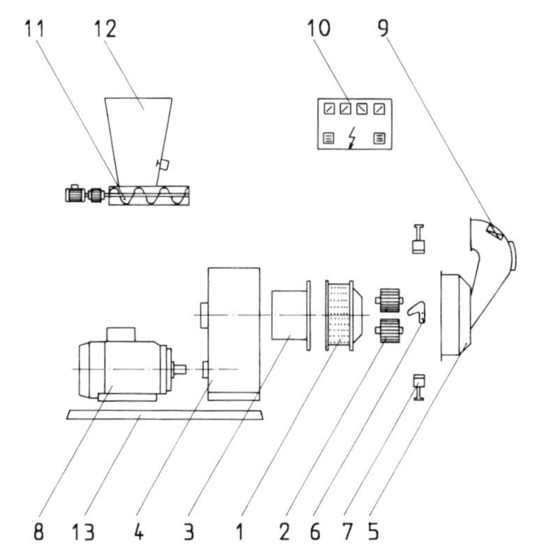

Abb. 6-26. Einzelteile einer Ringmatrizen-Pelletierpresse (nach *IFF-Report* [14])

Tabelle 6-10. Zusammenstellung der Einzelteile der beiden Pressensysteme Ring- und Flachmatrizen-Pelletierpresse (vgl. Abb. 6-25 und 6-26)

Ringmatrizen-Pelletierpresse	
Einzelteile	Kennzeichnung
Matrize	1
Koller	2
Matrizenaufnahme	3
Gehäuse	4
Pelletkammer mit Speiserinne	5
Abstreifer	6
Abstreifmesser	7
Pressenhauptmotor	8
Magnet	9
Steuerung	10
Dosierschnecke mit Regelgetriebe	11
Pressenvorbehälter	12
Grundplatte	13
Flachmatrizen-Pelletierpresse	
Einzelteile	Kennzeichnung
Matrize	1
Kollerkopf mit Koller	2
Kollerkopfverstellung, mechanisch oder hydraulisch	3
Gehäuse	4
Haube	5
Auswerfer	6
Abstreifmesser	7
Pressenhauptmotor	8
Magnet	9
Steuerung	10
Dosierschnecke mit Regelgetriebe	11
Pressenvorbehälter	12

mengestellt sind. Das Foto einer Flachmatrizen-Presse ist in Abb. 6-27 zu sehen. Daten von Flachmatrizen-Pressen sind Tab. 6-11 zu entnehmen.

Bei den Flachmatrizen können sowohl zylindrische Koller als auch konische benutzt werden. Mit den zylindrischen Kollern – auch Preßwalzen genannt – wird der reine Abrollvorgang nur im mittleren Teil der Arbeitsfläche der Matrize erreicht. In den Randzonen tritt eine Relativbewegung auf, die die Scherwirkung verstärkt und damit auch eine Zerkleinerung des Preßgutes bewirken kann und meist auch bewirkt. Man wünscht diesen Effekt bei verschiedenen Produkten. Damit verbunden ist allerdings auch ein zusätzliches Erwärmen des zu verpressenden Materials. Bei bestimmten Produkten aus der Nahrungsmittelbranche kann die Er-

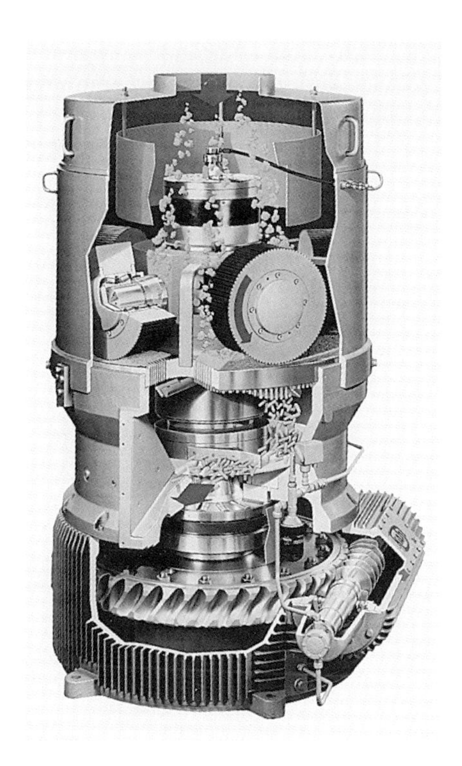

Abb. 6-27. Flachmatrizen-Presse (Werkbild *Kahl*)

Tabelle 6-11. Technische Daten von Flachmatrizen-Pressen von Labor- bis zu Betriebseinheiten (nach *Frank* [1])

Bezeichnung	Datenbereiche
Antriebsleistung Pressenmotor	2–400 kW
Matrizendurchmesser	175–1250 mm
mittlerer Kollerbahndurchmesser	125–1026 mm
Kollerbahnbreite = Kollerbreite	22–200 mm
Kollerdurchmesser	150–450 mm
Anzahl der Koller	2–6 Stk.
Kollerbahnfläche = Lochfläche	90–6220 cm^2
spezifische Kollerbahnfläche = Lochfläche	20–30 cm^2/kW
Preßkanaldurchmesser	0,5–45 mm
Materialdicke	30–150 mm
Kollerumfangsgeschwindigkeit	1,7–2,7 m/sec
Drehzahl der Königswelle	50–160 Upm
Energieaufwand für das Pelletieren (nur Pressenmotor)	6–80 kWh/t
Leistungsbereich	0,01 kg/h–40 t/h
Lebensdauer von Matrizen und Koller	200–3000 Betriebsstunden

wärmung von großem Nachteil sein. Dadurch können unter Umständen Vitamine zerstört werden. In solchen Fällen müssen die Koller konisch ausgeführt sein und die Achse schräg gestellt werden. Dadurch wird nicht nur eine zusätzliche Erwärmung ausgeschaltet, sondern auch ein reines Abrollen der Koller auf der gesamten Arbeitsbreite der Matrize erreicht (Abb. 6-28).

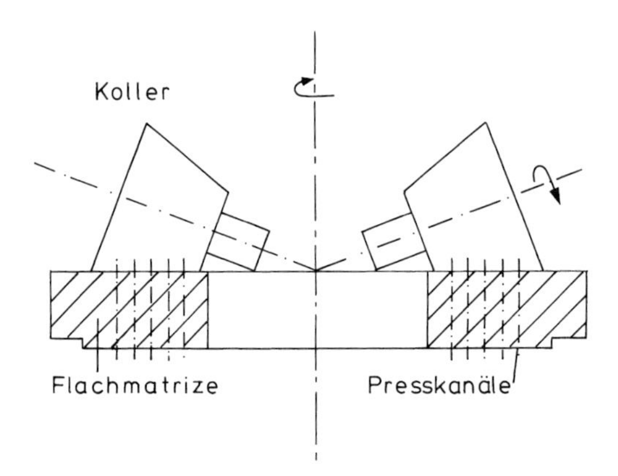

Abb. 6-28. Schematische Darstellung einer Flachmatrize mit konischen Kollern

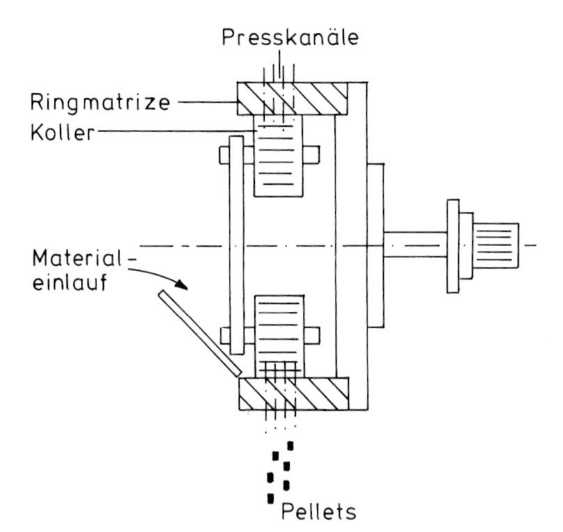

Abb. 6-29. Schematische Darstellung einer vertikal angeordneten Ringmatrize mit innen laufenden Kollern

Neben den Flachmatrizen-Pressen werden Pressen mit Ringmatrizen verwendet. Abb. 6-29 stellt eine Ringmatrizen-Presse schematisch dar. Die Ringmatrize kann vertikal oder auch horizontal angeordnet sein. Allerdings sind in Deutschland kaum noch horizontal liegende Ringmatrizen anzutreffen (Abb. 6-30)

Im Inneren der Ringmatrize, das den eigentlichen Preßraum darstellt, sind die Koller so angeordnet, daß sie das Material durch die in der Matrize befindlichen Löcher nach außen drücken. Die aus den Löchern austretenden Pellets brechen entweder durch die Schwerkraft ab oder werden durch ein verstellbares Messer

Abb. 6-30. Ringmatrizen verschiedener Größen (Werkbild ehemals *Simon-Heesen*)

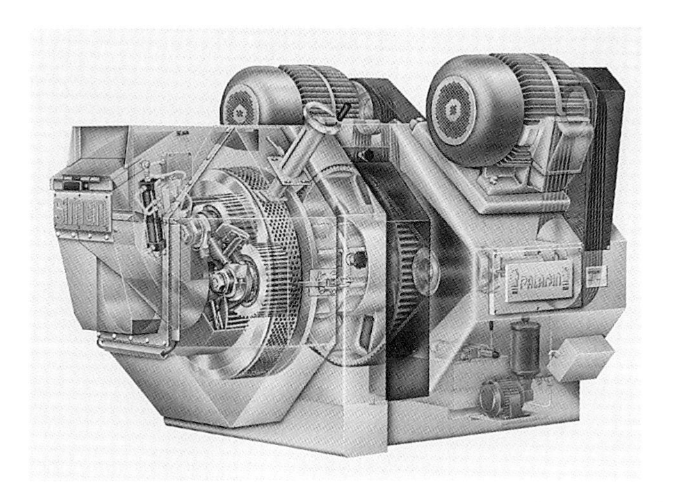

Abb. 6-31. Ringmatrizen-Presse mit drei symmetrisch angeordneten Kollern (Werkbild ehemals *Simon-Heesen*)

abgeschnitten. Ringmatrizen- Pressen enthalten entweder zwei oder drei Koller, die symmetrisch angeordnet sind, um den Preßdruck auf die Matrize gleichmäßig zu verteilen und um das Lager der Antriebswelle zu entlasten (Abb. 6-31). Der Antrieb erfolgt entweder über ein Zahnradgetriebe oder Keilriemen.

Im Gegensatz zur Flachmatrizen-Presse erfolgt die Einspeisung nicht im senkrechten freien Fall, sondern auf einer schiefen Ebene schräg von oben. Das kann bei schwerfließendem oder sperrigem Material zu Problemen führen. Zur Lösung sollten Zwangseinspeisungen, z. B. mit Schneckenförderern, vorgesehen werden, die das sperrige Material, wie gehäckseltes Stroh oder Trockengrüngut, in den Pressenraum hineindrücken. Eine Zusammenstellung der Merkmale von Pelletierpressen mit Ring- und Flachmatrizen zeigt Tab. 6-12.

Tabelle 6-12. Pelletierpressen

	Ringmatrizen	Flachmatrizen
Form der Matrizen	ringförmig	scheibenförmig
Form der Koller	zylindrisch	zylindrisch, konisch
Bewegung der Matrize	starr rotierend	starr rotierend
Anzahl der Koller	2–3	3–5
Materialeinlauf	seitlich von oben (in manchen Fällen problematisch)	von oben (problemlos)

Massen- und Volumenstrom

Um die Produktionsmenge zu erfassen, definiert man den Massenstrom, den Durchsatz oder die Leistung als den Massendurchgang pro Zeiteinheit. Der Massenstrom m ist demnach:

$$m = \frac{m}{t}\ \mathrm{kg/h} \tag{6-1}$$

Für den Volumenstrom v gilt:

$$v = v_p \frac{\mathrm{cm}^3}{\mathrm{s}} \tag{6-2}$$

v_p= spezifisches Preßlingsvolumen

Das Pelletvolumen, das pro Sekunde aus den Preßkanälen tritt, ist von einigen Faktoren abhängig:

- Überrollzahl eines Preßkanals durch einen Koller
- Pelletvorschub im Preßkanal
- Verweilzeit des Materials im Preßkanal

Überrollzahl ($\ddot{U}$)=Anzahl der Rundläufe aller Koller pro Sekunde auf der Matrize. Aus der Zeit für einen Umlauf (t) und der Anzahl der Koller (A) kann die Überrollzahl ($\ddot{U}$) ermittelt werden.

Zahlenbeispiel:

Mittlerer Kollerbahndurchmesser: (Mitte Koller bis Matrizenmittelpunkt)	600 mm
Kollerbahnlänge bei einem Umlauf (600 mm·π):	1885 mm
Kollerumfangsgeschwindigkeit (gemessen):	2,6 m/s
Anzahl der Koller (A):	4
Die Zeit (t) für einen Umlauf errechnet sich aus der Bahnlänge und der Umfangsgeschwindigkeit und beträgt demnach:	0,725 s

$$\text{Überrollzahl } \ddot{U} = \frac{A}{t} = \frac{4}{0{,}725s} = 5{,}5 \qquad (6\text{-}3)$$

Jeder Preßkanal wird also pro Sekunde 5,5 mal überrollt.

Bei entsprechender Berechnung für eine Ringmatrize muß anstelle des mittleren Umfangs der innere Durchmesser der Matrize eingesetzt werden.

Mittlerer Pelletvorschub (u_p):

Geschwindigkeit eines Partikels beim Durchtritt durch den Preßkanal (Quotient aus Volumenstrom v und der offenen Lochfläche F_L):

$$u_p = \frac{v}{F_L} \qquad (6\text{-}4)$$

Die offene Lochfläche F_L ergibt sich aus der Anzahl der Preßkanäle und deren Querschnittsflächen.

Offene Lochfläche F_L: 1240 cm^2
Volumenstrom v: 744 cm^3/s

$$\text{Mittlerer Pelletstrom } u_p = \frac{744\,\text{cm}^3/\text{s}}{1240\,\text{cm}^2} \qquad (6\text{-}5)$$

Das bedeutet, daß sich jedes Partikel im Preßkanal mit einer Geschwindigkeit von 0,6 cm/s vorwärts bewegt. Da jeder Preßkanal nach dem vorausgegangenen Beispiel 5,5 mal pro s überrollt wird, wird jedes Partikel bei *einem* Rundlauf der vier Koller 1,1 mm weiter bewegt. Verweilzeit (t_v) = Aufenthaltszeit eines Partikels im Preßkanal.

Diese Zeit kann die Festigkeitseigenschaften des Pellets verändern, weil Druck und Temperatur einwirken.

Die Verweilzeit t_v ist der Quotient aus der Preßkanallänge l und dem mittleren Pelletschub u_p. Aus dem mittleren Pelletstrom $u_p = 0{,}6$ cm/s und einer Preßkanallänge l von 42 mm ergibt sich eine Verweilzeit t_v von 7 s.

Tabelle 6-13. Notwendige Pressendaten für die Berechnung der Produktionsparameter

Flachmatrizen-Presse	Ringmatrizen-Presse
Gesamtlochzahl	Gesamtlochzahl
Kollerumfangsgeschwindigkeit	–
–	Matrizenumfangsgeschwindigkeit
Anzahl der Koller	Anzahl der Koller
Durchmesser der mittleren Kollerbahn	Durchmesser der mittleren Kollerbahn
Matrizenstärke	Matrizenstärke
Preßkanallänge	Preßkanallänge
Preßkanaldurchmesser	Preßkanaldurchmesser
Überrollzahl	Überrollzahl

$$\text{Verweilzeit } t_v = \frac{l}{u_p} = \frac{4{,}2}{0{,}6} = 7\,\text{s} \tag{6-6}$$

Für die Berechnung der Produktionsparameter werden die in Tab. 6-13 für Flach- und Ringmatrizenpressen genannten Daten benötigt.

6.2.2.2 Zahnradlochpresse

Für das Agglomerieren mit Zahnradlochpressen wird auch der Begriff Granulatformen oder Granulatformung benutzt. Die Granulatformung kann – wie *Stahl* ausführt – häufig ohne Bindemittelzusätze vorgenommen werden. Es wird nur dann ein Binder eingesetzt, wenn es sich um ein hartes Material handelt. Bei der Granulatformung werden sowohl feste als auch flüssige Bindemittel zugegeben, wenn das zu granulierende Material unter dem aufgebrachten Preßdruck nicht die erforderlichen Binde- und Gleiteigenschaften aufweist. In Abb. 6-32 ist das Prinzip der Granulatformung dargestellt. Man erkennt die ineinander laufenden Zahnräder, die innen zylindrisch ausgefräst sind. Im Zahngrund sind Bohrungen. Das zu granulierende Material wird von den Zahnradwalzen eingezogen und durch die Bohrungen gepreßt, die auch als Düsenbohrungen bezeichnet werden. Durch Messer im Inneren der Zahnräder können die aus den Düsenbohrungen austretenden Granulate/Pellets abgeschnitten werden. Der Grad der Verdichtung der Granulate ist abhängig von dem Verhältnis des Durchmessers zur Länge der Düsenbohrung. Es können Granulate mit einem Durchmesser von 1–10 mm hergestellt werden. Es ist ein besonderer Vorteil dieser Maschine, daß Zahnräder geliefert werden können, bei denen sogenannte Düsenplättchen auswechselbar eingesetzt sind. Da-

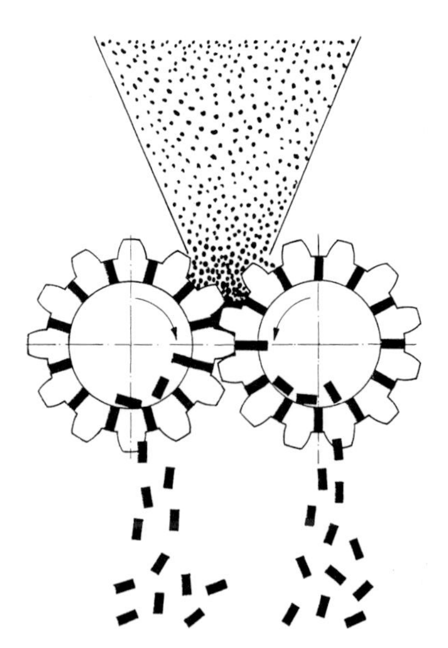

Abb. 6-32. Schematische Darstellung des Prinzips der Granulatformung (nach Firmenschrift *Hosokawa Bepex*)

durch ist es möglich, die Düsengeometrie in einem weiten Bereich für verschiedene Produkte zu variieren. Der Vorteil besteht auch darin, daß durch mehrfaches Auswechseln für ein bestimmtes Material die erforderliche Geometrie der Düsenbohrungen ermittelt werden kann.

Für die *Hosokawa-Bepex*-Granulatformmaschinen kann man hinsichtlich der Düsenbohrungen wählen (Abb. 6-33):

- Preßdüse ins Volle gebohrt (1)
- Preßdüse ins Volle gebohrt, verkürzt durch Gegenbohrung (2)
- Düsenplättchen mit unterschiedlicher Düsenlänge: eine kleine und eine große Düsenlänge (3 und 4)

Die Gesamtansicht einer Granulatformmaschine zeigt Abb. 6-34.

Zur richtigen Auswahl der geeigneten Granulatformmaschinen hinsichtlich Massenstrom und Eigenschaften der Granulate, sind Versuche im Technikum der Lieferfirma empfehlenswert. Neben dem Massenstrom werden auch die anderen Parameter wie Zahnform, Düsendurchmesser und -länge sowie Art und Größe der Preßwalzen ermittelt.

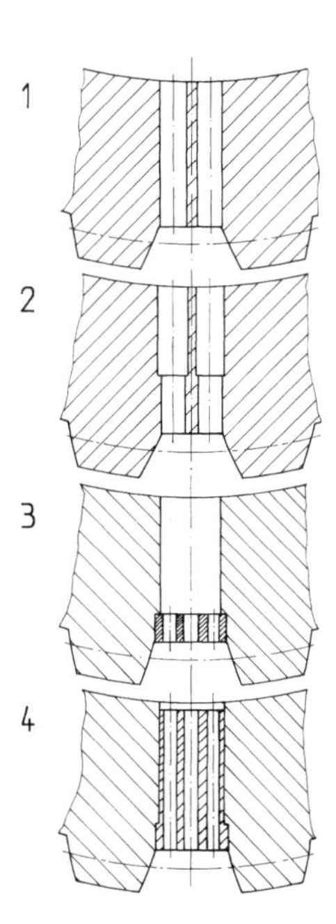

Abb. 6-33. Schematische Darstellung von Preßdüsen (nach Firmenschrift *Hosokawa Bepex*)

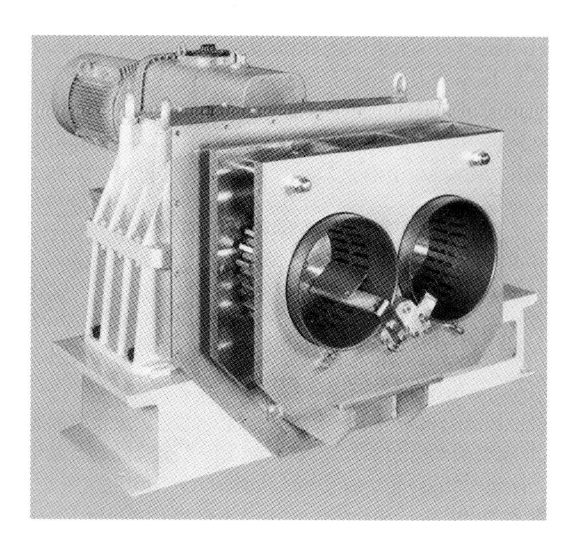

Abb. 6-34. Granulatformmaschine (Werkbild *Hosokawa Bepex*)

6.2.2.3 Sonstige Lochpressen

Feuchtgranuliermaschinen

Feuchte Produkte können – wie der Name sagt – mit Feuchtgranuliermaschinen zu Granulaten verpreßt werden. Sie müssen dafür eine ausreichende Gleitfähigkeit besitzen, die sie in der Regel aufgrund ihrer Feuchte auch haben. Die hierfür geeigneten Maschinen bestehen aus zwei rotierenden Zylindern, von denen der eine die Funktion einer Matrize und der andere die einer Druckwalze übernimmt. Der Granulierzylinder ist mit Bohrungen versehen; je nach Länge der Bohrungen baut sich ein Druck auf, der das zu granulierende Feuchtmaterial verdichtet. Abb. 6-35

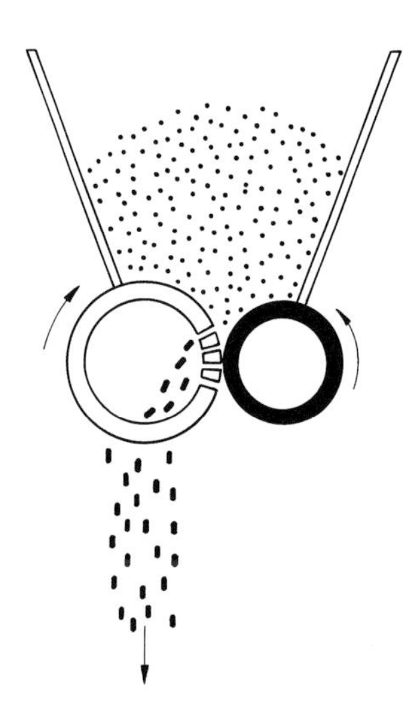

Abb. 6-35. Schematische Darstellung der Arbeitsweise einer Feuchtgranuliermaschine (nach Firmenschrift *Alexanderwerk*)

zeigt das Prinzip einer Feuchtgranuliermaschine. Der Granulier- und Druckzylinder sind dargestellt.

In Tab. 6-14 sind technische Daten einer Fertigungsreihe von Feuchtgranuliermaschinen zusammengestellt. Maschinen dieser Art setzt man für unterschiedliche Produkte ein. Die Produktpalette reicht vom Eisenschlamm über Magnesitmehl bis hin zur Fischpaste und zum Staubzucker. Produkte dieser Art werden häufig anschließend getrocknet, um eine höhere Granulatfestigkeit zu erreichen. Aus Tab. 6-14 ist zu entnehmen, daß der Massenstrom bei einer großen Maschine bis zu 3.000 kg/h betragen kann. Hierfür ist eine Antriebsleistung von 15 kW erforderlich. Daraus folgt ein Energiebedarf von 5 kW/t. Die Granulate aus Feuchtgranuliermaschinen haben eine zylindrische Form. Die Länge beträgt das 1–2,5fache des Durchmessers, der zwischen 2–5 mm liegt.

Tabelle 6-14. Technische Daten von Feuchtgranulatformmaschinen (nach Firmenschrift *Alexanderwerk*)

Bezeichnung	Einheit	Daten verschiedener Größen				
Arbeitslänge	[mm]	80	160	160	250	240
Granulierzylinder Durchm.	[mm]	70	110	110	180	270
Granulierbohrungen	[mm]	1–5	1–8	1–8	2–10	2–10
Druckzylinder Durchm.	[mm]	60	90	186	156	218
Massenstrom	[kg/h]	30–50	100–500	100–500	500–1000	1000–3000
Antriebsleistung	[kW]	1	4	4	10	15
Gewicht	[kg]	90	420	800	1100	1300

6.2.3 Pressen

6.2.3.1 Stempelpressen und Extruder

Das Herstellen von Agglomeraten in einer Stempelpresse ist nur ein Randgebiet der Preßagglomeration. Bei den Pressen unterscheidet man vertikal und horizontal arbeitende Pressen. Die ersten werden als Kolbenpressen, die zweiten als Extruder bezeichnet. Bei Verwendung einer Stempelpresse wird eine Preßform (Gesenk) verwendet, in die das zu verpressende feinteilige Material vor Beginn des Preßvorgangs eingeführt wird. Durch den Druck des Preßstempels wird das Material verdichtet und zu einem Agglomerat verformt. Das Agglomerieren in einer Stempelpresse ist ein Einzelvorgang, auch wenn er scheinbar kontinuierlich abläuft, wie beim Tablettieren, dem ein besonderer Abschnitt gewidmet ist. Beim Verpressen von feinteiligen Stoffen zu einem Agglomerat spielen ebenso die Bindungsmechanismen eine Rolle, die auch bei anderen Agglomerationsvorgängen zu einem beständigen Agglomerat führen. Das Zusammenballen von feinteiligen Stoffen zu einem Agglomerat durch Pressen in der Vertikalen wird hier nicht behandelt, es ist ein eigenständiges Gebiet.

Zur Agglomeration im engeren Sinn gehört das Extrudieren, auch als Strangpressen bezeichnet. Vom Prinzip her ist jedoch Lochpressen – so wie es in den vorausgegangenen Abschnitten beschrieben wurde – eine Extrusion. Eine Art der Extrusion ist noch nicht erwähnt worden: die Extrusion mit einer Schneckenpresse. Ausgeklammert von der folgenden Beschreibung ist das Extrudieren von Kunststoffen. Es soll nur das Extrudieren von feinteiligen Stoffen erläutert werden. Einige wichtige extrudierbare Stoffe sind in Tab. 6-15 zusammengestellt. Maschinen zum Extrudieren bestehen aus einer zylindrischen Kammer, in der eine Schnecke das Material gegen eine Öffnung oder Lochscheibe drückt, durch die das Material zu Agglomeraten geformt wird. Ein Beispiel für einen Extruder ist ein Fleischwolf, wie er in Abb. 6-36 zu sehen ist. Dieser Extruder besteht aus der Zubringerschnecke, der Arbeitsschnecke, dem zylindrischen Preßraum und der Lochscheibe. In allen Fällen, die in Tab. 6-15 aufgeführt sind, wird unter Zusatz von Wasser gearbeitet; ausgenommen sind die Vorgänge, bei denen mit Bindemitteln gearbeitet wird, die ohnehin Wasser enthalten, wie z. B. Melasse, Wasserglas u. a. Bei Materialien, die einen hohen Gehalt an Feuchtigkeit aufweisen, kann unter Umständen auf den Zusatz von Wasser verzichtet werden. Wie bei vielen anderen Preßvorgängen ist die Einhaltung einer bestimmten Feuchtigkeitsmenge für die Preßbarkeit von großer Wichtigkeit (*Lehmann* [17]). Der geeignete Feuchtigkeitsgrad ist empirisch festzustellen.

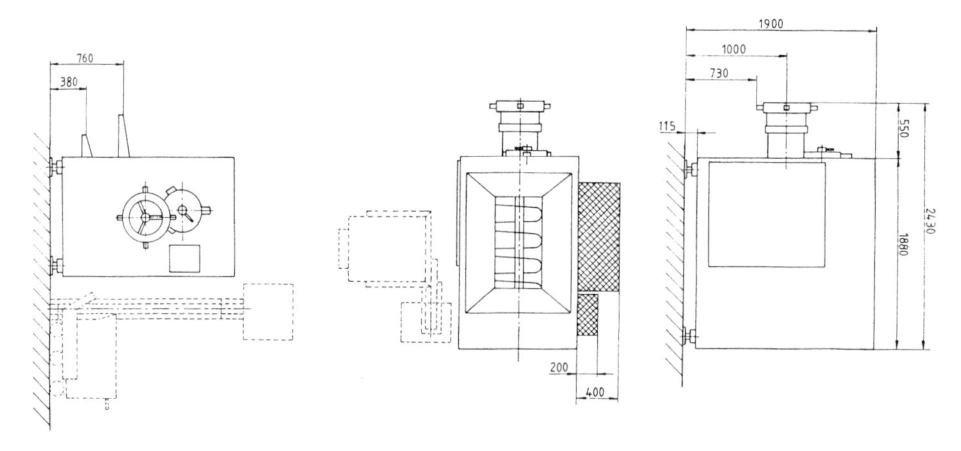

Abb. 6-36. Prinzip eines Fleischwolfes (nach *Thüringer Fleischereimaschinen*)

Tabelle 6-15. Anwendungsbeispiele für die Agglomeration durch Extrusion

Anwendungsgebiete	Bindemittel oder Zusätze
Chemikalien für die Landwirtschaft	Ton, Ligninsulfonate, Kunstharz
Enzyme	Stärke, Gelatine
Gießereiformen	Ton, Wasserglas
Hefe	ohne Bindemittel und Zusätze
Kalk	Melasse
Katalysatoren	Cellulose, Salpetersäure
Kohlenstoff	CMC, Ligninsulfonate, Pech, Bitumen, Harze
Maiskleber	ohne Bindemittel und Zusätze
Pharmazeutika	CMC, Cellulose, Gelatine
Pigmente	Ligninsulfonate
Waschmittel	Stärke, Wasserglas
Zeolithe, Ionenaustauscher	Ton, Stärke
Zucker	ohne Bindemittel und Zusätze

CMC = Carboxymethylcellulose

6.2.3.2 Tablettieren

Typisch für das Durcheinander in der Terminologie auf dem Gebiet der Agglomeration ist wiederum, daß die Produkte aus Tablettiermaschinen mit verschiedenen Namen belegt werden. Man nennt sie Tabletten, Pillen, Preßlinge, Pellets oder Briketts und zwar in Abhängigkeit von ihrer Größe, ihrer Form, ihrem Gebrauch und je nachdem, in welchem Industriezweig ihre Benennung erfolgt. Tablettierte Produkte sind für den Chemieingenieur von besonderem Interesse, ganz gleich ob es sich um Katalysatoren, Trägersubstanzen für Katalysatoren, um Pharmazeutika oder um andere Chemikalien, wie z. B. Calciumcyanid und Calciumhypochlorit, oder um keramische Preßmassen oder Preßlinge aus Metallpulver handelt.

Damit ein Material zum Tablettieren geeignet ist, muß es verschiedene Kriterien erfüllen:

1. Es muß gute Fließeigenschaften besitzen.
2. Es muß eine Bindung eintreten, sobald der Preßvorgang beendet ist.
3. Es darf nicht am Stempel der Tablettenpresse festkleben, nachdem es gepreßt worden ist.
4. Es muß sich sehr leicht aus der Preßform auswerfen lassen.

Gleit- und Bindemittel können eingesetzt werden, um die genannten Kriterien zu verbessern. Die Tabletten können verschiedene Eigenschaften und verschiedene Formen und Größen haben. Der Durchmesser kann von 3 mm bis zu 100 mm variieren.

Tablettiermaschinen

Mit einer Tablettiermaschine werden feinteilige Materialien durch sich gegenüberstehende Stempel in einem Gesenk verdichtet. Man kennt Pressen mit einem einzigen Stempel und sogenannte Rundlaufpressen. Die *Einzelstempelmaschinen* werden dann eingesetzt, wenn es sich um ein Produkt handelt, dessen Volumenstrom niedrig ist und dann, wenn ein hoher Druck notwendig ist, um Preßlinge herzustellen. Das ist z. B. beim Verpressen von Metallpulvern der Fall. Die *Rundlaufpressen* werden verwendet, wenn ein hoher Volumenstrom bei relativ niedrigem Druck gefordert wird (Abb. 6-37 und 6-38).

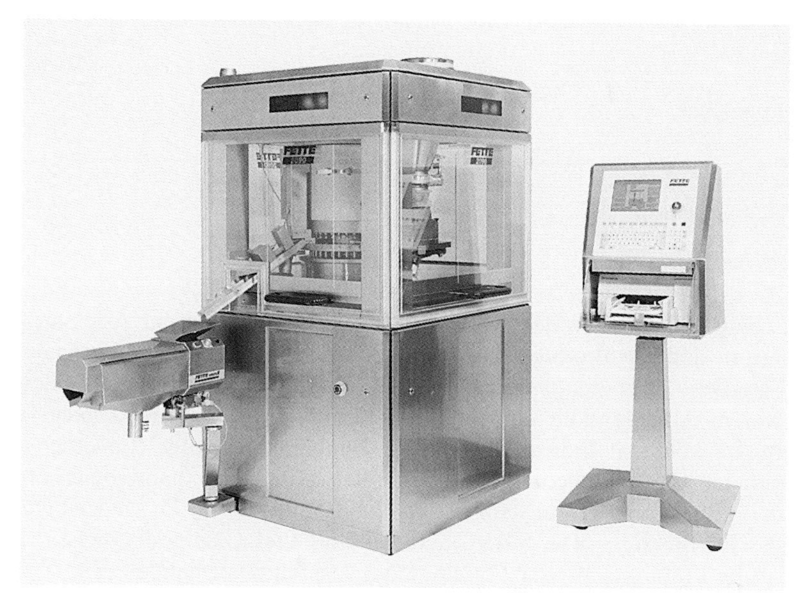

Abb. 6-37. Tablettenpresse (Werkbild *Fette*)

Vorbereitung des zu tablettierenden Materials

Feinteiliges Material kann sowohl trocken als auch unter Zugabe von Granulierflüssigkeit tablettiert werden. Vor dem Tablettieren können Gleit- oder Bindemittel zugesetzt werden.

- Typische Gleitmittel sind: Talk, Graphit, Seife, Magnesiumstearat, Mineralöle, Borsäure und Natriumverbindungen.
- Typische Bindemittel sind: Wasser, Alkohol, Ton, Dextrin, Gelatine, Stärke, Harz, Wasserglas und Ligninsulfonate.

Zur Vorbereitung für das Tablettieren kann das Material zur besseren Dosierung agglomeriert werden. Welche Art von Agglomeration zur Vorbereitung zum Tablettieren verwendet wird, ist vom Material abhängig. Eine Rollagglomeration in den klassischen Geräten, wie Granuliertrommel oder -teller, scheidet in der Regel

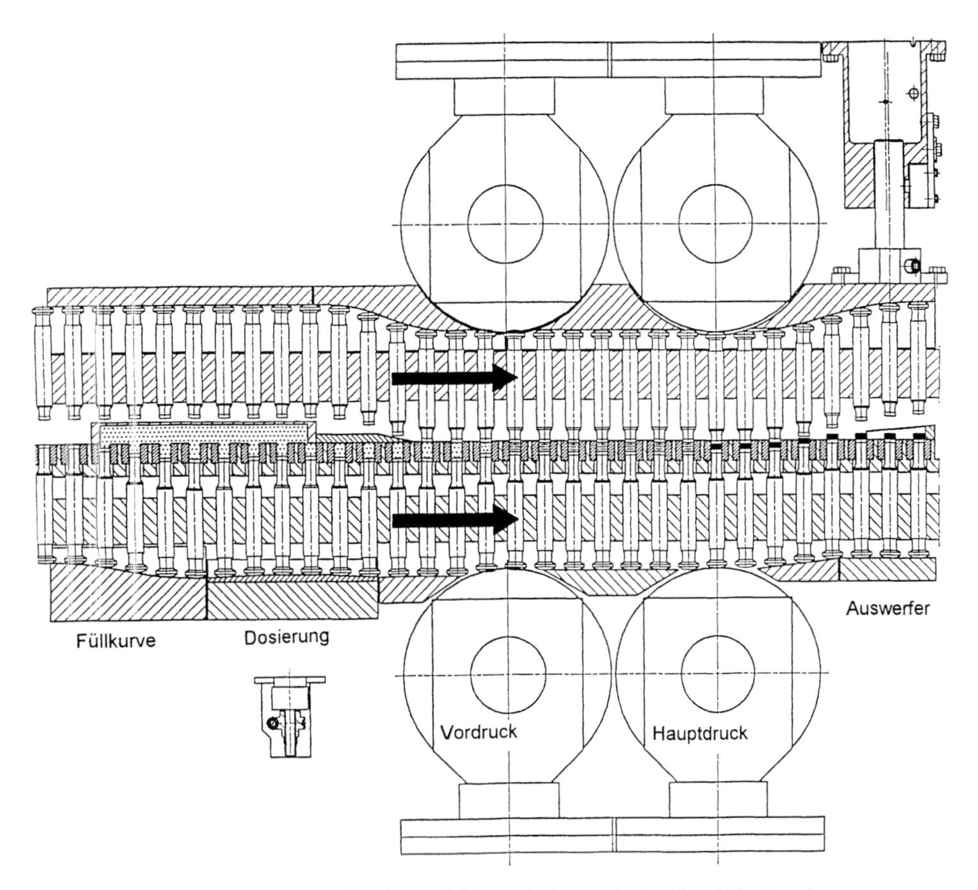

Abb. 6-38. Tablettenpresse: Teilkreisabwicklung (schematisch, Graphik *Fette*)

aus, weil die hier entstehenden Agglomerate für die normale Tablettengröße zu groß sind. Die Herstellung von sehr feinen Agglomeraten in Tellern oder Trommeln unter 0,3 mm, ist jedoch außerordentlich schwierig und nicht zu empfehlen. Man wird deshalb die Sprüh- oder Wirbelschicht-Agglomeration wählen. In erster Linie dient die Voragglomeration der Verbesserung der Fließfähigkeit des zu agglomerierenden Materials. Mit dieser Fließfähigkeit ist eine schnelle Füllung des eigentlichen Preßraumes verbunden, was wünschenswert ist. Die Größe der Voragglomerate muß der Größe der Tabletten angepaßt sein. Außerdem spielt die Festigkeit der kleinen Agglomerate eine wichtige Rolle. Beim Zusammenpressen müssen diese „Kleinagglomerate" ihre Form wieder verlieren, damit ein inniger Verband zwischen den Partikeln innerhalb der gepreßten Tabletten entsteht. Eine zu hohe Festigkeit der kleinen Agglomerate bewirkt, daß ihr Zustand erhalten bleibt und sich somit Trennflächen innerhalb der gepreßten Tablette ergeben. Das führt zu einer Festigkeitsverminderung der Tablette insgesamt.

Literatur zu Kapitel 6

[1] Frank, G.: Preßgranulierung; VDI Seminar: „Verfahrenstechnik des Agglomerierens"; Stuttgart (1987) und München (1989)
[2] Pietsch, W.: Die Bedeutung der Walzenkonstruktion von Brikettier-, Kompaktier- und Pelletiermaschinen für ihre technische Anwendung; Aufbereitungs-Technik (1970), Nr. 3, S. 128
[3] Rieschel, H.: Die Industrielle Anwendung der Kompaktierung; Vortrag im Hause der Technik e. V. Essen, gemeinsam mit dem Arbeitskreis Verfahrenstechnik im Ruhrbezirksverein des VDI (1970)
[4] Ries, H.B.: Granuliertechnik und Granuliergeräte; Aufbereitungs-Technik (1970), Nr. 3, S. 147/153; Nr. 5, S. 262/280; Nr. 10, S. 615/621; Nr. 12, S. 744/753
[5] Zisselmar, R.: Kompaktierung und Brikettierung; Vortrag VDI Seminar: „Verfahrenstechniken des Agglomerierens"; Stuttgart (1987)
[6] Stahl, H.: Kompaktierung-Brikettierung-Granulatformung in Labor und Produktion; Chemie-Technik, 4. Jahrg. (1975), Nr. 6, S. 207
[7] Stahl, H.: Preßagglomeration; Vortrag VDI Seminar: „Verfahrenstechnik des Agglomerierens"; Stuttgart (1984)
[8] Pietsch, W.: Das Körnen von Düngemitteln mit dem Kompaktier-Granulierverfahren; Aufbereitungs-Technik (1971), Nr. 11, S. 684-690
[9] Zech, K.: Walzenpressen für Kohlenbrikettierung; Aufbereitungs-Technik, 20. Jahrg. (1979), Nr. 5, S. 282-283
[10] Meyer, H.: Achtzig Jahre Steinkohlenbrikettierung in Deutschland; Glückauf 91. Jahrg. (1955), Nr. 3/4, S. 87-97
[11] Rieschel, H.: Zur Anwendung der Brikettierung in der chemischen Industrie; „CZ-Chemie-Technik", 3. Jahrg. (1974), Nr. 7, S. 259-264
[12] Zech, K.: Das Brikettieren auf Walzenpressen im Chemie-Betrieb; „chemie-anlagen + verfahren" (1971), Nr. 3
[13] Stahl, H.: Kompaktierung von Düngemitteln – Stand der Technik; Aufbereitungs-Technik 21. Jahrg. (1980), Nr. 10, S. 515-533
[14] IFF Report: Das Pelletieren von Mischfutter; Forschungsinstitut Futtermitteltechnik der Internationalen Forschungsgemeinschaft Futtermitteltechnik e. V. (IFF), Frickenmühle, 38110 Braunschweig – Thune
[15] Ruttloff, C., Gerlach, S., in: Technologie Mischfuttermittel, VEB Fachbuchverlag Leipzig (1981)
[16] Schwanghart, H.: Messung und Berechnung von Druckverhältnissen und Durchsatz in einer Ringkoller-Strangpresse; Aufbereitungs-Technik (1969), Nr. 12
[17] Lehmann, F.: Mdl. Mitteilung (1995)
[18] Bakele, W.: Aufbereitungs-Technik (1991), Nr. 5, S. 252/260

7 Planung, Aufbau und Inbetriebnahme von Agglomerationsanlagen

7.1 Planung einer Agglomerationsanlage

7.1.1 Einführung

Die Planung einer Anlage ist ein komplexes und weitläufiges Gebiet, weil es aus zahlreichen nacheinander und parallel verlaufenden Teilaufgaben besteht. Jede Zielsetzung und Vorgehensweise muß logisch aufgebaut und aufeinander abgestimmt werden. In einer Anlage sollen Produkte auf eine möglichst rationelle und ergiebige Weise produziert werden. Deshalb ist eine gründliche Planung vonnöten.

Die Planung einer Anlage muß durch folgende Gesichtspunkte bestimmt sein:

- geringe Investitionen
- niedrige Herstellungskosten
- hohe Produktivität
- Wirtschaftlichkeit
- weitgehende Nutzung der Maschinen
- Umweltfreundlichkeit

Die Produktivität, also der technische Leistungsgrad, kann durch folgende Gegenüberstellungen ermittelt werden:

Ausbringmenge : Einsatzmenge
Leistungsmenge : Arbeitseinsatz
Produktionsmenge : Zeitverbrauch

Die Wirtschaftlichkeit ist durch das Verhältnis

Ertrag : Aufwand

geprägt, wenn es sich um ein verkaufsfähiges Produkt und nicht um ein „Deponieprodukt" handelt. Es gibt in der Tat Agglomerationsanlagen, die lediglich dem Zweck dienen, einen Staub zu agglomerieren, damit er beim Deponieren besser handhabbar ist. Hier geht es nicht um Wirtschaftlichkeit, sondern um den technischen Vorteil, den das Agglomerieren bei der umweltfreundlichen Entsorgung eines Abfallproduktes bietet. Für die Planung gelten in der Regel folgende Einzelschritte:

- Durchführbarkeit der Agglomeration
- Grobplanung der Anlagen nach dem ermittelten Verfahren

- Feinplanung
- Investitions- und Kostenplanung

Die Planung sollte mit einer Reihe von Fragen beginnen:
1. Wie soll das Endprodukt aussehen?
2. Welche Festigkeit *soll* es und welchen Abrieb *darf* es haben?
3. Welche Größe soll oder darf das einzelne Agglomerat haben und in diesem Zusammenhang: Welche Form soll es haben?
4. Welche Menge muß in einer bestimmten Zeiteinheit produziert werden?
5. Wie soll oder muß das Agglomerationsprodukt gelagert und gehandhabt werden?
6. Welchem Verwendungszweck dient das Agglomerat?
7. Welche Bindemittel sind zulässig?
8. Welche Umweltfragen müssen beachtet werden?
9. Welche Gründe liegen für den Bau der Agglomerationsanlage vor?

Die hier aufgeführten Fragen können natürlich nicht isoliert betrachtet werden, sondern müssen in ihrer Gesamtheit gesehen werden. Die einzelnen Fragen greifen ineinander. So ist es z. B. naheliegend, daß die Festigkeit einerseits von der Art der Agglomerationstechnik und anderseits von der ausgewählten Bindemittelsorte abhängig ist. Auch für den Massenstrom kann durch die Beantwortung der gestellten Fragen schon eine Vorauswahl getroffen werden. Um ein Beispiel zu nennen: Die Granulierung von Eisenerz wird mit Sicherheit nicht mit einer Pelletiermaschine vorzunehmen sein, denn bei Erz sind große Massenströme gefordert. Hierfür kommen nur Maschinen in Frage, die solche Leistungen bringen. Das sind in erster Linie Granulierteller oder Granuliertrommeln, also Maschinen der Aufbauagglomeration.

Als *Gründe für den Bau von Agglomerationsanlagen* können eine ganze Reihe aufgeführt werden. So kann sich die Notwendigkeit ergeben, den im eigenen Betrieb anfallenden Staub einer *Wiederverwendung* zuführen zu wollen oder zu müssen. In Betrieben anfallende Metallstäube werden agglomeriert, um sie als Sekundärrohstoffe im eigenen Betrieb einzusetzen. Auch das Deponieren feinteiliger Stoffe ist oft mit Problemen verbunden. Feinteilige Stoffe, besonders dann, wenn sie trocken sind, lassen sich nicht einfach deponieren, sondern müssen vorher angefeuchtet werden. Eine geeignete Anfeuchtung unter gleichzeitiger Herstellung von grobteiligen Stoffen kann in einer Agglomerationsmaschine erfolgen. Allerdings sollte man in einem solchen Falle auch die Frage erörtern, ob es nicht möglich ist, die Agglomerate einer Wiederverwendung zuzuführen. Das Abfallgesetz (AbfG) schreibt vor, daß eine Wiederverwendung einer Beseitigung vorzuziehen ist. Sehr oft kommt die Forderung nach einer Agglomeration feinteiliger Stoffe auch von außen. So kann der Kunde verlangen, eine bestimmte Ware nur noch in Agglomeratform geliefert zu bekommen. Ein Beispiel hierfür ist *Ruß,* der früher in der Form geliefert wurde, in der er bei der Herstellung anfiel. Da bei der Weiterverarbeitung und beim Handling erhebliche Staubprobleme auftraten, wurde gefordert, daß der Ruß granuliert werden muß. Heutzutage wird praktisch nur granulierter Ruß geliefert. Auch für die *Düngemittel* ist diese Forderung gestellt worden. Nur noch wenige Düngemittel werden in Staubform ausgebracht. Der in Wäldern ausgestreute *Kalk*, der der Versauerung des Bodens entgegenwirken soll, wird zwar auch noch in Staubform oder in Form von kleinen Brechgranulaten ausgebracht, aber hier zeichnet sich die Tendenz ab, Kalkstaub vor dem Ausbringen zu granulieren. Ein weiterer Grund, Staub zu agglomerieren, kann der sein, daß auf dem Markt vom *Wettbewerb* erzeugte Granulate erscheinen. Dadurch kann der eigene Betrieb gezwungen werden, zukünftig auch eine granulierte Ware zu erzeugen und anzubieten. Schließlich ist als weiterer Grund zu nennen, daß ein *unwirtschaftlich arbeitendes Agglomerationsverfahren* durch ein anderes ersetzt wird. Das kann sich beispielsweise auf den Energieverbrauch beziehen. Es ist denkbar, eine Preßagglomeration durch eine Rollagglomeration zu ersetzen. Der Aufwand an elektrischer Energie ist im letzten Fall wesentlich niedriger. Voraussetzung hierfür ist allerdings, daß ein in seinen Eigenschaften gleichwertiges Endprodukt erzeugt wird.

7.1.2 Beschreibung von Betriebsanlagen

Es ist zweckmäßig, zunächst den Aufbau von Agglomerationsanlagen anhand von zwei Betriebsanlagen zu beschreiben. Es sind Anlagen der Aufbauagglomeration (Abb. 7-1) und der Preßagglomeration (Abb. 7-2).

Fließbild einer Anlage zum Granulieren von Eisenerz (Abb. 7-1)

Hier sind für das Agglomerieren wichtige Einzelheiten zu erkennen. Granuliert wird ein Eisenerzkonzentrat, das zunächst mit Wasser angerührt wird. Das zugegebene Wasser ist gleichzeitig die notwendige Granulierflüssigkeit. Da ein solches Gemisch aus Konzentrat und Wasser nicht mit ausreichender Festigkeit granuliert werden kann, wird als Bindemittel Bentonit zugesetzt. Beide – das angefeuchtete

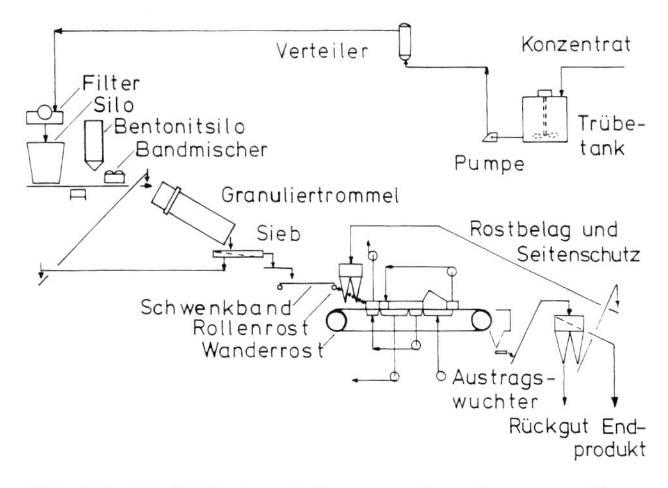

Abb. 7-1. Fließbild einer Anlage zum Granulieren von Eisenerz (nach *Struve* [1])

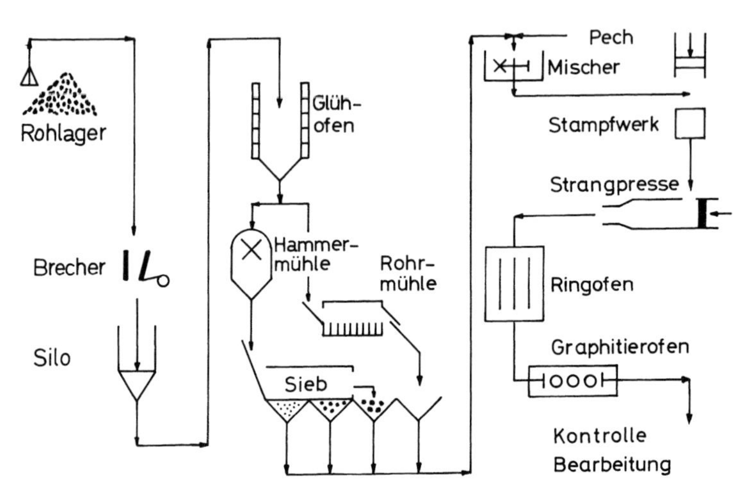

Abb. 7-2. Fließbild einer Anlage zur Verarbeitung von Kohlenstoff durch Preßagglomeration

Konzentrat und Bentonit – werden miteinander vermischt und der Granuliertrommel aufgegeben. Bei dieser Granuliertrommel handelt es sich um die Bauart, die seit Jahrzehnten für den Zweck der Eisenerzgranulierung Verwendung findet. Bemerkenswert und typisch für diese Art der Agglomerationstechnik ist, daß hinter die Granuliertrommel ein Sieb geschaltet werden muß. Mit Hilfe dieses Siebes wird die für die weiteren Verfahrensgänge notwendig Gutfraktion gesiebt. Das nicht für die weitere Verarbeitung geeignete Korn wird im Kreislauf gefahren. Die Kreislaufmenge kann – wie an anderer Stelle bereits bemerkt – das Zwei- bis Dreifache der Gutkornmenge betragen. In Abschnitt über Granuliertrommeln ist auf die Entwicklung einer neuartigen Trommel hingewiesen, die diesen Nachteil nicht mehr aufweist. Diesem Fließbild kann man außerdem entnehmen:

- Es wird ein feinteiliges *Granuliergut,* hier feinteiliges Erz, verwendet.
- Es wird ein *Bindemittel* zugesetzt, da die Bindekraft zwischen dem Erzkonzentrat und Wasser nicht ausreicht.
- Einer *Granuliertrommel* üblicher Bauart muß ein *Sieb* nachgeschaltet werden, damit eine für die nachfolgende Technologie geeignete Kornfraktion erhalten wird.

Fließbild einer Anlage zur Preßagglomeration von Kokskörnungen

Das in Abb. 7-2 dargestellte Fließschema zeigt die Herstellung von Kohlenstoffelektroden (Graphitelektroden). Als Agglomerationsmaschinen werden Stempel- und Strangpressen verwendet. Ohne auf die Technologie im einzelnen einzugehen, sollen wichtige Merkmale dieses Herstellungsprozesses besprochen werden. Ziel ist es, gepreßte Formkörper mit hoher Dichte zu produzieren. Aus diesem Grund werden verschiedene Siebfraktionen von Spezialkoksen miteinander vermischt. Damit wird erreicht, daß die Lückenvolumina zwischen den größeren Körnern durch die kleineren Körner ausgefüllt werden. Als Bindemittel wird Pech verwendet. Das Pech wird vor der Zugabe in einem Mischer erwärmt, so daß es dünnflüssig ist und um die einzelnen Körner einen Film bilden kann. In der Regel sind die verwendeten Mischer heizbar. Die noch warme Mischung wird zunächst mit Hilfe von Stempelpressen vorverdichtet und dann über Strangpressen zu zylinderförmigen „Großagglomeraten" verarbeitet. Das Bindemittel Pech erkaltet nach dem Verlassen der Strangpresse und bildet so Festkörperbrücken zwischen den einzelnen Kohlenstoffteilchen.

Die Bindemittelmenge hängt von verschiedenen Faktoren ab, so z.B. von der Größe und Menge der miteinander vermischten Feststofffraktionen; außerdem von deren Struktur und Oberfläche. Als Bindemittel hat sich Pech aus drei Gründen bewährt:

1. Es ist thermoplastisch.
2. Es besteht vorwiegend aus Kohlenstoff.
3. Die anderen Inhaltsstoffe des Pechs werden durch die thermische Behandlung ausgetrieben und Kohlenstoff bleibt zurück.

7.1.2.1 Granulieren von trockenen Komponenten mit Zusatz von Flüssigkeit

Eine Anlage, wie sie für das Granulieren von mehreren trocknen Komponenten mit Zusatz von Flüssigkeit verwendet werden kann, zeigt Abb. 7-3.

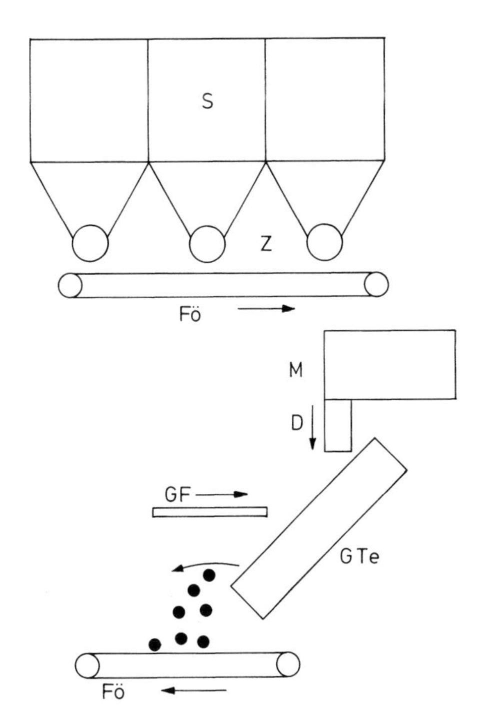

Abb. 7-3. Granulieren von mehreren trockenen Komponenten unter Zusatz von Flüssigkeit

Aus verschiedenen Silos (S) werden die einzelnen Rohstoffe über Zellenradschleusen (Z) auf Förderbänder oder Förderschnecken dosiert und dem Mischer (M) zugeführt. Über eine Dosiereinrichtung (D) wird das Gemisch einem Granulierteller (Gte) aufgegeben. An geeigneter Stelle wird die Granulierflüssigkeit (GF) auf das trockene Rohmehlgemisch gedüst. Über den Rand des Tellers werden die gebildeten Granulate auf ein Förderband ausgeworfen.

7.1.2.2 Granulieren von Bleioxid

Für in Fässern angelieferte Stäube werden Anlagen nach dem Beispiel der Abb. 7-4 errichtet.

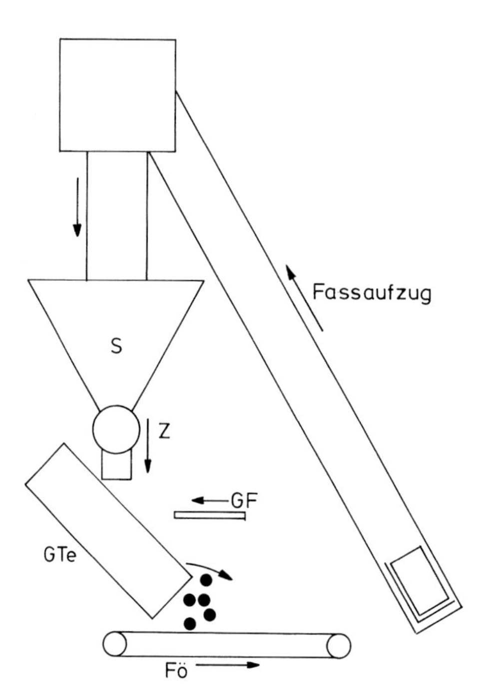

Abb. 7-4. Schematische Darstellung einer Anlage zum Granulieren von Bleistaub mit einem Granulierteller (nach *Ries* [2])

Mit einem Aufzug werden die Fässer zur Entleerungsstation (E) oberhalb des Silos (S) transportiert. Dort werden sie staubfrei in das Silo entleert. Unterhalb des Silos befindet sich eine Zellenradschleuse, die den Granulierteller dosierend speist. Als Granulierflüssigkeit wird Wasser oder eine wäßrige Lösung von Schwefelsäure verwendet. Man benötigt die Granulate zum Füllen von speziellen Batterien. Hierfür müssen die Granulate im Kornbereich zwischen 0,05 bis 0,8 mm liegen.

7.2 Auslegen von Agglomerationsmaschinen

7.2.1 Auslegen eines Betriebsgranuliertellers

Eine Auswertung der Literatur zu diesem Thema, wie sie von *Sommer* und *Herrmann* [3] unter Berücksichtigung der Arbeiten von *Klatt* [4], *Ries* [5], *Bhrany* [6], *Manz* [7], *Papadakis* und *Bombled* [8] sowie *Pietsch* [9] vorgenommen wurde, führt zum nachstehenden Beispiel:

Versuch in einem Laborgranulierteller L mit folgenden Daten:

Durchmesser des Tellers D_L: 1,4 m
Randhöhe h_L: 0,28 m
Neigungswinkel ∇_L: 50°
Antrieb N_L: 2,5 kW
Drehzahl n_L: 20 U/min
ergaben:
Durchsatz (Massenstrom): 3,2 t/h

Berechnung der Daten für einen Betriebsgranulierteller p mit einem Durchsatz $m_p = 40$ t/h:

Durchmesser D_p

$$D_P = D_L \sqrt{\frac{m_p}{m_L}} \tag{7-1}$$

$$D_P = 1{,}4 \sqrt{\frac{40}{3{,}2}} \tag{7-2}$$

$$D_p = 4{,}94 \text{ m}$$

Neigungswinkel ∇_L

$$\nabla_p = \nabla_L$$
$$\nabla_p = 50^\circ$$

Randhöhe h_p

$$h_p = h_L \frac{D_p}{D_L} \tag{7-3}$$

$$h_p = 0{,}28 \frac{4{,}94}{1{,}4} \tag{7-4}$$

$$h_p = 0{,}99 \text{ m}$$

Leistung N_p

$$N_p = \frac{m_p}{m_L} n_L \tag{7-5}$$

$$N_p = \frac{40}{3,2}\,2,5 \tag{7-6}$$

$$N_p = 31,25\,\mathrm{kW}$$

Drehzahl n_p

$$n_p = n_L\sqrt{\frac{D_L}{D_p}} \tag{7-7}$$

$$n_p = 20\sqrt{\frac{1,4}{4,94}} \tag{7-8}$$

$$n_p = 10,6\,\mathrm{U/min}$$

Die rechnerisch ermittelten Zahlen werden in technische Größen umgesetzt: Verwendung eines Granuliertellers mit einem Durchmesser von 5 m und einer Randhöhe von 1 m.

Ries [5] hat für die Dimensionierung von Granuliertellern graphische Darstellungen veröffentlicht. In Abb. 7-5 sind die Inhalte von Granuliertellern in Abhängigkeit vom Durchmesser und der Randhöhe angegeben. Viele Granulierteller haben ein

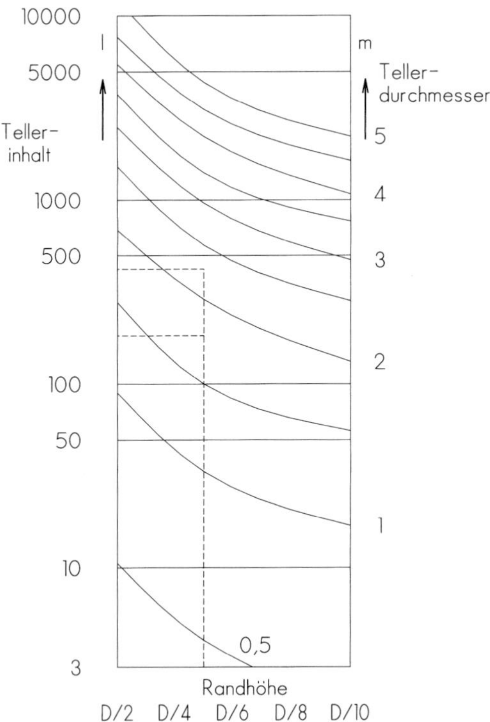

Abb. 7-5. Graphische Darstellung der Volumeninhalte von Granuliertellern in Abhängigkeit vom Tellerdurchmesser und der Randhöhe des Tellers (nach *Ries* [5])

Verhältnis des Durchmessers zur Randhöhe wie 5:1. Das entspricht einer Randhöhe von *D*/5. Teller solcher Bauart haben z. B. bei einem Durchmesser von 1,75 m einen Inhalt von 178,5 l und bei *D*=2,30 m einen Inhalt von 400 l; gemäß der Formel:

$$\text{Tellerinhalt } V_T = \frac{2}{3}\, r^2\, h \tag{7-9}$$

In der graphischen Darstellung sind über die Randhöhe *D*/5 für beide Beispiele gestrichelte Linien eingezeichnet. Die Zusammenhänge zwischen Massenstrom, dem Tellerinhalt und der Verweilzeit sind in Abb. 7-6 graphisch dargestellt. Wird für eine Betriebsanlage ein Massenstrom von 4.000 l/h gefordert, dann muß der Betriebsteller einen Inhalt von etwa 400 l haben, wenn der Massenstrom im Labor für ein bestimmtes feinteiliges Material experimentell festgestellt und die Verweilzeit ermittelt wurde. Diese Daten sind als gestrichelte Linien in Abb. 7-6 eingetragen. Aus der graphischen Darstellung sind ablesbar:

1. Beispiel :
Gemessener Massenstrom I mit einem Laborteller: 1,8 m³/h

Tellerinhalt	Massenstrom	Verweilzeit
178,5 l	1,8 m³/h	6 min

2. Beispiel:

400 l	4,0 m³/h	6 min

Ein Teller mit einem Inhalt an Masse (Granuliermasse) – *nicht* an Volumeninhalt (leer) – von 400 l hat einen Durchmesser von 2,3 m. Diese graphischen Darstel-

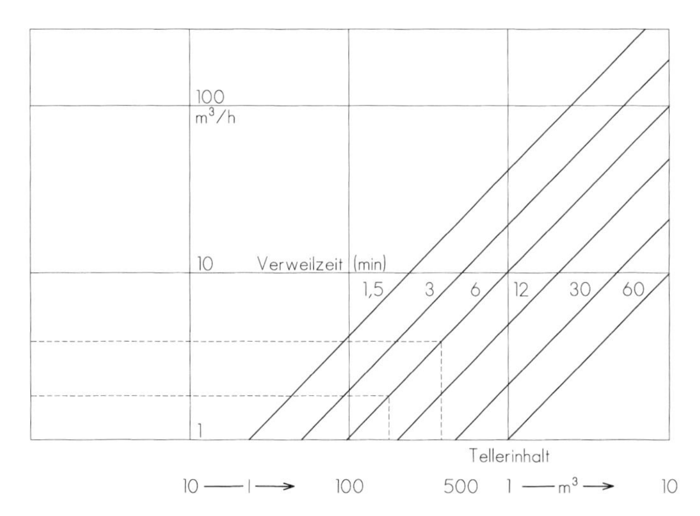

Abb. 7-6. Graphische Darstellung des Durchsatzes von Granuliertellern in Abhängigkeit vom Tellerinhalt und von der Verweilzeit (nach *Ries* [5])

lungen sind ein gutes Hilfsmittel, um auf einfache Weise eine Betriebstellergröße graphisch zu ermitteln. Allerdings sollten die graphischen Darstellungen den Laborversuch nicht ersetzen, wenn der Pelletierfaktor nicht bekannt ist..

7.2.1.1 Dimension von Granuliertellern

Aus einem Arbeitsdiagramm – wie es *Ries* [5] entworfen hat und wie es Abb. 7-7 wiedergibt – läßt sich die Dimensionierung eines Tellers ablesen.

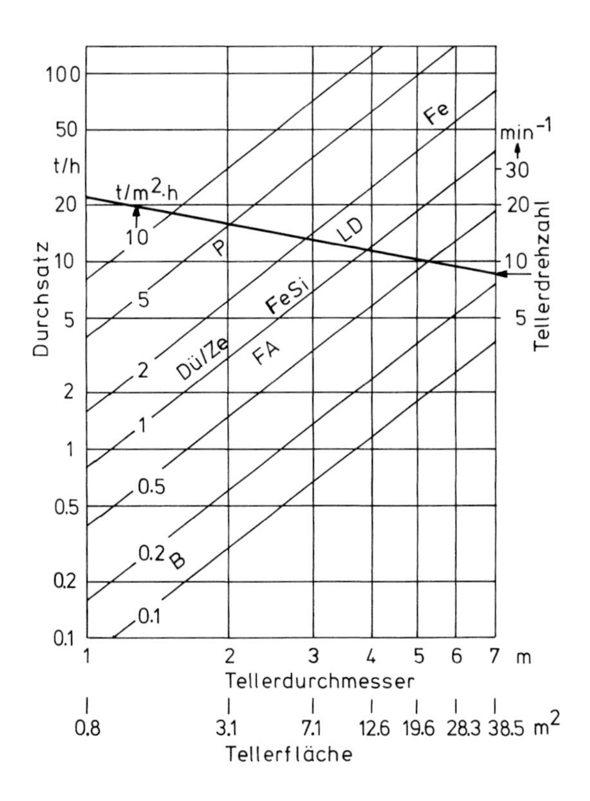

Abb. 7-7. Arbeitsdiagramm für die Dimensionierung von Granuliertellern aufgrund der spezifischen Tellerleistung oder Granulierbarkeit (nach *Ries* [5])

In einem Koordinatennetz, bei dem beide Achsen logarithmisch geteilt sind, werden der Durchmesser und die Fläche der Teller auf der Abszisse und der Massenstrom auf der Ordinate eingetragen. Es ergeben sich dann die spezifischen Tellerleistungen, die hier den Bereich von 0,1 bis 10 t/m^2h umfassen. Der auf die Fläche des Tellers bezogene Massenstrom, also die spezifische Tellerleistung, ist vom Produkt abhängig. Für einige Produkte sind die Tellerleistungen in das Diagramm der Abb. 7.7 eingetragen; Tab. 7-1 zeigt eine Zusammenstellung.

Die spezifische Tellerleistung bezeichnet *Ries* auch als Pelletierfaktor/Granulierfaktor. Für ein Produkt, dessen Pelletierfaktor mit 2,0 t/m^2h bekannt ist, muß für einen gewünschten Durchsatz von 12 t/h ein Teller mit einer Fläche von ca. 7 m^2,

Tabelle 7-1. Spezifische Tellerleistung bei verschiedenen Produkten

Produkt	Abkürzung	Spezifische Tellerleistung t/m^{3}h
Bentonit	B	0,1–0,2
Flugasche	FA	0,5–1,0
Mischdünger	Dü	1,0–2,0
Zementrohmehl	Ze	1,0–2,0
Ferrosilicium	FeSi	1,0–2,0
LD-Staub	LD	1,0–2,0
Eisenerz	Fe	2,0–3,0
Superphosphat	P	4,0–5,0

also mit einem Durchmesser von 3 m ausgewählt werden. Für Bentonit mit einem Pelletierfaktor von 0,2 ist beim Einsatz eines Tellers mit einem Durchmesser von 3 m kein höherer Massenstrom als etwa 1,5 t/h zu erwarten. Der Pelletierfaktor für ein neues Produkt muß im Technikum ermittelt werden. Es empfiehlt sich allerdings, auch für ein bekanntes Produkt den Pelletierfaktor durch einen entsprechenden Versuch vor der Planung einer Agglomerationsanlage zu überprüfen. Abweichungen von den bekannten Stoffeigenschaften und von der Korngrößenverteilung können den Pelletierfaktor beeinflussen.

7.2.2 Auslegen einer Granuliertrommel

Seit der Veröffentlichung der Arbeit von *Sommer* und *Herrmann* [3] vor etwa 15 Jahren hat sich kaum etwas an der Aussage geändert, daß nur wenige Ergebnisse über die Trommelgranulation publiziert worden sind. Im Gegensatz zum Teller ist die Granuliertrommel zum Austrag hin geneigt. Dadurch wird ein axialer Transport des Gutes in der Trommel bewirkt. Die Granulatgröße kann man durch eine Veränderung des Neigungswinkels kaum beeinflussen; ganz im Gegensatz zum Granulierteller. Hier bietet die Veränderung der Neigung des Tellers eine Steuerungsmöglichkeit hinsichtlich der Granulatgröße. Auf den Massenstrom hat eine geringe Veränderung des Neigungswinkels einer Trommel nur geringen Einfluß. Nur das bei der Konstruktion der Trommel bereits festgelegte Verhältnis von Trommellänge zum Trommeldurchmesser und deren Größen bestimmen den Massenstrom. Die Granulatgröße ist vom Rohmaterial abhängig und nicht im laufenden Betrieb veränderbar. Das trifft nicht für die DELA-Trommel zu, die in Abschnitt 5.2.5.3, *Granuliertrommeln,* beschrieben wurde. Sie hat einen ansteigenden Winkel zur Austragsseite. Das Granuliergut wird „bergauf" gefördert. Für einen solchen Trommeltyp wurden die nachfolgenden Berechnungen angestellt. Der Durchsatz der beschriebenen DELA-Trommel hängt näherungsweise von folgenden Faktoren ab:

- Füllungsgrad ϕ
- Verweilzeit t

Der Füllungsgrad ϕ ist der Quotient aus dem tatsächlichen, von der Granuliermasse ausgefüllten Volumen V_G und dem Gesamtvolumen der Trommel V_T.

> Die Granuliermasse besteht aus dem trockenen Granulierstoff und der Granulierflüssigkeit; im einzelnen aus Partikeln, Flüssigkeitstropfen, Granulierkeimen und Granulaten.

Für den Füllungsgrad gilt:

$$\phi = \frac{V_G}{V_T} \tag{7-10}$$

oder

$$\phi = \frac{V_G}{r^2 \pi l} \tag{7-11}$$

Hier bedeuten:

r = Radius der Trommel $= \dfrac{D}{2}$
D = Durchmesser der Trommel
l = Länge der Trommel

In Abb. 7-8 ist der optimale Füllungsgrad einer Granuliertrommel schematisch dargestellt.

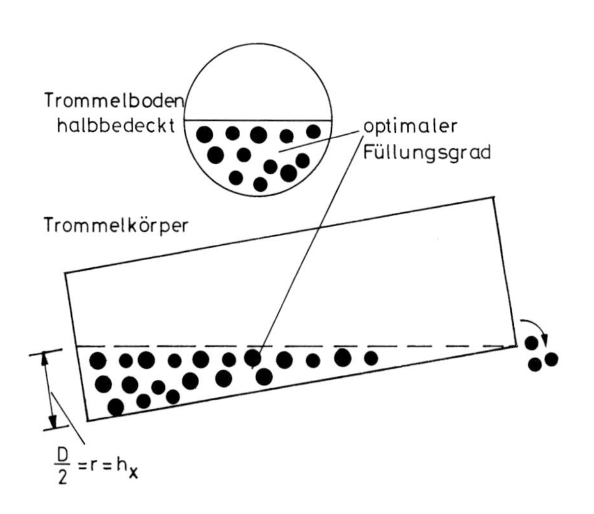

Abb. 7-8. Optimaler Füllungsgrad einer Granuliertrommel (nach DELA)

Das von der Granuliermasse ausgefüllte Volumen V_G der ansteigenden Granuliertrommel ist bei der sich in Ruhe befindlichen Trommel nach der allgemeinen Formel für den Zylinderhuf zu ermitteln:

$$V = \frac{l}{3h_x} [a(3r^2 - a^2) + 3r^2(h_x - r) \cdot a] \tag{7-12}$$

h_x = Höhe der Bodenbedeckung, gemessen in der Schräglage der Trommel (Abb. 7-9)
bei halber Bodenbedeckung ist $h_x = r$
bei ganzer Bodenbedeckung ist $h_x = D$
a = halbe Sehne s (Abb. 7-9)

bei halber Bodenbedeckung ist

$$a = r = \frac{D}{2} \tag{7-13}$$

α = oberer Winkel des über der Sehne s gebildeten Dreiecks (Abb. 7-9)

Bei halber Bodenbedeckung, die als optimale Füllung für diese neuartige Trommel gilt, lautet die Gleichung für diesen besonderen Fall:

$$V_{Gopt} = \frac{2}{3} l r^2 \tag{7-14}$$

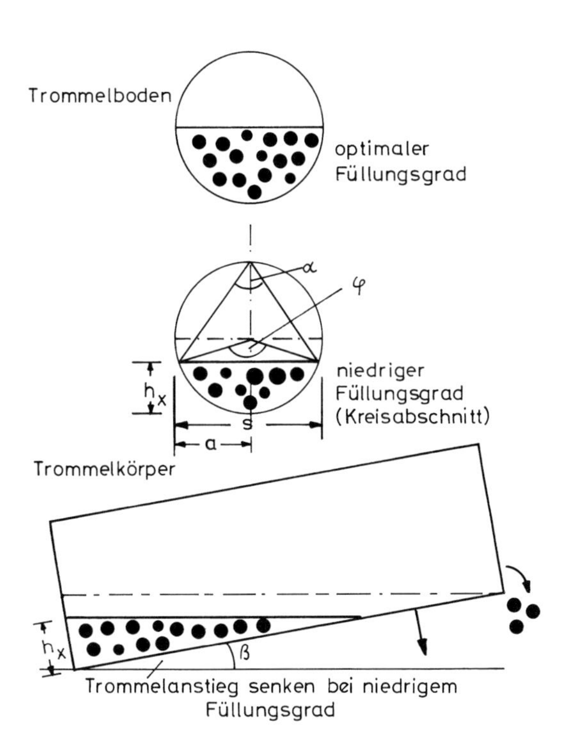

Abb. 7-9. Verschiedene Füllungsgrade einer Granuliertrommel (nach DELA)

Gleichung (7-14) wird nun für V_G in Gleichung (7-11) eingesetzt und ergibt dann

$$\rho_{opt} = \frac{\frac{2}{3} l r^2}{\pi l r^2} = \frac{2}{3\pi} \tag{7-15}$$

Der optimale Füllungsgrad ρ_{opt} beträgt für die DELA-Trommel unabhängig von den Dimensionen – Durchmesser und Länge – stets 0,2111 oder 21,1%. Für herkömmliche Granuliertrommeln mit geneigter Mittelachse werden Füllungsgrade von 2–3 % genannt (*Rausch* [10]). Jede Trommel ist durch das Verhältnis von Durchmesser zu Länge gekennzeichnet. Übliche Verhältnisse sind beispielsweise 1:3 oder 1:4. Eine optimale Füllung, wie sie nach der Gleichung (7-10) berechnet werden kann, setzt einen bestimmten Anstiegswinkel voraus. Für den Anstiegswinkel β (Abb. 7-9) gilt allgemein

$$\beta = \arctan \frac{h_x}{l} \tag{7-16}$$

und für den speziellen Fall der optimalen Füllung:

$$\beta_{opt} = \arctan \frac{r}{l} \tag{7-17}$$

In Tab. 7-2 sind für die verschiedenen Trommelgrößen in Abhängigkeit von den Verhältnissen $D:l$ und $r:l$ die Anstiegswinkel β_{opt} angegeben.

Tabelle 7-2. Optimaler Anstiegswinkel der Trommel

$D:l$	$r:l$	n	Anstiegswinkel $\beta_{opt.}$
1:2	1:4	4	14,04°
1:3	1:6	6	9,46°
1:4	1:8	8	7,12°
1:5	1:10	10	5,71°
1:6	1:12	12	4,76°

Im praktischen Betrieb liegt das Maximum oder Minimum für die nicht optimale Bodenbedeckung h_x bei

$$\frac{D}{4} \quad \text{oder bei} \quad \frac{3}{4}D$$

Daraus folgt:

$$\beta_{\min} = \arctan \frac{D}{4l} \tag{7-18}$$

und

$$\beta_{\max} = \arctan\frac{3D}{4l} \tag{7-19}$$

Für die praktischen Dimensionen der Trommel sind die maximalen und die minimalen Anstiegswinkel in Tab. 7-3 zusammengestellt.

Tabelle 7-3. Maximale und minimale Anstiegswinkel für die DELA-Trommel

$D:l$	$\beta_{\max}$	$\beta_{\min}$
1:2	20,56°	7,12°
1:3	14,04°	4,76°
1:4	10,62°	3,58°
1:5	8,53°	2,86°
1:6	7,12°	2,39°

Nach der Gleichung (7-14) wird das optimale Volumen mit V_{Gopt} so berechnet: Führt man in diese Gleichung $n = l/r$ oder $l = nr$ ein, so lautet sie:

$$V_{G\,opt} = \frac{2}{3}r^3 n \tag{7-20}$$

n gibt das Verhältnis der Trommellänge zum Trommelradius an, das in der Regel 6:1 oder 8:1 beträgt. Dieses wird vorher mit 6 oder 8 festgelegt. Aus Gleichung (7-10) erhält man durch Umformen nach r dann die Beziehung:

$$r = 3\sqrt{\frac{3V_{Gopt}}{2n}} \tag{7-21}$$

Zur Berechnung der Dimensionen der DELA-Trommel müssen noch die Schüttdichte ρ der Granuliermasse und die mittlere Verweilzeit bekannt sein. Anstelle der mittleren Verweilzeit t kann ein dimensionsloser, empirisch ermittelter Faktor eingesetzt werden, der als Verweilfaktor V_f bezeichnet wird. Er wird aus der mittleren Durchlaufzeit in Minuten bezogen auf 60 Minuten gebildet. Für die neue Trommel wurde er mit 0,2 ermittelt. Unter Berücksichtigung der Schüttdichte ρ der Granuliermasse V_G, des geforderten Massenstromes m_D und des Verweilfaktors V_f ergibt sich aus Gleichung (7-11) für den Radius r:

$$\text{Trommelradius} \quad r = 3\sqrt{\frac{3m_D \cdot V_f}{2 \cdot \rho \cdot n}} \tag{7-22}$$

Hierfür ein Beispiel:

Gesucht wird die Dimension einer Trommel für einen Massenstrom m_D von 120 t/h. Die Schüttdichte ρ der Granuliermasse wurde mit 2,2 t/m³ ermittelt. Das Verhältnis $D:l$ soll 1:4 betragen; das ergibt den Wert 8 für n.

$$r = 3\sqrt{\frac{3 \cdot 120 \cdot 0{,}2}{2 \cdot 2{,}2 \cdot 8}} \tag{7-23}$$

$$r = 1{,}27$$

$$D = 2{,}54$$

Die Trommellänge $l = n \cdot r$, also 10,16 m.

Gleichung (7-22) vereinfacht die Berechnungen der Dimensionen von Granuliertrommeln, da nur die Schüttdichte ρ der Granuliermasse ermittelt werden muß.

7.2.3 Berechnung des Durchsatzes einer Lochpresse

Die Berechnung des Durchsatzes einer Lochpresse soll am Beispiel einer Pelletierpresse mit horizontal liegender Matrize, wie sie z. B. bei der Herstellung von Mischfutterpellets verwendet wird, erläutert werden. Im Preßkanal wirken auf eine gedachte Scheibe eines Pellets zwei Kräfte ein: eine Kraft von oben, hervorgerufen durch den auf dem Schüttgut oberhalb der Matrize rollenden Koller A_p, und eine zweite, entgegen wirkende Kraft, nämlich die Reibkraft $A\ (p\text{-d}p) + \text{d}Fr$ (Abb. 7-10).

Hieraus ergibt sich:

$$A_p = A(p - \text{d}P) + \text{d}Fr \tag{7-24}$$

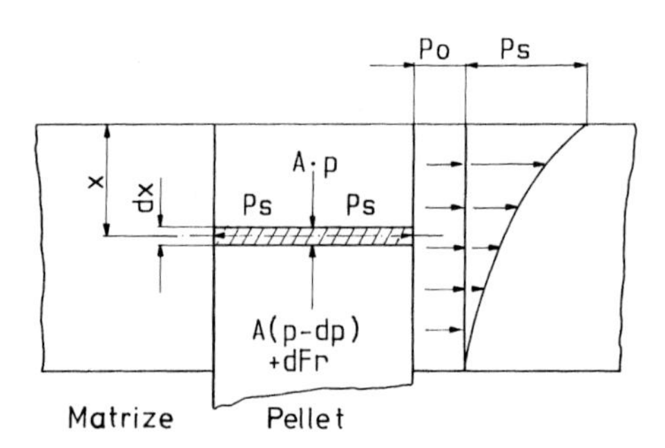

Abb. 7-10. Schematische Darstellung der Kräfte im Preßkanal der Flachmatrize einer Pelletierpresse [11]

Hierin sind:

A_p = Kraft aus Schüttgut im Preßkanal [N]
A = Fläche des Preßkanals [mm^2]
p = Gesamtdruck, der auf das Schüttgut im Preßkanal wirkt; besteht aus den Teildrücken p_o und p_s [Mpa]
p_o = Teildruck, resultiert aus der Vorspannung des Schüttgutes, die von der Elastizität und Verdichtung des Schüttgutes abhängt [Mpa]
p_s = Teildruck, ergibt sich aus dem Seitendruck, der abhängig ist von der Lage der Pelletscheibe zum Anfang des Preßkanals und der gegen das Preßkanalende kleiner wird [Mpa]
dp = Gesamtdruck bezogen auf die gedachte Scheibe dx des Pellets [Mpa]
dFr = Reibkraft der gedachten Scheibe dx des Pellets [N]

Durch die oberhalb der Matrize laufenden Koller (Preßwalzen) wird der Gesamtdruck p aufgebaut. Vor den Kollern steigt der Druck vom unverdichteten Schüttgut bis zum Druck p_H an, d.h. bis zu dem Druck, bei dem die Reibkraft überwunden ist. Bei den sich in Bewegung befindlichen Pellets fällt der Druck, weil die Reibkraft überwunden ist; der Druck p_H reduziert sich wieder auf den Druck p. Der Druck p läßt sich wegen einer Reihe nicht erfaßbarer Faktoren nicht exakt berechnen. Er ist von der Verdichtung k der Pellets abhängig. Für Mischfutterpellets sind die Zusammenhänge zwischen Verdichtung und dem Preßdruck graphisch dargestellt (Abb. 7-11).

Mit der nachstehenden Beziehung läßt sich der Durchsatz einer Pelletierpresse für Mischfutter näherungsweise berechnen [11]:

$$\text{Massenstrom } m = \frac{7{,}2P\rho\eta}{pk}\,\text{t/h} \qquad (7\text{-}25)$$

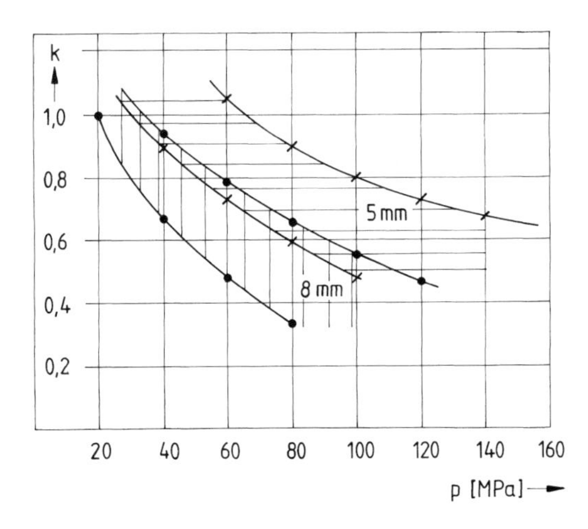

Abb. 7-11. Abhängigkeit der Verdichtung der Pellets vom Preßdruck bei verschiedenen Lochdurchmessern der Matrizen einer Pelletierpresse

Dabei bedeuten:

P = Antriebsleistung des Motors [kW]
ρ = Schüttdichte des Schüttgutes [t/m^3]
ρ' = Dichte der Pellets [t/m^3]
η = Wirkungsgrad des Motors; zwischen ca. 0,8–0,9 liegend
p = notwendiger Preßdruck [MPa]
k' = Einflußfaktor in Abhängigkeit von der Verdichtung k
k = Verhältnis zwischen Schüttdichte des Schüttgutes und der Dichte der Pellets; durchschnittlich zwischen 0,5–0,7 (Verdichtung)

Hierzu zwei Beispiele:

1. Beispiel: Mischfuttermittel

Gegeben:

Antriebsleistung des Motors	P = 100 kW
Durchmesser der Pellets	d = 5 mm
Schüttdichte des Schüttguts	ρ = 0,65 t/m^3
Dichte der Pellets	ρ' = 1,08 t/m^3
Verdichtung	k = 0,6
Wirkungsgrad	η = 0,85
Einflußfaktor k' (aus dem Diagramm Abb. 7-12)	k' = 0,6
Preßdruck (aus dem Diagramm Abb. 7-11)	p = 90 MPa

Lösung:

$$m = \frac{7{,}2 P \rho \eta}{pk}\ \mathrm{t/h}$$

$$m = \frac{7{,}2 \cdot 100 \cdot 0{,}65 \cdot 0{,}85}{90 \cdot 0{,}6}\ \mathrm{t/h} \qquad (7\text{-}26)$$

$$m = 7{,}4\ \mathrm{t/h}$$

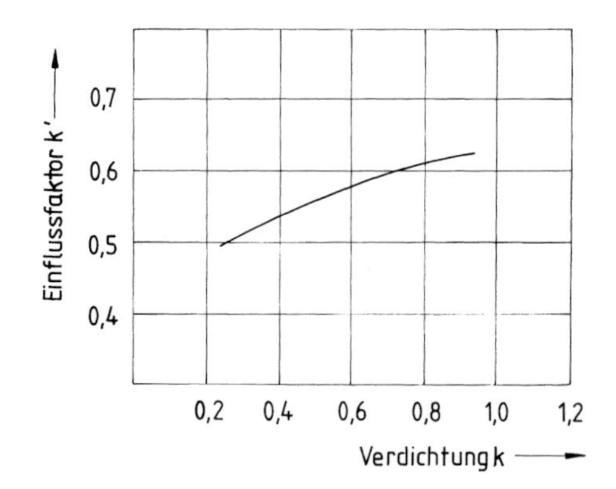

Abb. 7-12. Abhängigkeit des Einflußfaktors k' von der Verdichtung k in der Matrize einer Pelletierpresse

2. Beispiel: Rohbraunkohle 0–2 mm

Gegeben:

Antriebsleistung des Motors	P = 160 kW
Durchmesser der Pellets	d = 5 mm
Schüttdichte des Schüttgutes	ρ = 0,55 t/m^3
Dichte der Pellets	ρ' = 1,00 t/m^3
Verdichtung	k = 0,55
Wirkungsgrad	η = 0,85
Einflußfaktor	k' = 0,6 (Abb. 7-12)
Preßdruck	p = 100 MPa

Lösung:

$$m = \frac{7{,}2 P \rho \eta}{pk} \text{ t/h}$$

$$m = \frac{7{,}2 \cdot 160 \cdot 0{,}55 \cdot 0{,}85}{100 \cdot 0{,}55} \text{ t/h} \tag{7-27}$$

$$m = 9{,}8 \text{ t/h}$$

Für die Planung einer Anlage, in der ein Material mit einer Pelletierpresse verarbeitet werden soll, ist es empfehlenswert, neben den Berechnungen auch Leistungsversuche mit einer Laborpresse durchzuführen. Das gilt ganz besonders, wenn für dieses Material noch keine Erfahrung vorliegt. Einige Faktoren, die vom Material abhängen, lassen sich nicht immer mathematisch erfassen. In der Praxis sind es oft zunächst nebensächlich erscheinende Faktoren, die im Laufe der Zeit zu einer Erhöhung des Massenstroms führen, die für die wirtschaftliche Fahrweise einer Anlage von ausschlaggebender Bedeutung ist. Es sei in diesem Zusammenhang nochmals auf die Bedeutung der Dimensionen des Preßkanals hingewiesen. Sie müssen in der Regel empirisch ermittelt werden.

So können Produkte verschiedener Herkunft und mit unterschiedlichen Eigenschaften pelletiert werden – wie Abb. 7-13 zeigt.

7.3 Aufbau einer Agglomerationsanlage

Trotz der Zahl an wissenschaftlichen Veröffentlichungen über das Wie des Agglomerierens, ist dieser Teil der Verfahrenstechnik in erster Linie eine Erfahrungswissenschaft. Die chemischen und physikalischen Daten eines Stoffes lassen noch keine Schlüsse über seine Granulierbarkeit zu; es sei denn, daß man aufgrund von Erfahrungen mit ähnlichen Stoffen Analogieschlüsse ziehen kann.

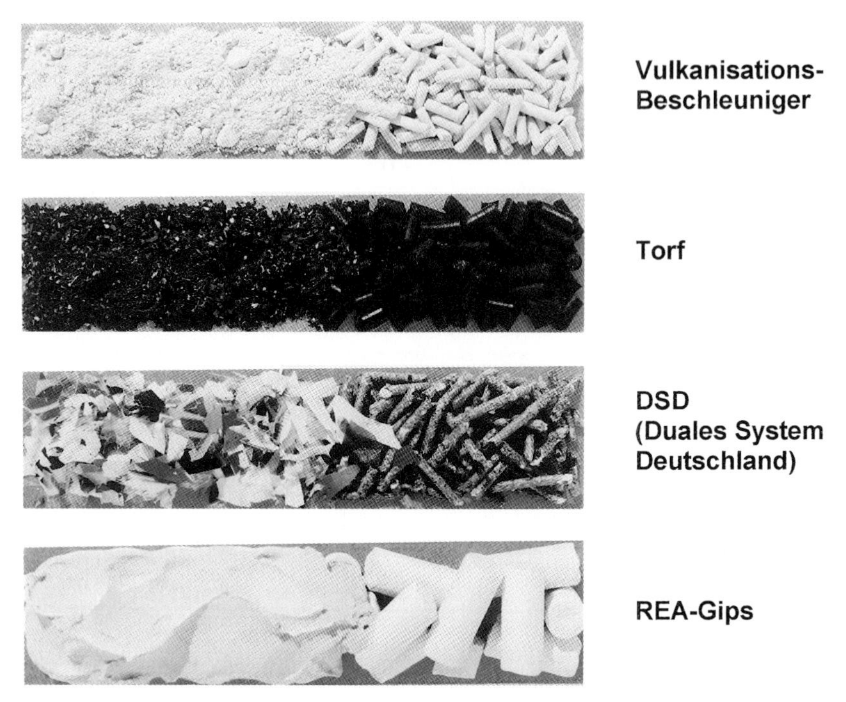

Abb. 7-13. Beispiele aus der Vielzahl der pelletierbaren Produkte (Werkbild *Kahl*)

Man muß sich am wirtschaftlich durchgeführten Experiment orientieren, um Daten für die Granulierbarkeit und für die betriebliche Durchführbarkeit zu gewinnen. Ob im Experiment oder im Betrieb, in beiden Fällen ist das Ingangbringen einer Granulation, ganz gleich ob es sich um eine Preß- oder Aufbauagglomeration handelt, eine häufig recht schwierige Aufgabe.

Welche Fehler beim Agglomerieren gemacht werden können, wird anhand der Verfahrensschritte in einer Anlage für das Herstellen von Agglomeraten gezeigt. Besonders breiter Raum ist hier dem Dosieren und der Vorbereitung des Granuliergutes gegeben, weil diese die wichtigsten Verfahrensschritte sein können. Die wichtigsten Grundregeln für den Aufbau einer Agglomerationsanlage gelten für das Granulieren von Kalkmehl genauso wie für das Pelletieren von Mischfutter [11].

7.3.1 Die Komponenten

Agglomerate können aus einer einzigen Stoffkomponente bestehen, sich aber auch aus mehreren oder sogar aus einer Vielzahl von Komponenten zusammensetzen: Einstoff- oder Mehrstoffagglomerate; Einstoffagglomerate sind selten.

Aufbauagglomeration:

1. Einstoffsystem + Granulierflüssigkeit
2. Mehrstoffsystem + Granulierflüssigkeit

Die Granulierflüssigkeit kann gleichzeitig Bindemittel sein.

Preßagglomeration:

1. Einstoffsysteme
2. Mehrstoffsysteme
3. Einstoffsysteme + Bindemittel und/oder Gleitmittel
4. Mehrstoffsysteme + Bindemittel und/oder Gleitmittel

Zahl der Komponenten: zwischen 1 und n

7.3.2 Die betriebliche Annahme der Komponenten

Für die Annahme der Komponenten sind folgende Faktoren von Bedeutung:

- Anlieferung lose oder gesackt
- Qualitätsüberwachung der angelieferten Komponenten: Feuchtigkeit, Inhaltsstoffe und Schadstoffe
- Stückigkeit oder Teilchengröße
- Umweltverhalten
- Gesamtmengen und Einzelmengen der Komponenten

Einfacher Fall:

Eine Komponente – feinteilig, rieselfähig und trocken – ist mit einer Flüssigkeit zu granulieren.

Folgende Punkte sind zu beachten:
- Umweltverhalten
- Massenstrom
- Anlieferung im Transportsilo
- Förderung in ein Werksilo
- Tankwagen für Granulierflüssigkeit
- Lagertank
- Wasser als Granulierflüssigkeit

Andere Komponenten-Verarbeitungen können eine Vielzahl von Teilproblemen enthalten.

Extremfall:

Feuchtes Material muß mit zwei pulverförmigen Stoffen und einem grobkörnigen Schüttgut vermischt und agglomeriert werden. Das Bindemittel ist korrosiv, z. B. eine Salzlösung. Mengenanteile – Lagerung – Zerkleinerung – Mischung – Fördermittel – Dosierer usw.

7.3.3 Das Dosieren der Feststoffkomponenten

7.3.3.1 Allgemeines

Der Erfolg einer eingesetzten Agglomerationstechnik hängt sehr stark vom Dosieren und Mischen der Komponenten ab.

Deshalb muß diesen beiden Gebieten der mechanischen Verfahrenstechnik besonderer Raum gegeben werden. Höchst selten wird nur eine einzige Komponente agglomeriert. In diesem Fall kann das Mischen entfallen; jedoch nicht das Dosieren der Aufgabemenge zur Agglomerationsmaschine. So wichtig die Dosierung bei der Agglomeration ist, so nachlässig wird sie oft beim Bau von Agglomerationsanlagen behandelt. Dadurch kann nicht selten das ganze Verfahren zu Fall gebracht werden. Die Selbstverständlichkeit einer einwandfrei arbeitenden Dosiereinrichtung wird immer bejaht, doch in der Praxis werden z. B. nicht selten Schneckenförderer anstelle von Dosierschnecken eingesetzt. Deshalb kann nicht eindringlich genug davor gewarnt werden, diese Verfahrensstufe geringer zu beachten als andere.

7.3.3.2 Grundlagen der Dosierung

Das Dosieren ist definiert als das Zumessen bestimmter Mengen nach Masse oder Volumen. Bei der Agglomeration umfaßt dies in der Regel mehrere Komponenten. Die zu dosierenden Stoffe können sowohl fest als auch flüssig sein.

Durch eine exakte Dosierung wird nicht nur die Vorbedingung für eine der vorgegebenen Rezeptur entsprechende Mischung erfüllt, sondern auch garantiert, daß jedes Agglomerat alle Komponenten im richtigen Verhältnis enthält. Es ist einer der Vorzüge von Agglomeraten, daß jedes einzelne Agglomerat „rezeptgetreu" ist. Pharmazeutische Tabletten sind hierfür ein besonderes Beispiel. Für das kontinuierliche und diskontinuierliche Dosieren kann sowohl die *Volumen-* als auch die *Massendosierung* eingesetzt werden.

Volumendosierung

- Maschinen: Vibrorinne, Vibroschnecke, Zellenradschleuse, Dosierschnecke, Telleraustrag, Gurtbandförderer usw.
- Vorteile: einfache Konstruktion, relativ hohe Durchsätze
- Nachteile: größere Schwankungen als bei der Massendosierung; dadurch negative Beeinflussung des Agglomerationsvorgangs

Volumetrisch arbeitende Dosiergeräte können nicht auf Schwankungen der Schüttdichte reagieren. Solche Schwankungen treten in starkem Maße dann auf, wenn das Dosiergerät unterhalb eines größeren Silos angebracht ist. Bei einem gefüllten Silo halten sich die Schwankungsbreiten noch in einem Rahmen von etwa 2–3 %. Gegen Ende des Leerfahrens eines Silos können die Schüttdichten deutlich höher liegen. Für das Verhalten eines Schüttgutes in einem Silo sind dessen Fließeigenschaften von Bedeutung (Tab. 7-4).

Tabelle 7-4. Einflußgrößen auf die Fließfähigkeit

Stoffeigenschaften	Lagerbedingte Einflußgrößen (Silo – Bunker)	
Körnung Körnungsspektrum	Variable Größen	Konstante Größen
Feuchtegehalt	Zeit	Dimensionen
Schüttdichte	Schütthöhe	Baustoff (Stahl, Beton, Kunststoff)
Temperatur	klimatische Einflüsse	
Reibungsverhalten		Größe und Art des Auslaufes
Scherhaftfestigkeit, plastisches und elastisches Verhalten		Schräge des Auslaufes

Massendosierung

Wie die Volumendosierung kann auch die Massendosierung diskontinuierlich und kontinuierlich erfolgen.

- Maschinen für die diskontinuierliche Massendosierung: Behälterwaagen in verschiedenen Ausführungen, wie Kippgefäßwaage, Druckgefäßwaage, Balkenwaage u. a. Prinzipiell werden die Komponenten einem Behälter zugeführt und dort gewogen.

- Vorteile: einfache Konstruktion der Behälter, höhere Genauigkeit als bei der diskontinuierlichen, volumetrischen Dosierung.

- Nachteile: größerer Zeitaufwand im Vergleich zur kontinuierlichen, gravimetrischen Dosierung. Um den Zeitaufwand zu verkürzen, wird der Behälter über eine Grob-Feinstromdosierung gefüllt.

- Apparativer Aufwand: Aus Silos, dessen Abschlüsse Zellenradschleusen bilden, werden die Komponenten abgezogen und über Schneckenförderer in das Waagengefäß gefördert. Die Zahl der Feststoffkomponenten bestimmt die Zahl der Silos. Die Wägungen der einzelnen Komponenten erfolgt zeitlich aufeinander.

- Maschinen für die kontinuierliche Massendosierung: Bandwaagen, Durchlaufmeßgeräte, Dosierbandwaagen, Differentialdosierwaagen, Durchlaufdosiergeräte (Tab. 7-5).
  Vorteile: geringer Raumbedarf
  Nachteile: relativ hohe Investitionskosten

Mit der kontinuierlichen gravimetrischen Dosierung wird die Zuführung der Komponenten durch Erfassen des Massenstromes geregelt.

Tabelle 7-5. Kontinuierliche Wäge- und Dosiersysteme

System	Förderstärken	Genauigkeit	Genauigkeitsbereich % max. Förderstärke
Bandwaagen	100 kg/h bis 10 000 t/h	statische G.: ±0,1% Betrieb: ±0,5–1,0%	
Durchlaufgeräte	bis 1000 m^3/h	±2%	20–100%
Dosierbandwaagen	50 kg/h bis 2000 t/h	0,5–1,0%	10–100%
Differentialdosierwaagen	5 kg/h bis 90 t/h	1%	20–100%
Durchlaufdosiergeräte	bis 1000 m^3/h	1%	20–100%

7.3.4 Das Dosieren der flüssigen Komponenten

Die hierfür eingesetzten Maschinen und Apparate sind in starkem Maße von der Viskosität der Flüssigkeit abhängig.

Einfacher Fall: Dosierung von Wasser, vorwiegend bei der Aufbaugranulierung.

Volumetrische Dosierung

Schwierigkeiten der Dosierung steigen mit der Viskosität der Granulierflüssigkeit. Lösungsmöglichkeiten: Herabsetzen der Viskosität durch Zusatz von mischbaren Flüssigkeiten mit geringer Viskosität.

Volumetrische und gravimetrische Dosierung

Durchflußmengenmesser: Diskontinuierliche Volumen- und Massezugabe, z. B. zum Mischer. Veränderung der Viskosität durch Verdünnung, Lösungen oder Temperatur.

Maschinen und Apparate: Waagen, Pumpen wie Dosierkolbenpumpe, Dosierzahnradpumpe, Dosierkreiselpumpe, Schlauchpumpe etc.

Besonderes Problem: Verdüsung von höher viskosen Flüssigkeiten, insbesondere klebrigen Stoffen (Bindemittel). Lösungsmöglichkeit: Vorschalten eines unter konstantem Druck stehenden Flüssigkeitsbehälters.

Die Dosierung der Flüssigkeit ist ebenso wichtig wie die der Feststoffe.

7.3.5 Beschreibung der wichtigsten Verfahrensstufen beim Agglomerieren

Eine Agglomerationsanlage wird folgende Verfahrensstufen aufweisen:

- Annahme der Rohstoffe
- Lager der Rohstoffe
- Zerkleinern der Rohstoffe
- Fördern der Rohstoffe
- Dosieren der Rohstoffe
- Mischen der Rohstoffe
- Dosieren der Mischung
- Agglomerieren
- Sieben
- Fördern und Nachbehandeln der Agglomerate

Eine besonders wichtige Stufe ist auch hier die *Dosierung.* Die Dosierung der Rohstoffe zum Mischer – falls kein Einkomponenten-System vorliegt – und die Dosierung vor der Agglomerationsmaschine müssen zweckentsprechend ausgewählt werden. Während die Dosierung der Rohstoffe zum Mischer entweder kontinuierlich oder diskontinuierlich sein kann, muß die Dosierung vor der Agglomerationsmaschine kontinuierlich sein. Die Übersicht der Tab. 7-6 kann auch als eine Bewertungsskala angesehen werden. Die Nr. 6 ist die bevorzugte Verfahrenstechnik. Die in dieser Tabelle aufgelisteten Möglichkeiten sind in den Abb. 7-14 bis 7-16 in Form von Fließbildern dargestellt worden. Sie gelten sowohl für die Roll- als auch für die Preßagglomeration.

Tabelle 7-6. Überblick über die möglichen Verfahrensschritte beim Mischen und Dosieren

Lfd. Nr.	Dosierung der Rohstoffe zum Mischer	Mischen	Dosierung der Mischung zur Agglomerationsmaschine
1	kontinuierlich volumetrisch	kontinuierlich	–
2	kontinuierlich gravimetrisch	kontinuierlich	–
3	kontinuierlich volumetrisch	kontinuierlich	kontinuierlich
4	kontinuierlich gravimetrisch	kontinuierlich	kontinuierlich
5	diskontinuierlich volumetrisch	diskontinuierlich	kontinuierlich
6	diskontinuierlich gravimetrisch	diskontinuierlich	kontinuierlich

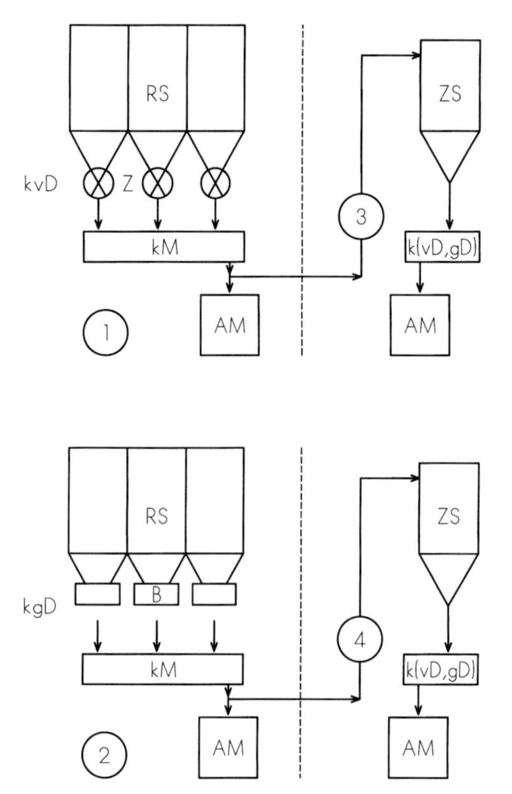

Abb. 7-14. Schematische Darstellung von Verfahrensabläufen der Komponentendosierung in Agglomerationsanlagen (Schema 1–4)

Legende zu den Abb. 7-14 bis 7-16:

AM = Agglomerationsmaschine, B = Bandwaage, D = Dosierung, dk = diskontinuierlich, F = Fördermittel, gD = gravimetrische Dosierung, k = kontinuierlich, M = Mischer, RS = Rohstoffsilo, vD = volumetrische Dosierung, W = Waage, WG = Waagengefäß, Z = Zellenradschleuse, ZS = Zwischensilo

Schema 1: Die Rohstoffe aus dem Vorratssilo werden über eine kontinuierlich arbeitende Dosierung volumetrisch gemessen und dem kontinuierlich arbeitenden Mischer zugeführt. Als Dosiergeräte sind Zellenradschleusen vorgesehen. Es können auch Vibrorinnen oder Vibroschnecken verwendet werden. Vom Mischer wird das Material zur Agglomerationsmaschine gefördert. Es gibt Agglomerationsvorgänge, die nach diesem Schema reibungslos ablaufen. Sollte diese Art der Dosierung für bestimmte Produkte nicht geeignet sein, dann sollte das Schema 3 Anwendung finden.

Schema 2: Schema 2 unterscheidet sich von Schema 1 nur dadurch, daß anstelle der volumetrisch arbeitenden Dosiereinrichtung gravimetrisch arbeitende Bandwaagen Verwendung finden.

Schema 3: In Schema 3 wird die Mischung in ein Zwischensilo gegeben und unterhalb dieses Silos befindet sich eine kontinuierlich arbeitende Dosierung. Man kann hier sowohl

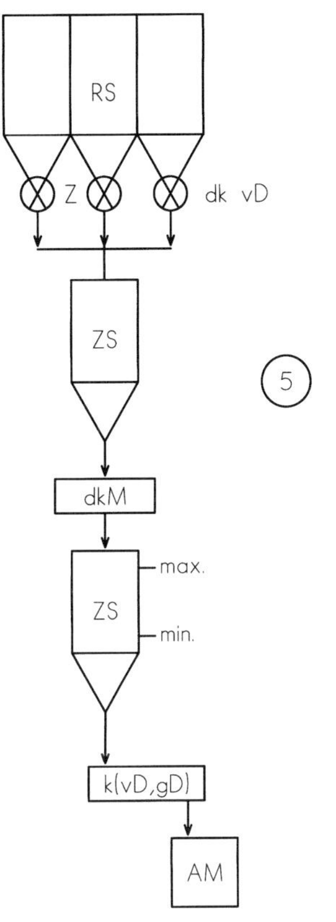

Abb. 7-15. Schematische Darstellung eines Verfahrensablaufes der Komponentendosierung in Agglomerationsanlagen (Schema 5). Legende siehe Abb. 7-14

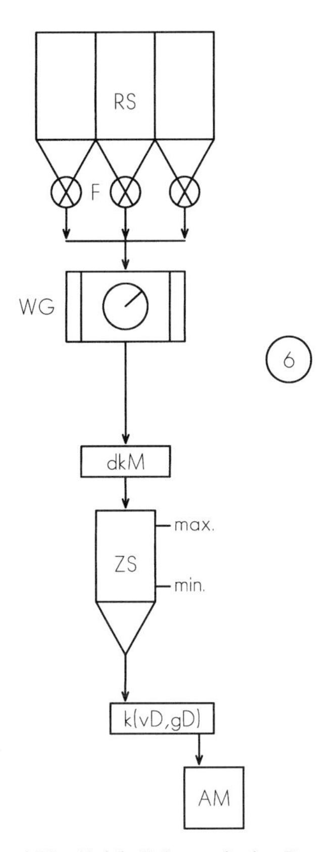

Abb. 7-16. Schematische Darstellung eines Verfahrensablaufes der Komponentendosierung in Agglomerationsanlagen (Schema 6). Legende siehe Abb. 7-14

gravimetrisch als auch volumetrisch arbeitende Dosierungen einsetzen. Schema 3 stellt im Vergleich zu Schema 1 eine Verbesserung des Betriebsablaufes dar. Es wird eine gleichmäßige Dosierung zur Agglomerationsmaschine erreicht und damit auch ein höherer Massestrom.

Schema 4: Schema 4 entspricht Schema 2, mit dem Unterschied, daß die kontinuierlich hergestellte Mischung einem Zwischensilo zugeleitet wird und von dort über eine kontinuierlich arbeitende Dosierung der Agglomeration.

Schema 5: Das Verfahren Schema 5 unterscheidet sich von den bisherigen dadurch, daß anstelle eines kontinuierlich arbeitenden Mischer ein diskontinuierlicher Mischer eingeschaltet wird. Solche Mischer werden auch als Chargenmischer bezeichnet. Die Rohware wird über volumetrisch arbeitende Dosiereinrichtungen einem Zwischensilo aufgegeben und von dort chargenweise dem Mischer zugeführt. Dem Mischer nachgeschaltet ist ein Zwischensilo, das mit einer minimalen und maximalen Füllstandsanzeige ausgerüstet ist. Sobald der Mindestfüllstand erreicht ist, wird der davorliegende Verfahrensvorgang eingeschaltet und läuft solange ab, bis die maximale Füllstandsmenge erreicht ist. Zwischen dem genannten Silo und der Agglomerationsmaschine befindet sich entweder eine volumetrisch oder eine gravimetrisch arbeitende Dosiereinrichtung.

Schema 6: In Verfahrensschema 6 ist eine gegenüber Schema 5 verbesserte Anlage dargestellt. Die Verbesserung betrifft die volumetrische Zuführung der einzelnen Komponenten zum Mischer. Sie entfällt und wird durch ein sogenanntes Waagengefäß ersetzt. Anstelle der volumetrisch arbeitenden Dosiereinrichtung unterhalb des Rohstoffsilos verwendet man in diesem Fall nur Fördermittel wie Zellenradschleusen, Förderschnecken u. a. Jede Charge wird exakt eingewogen und dann dem Mischer zugeleitet. Die anderen Einrichtungen gleichen denjenigen in Schema 5.

7.3.6 Vorbereitung des zu agglomerierenden Gutes

Eine Vorbereitung *entfällt* für die einfachen Fälle der Agglomeration:

- *Aufbaugranulation (Rollgranulation):* Der feinteilige Stoff läßt sich in der gewählten Maschine durch Zugabe von Wasser mühelos zur gewünschten Granulatgröße „aufrollen".
- *Preßagglomeration:* Der feinteilige Stoff läßt sich in der gewählten Maschine mühelos zur gewünschten Pelletgröße verpressen. In der Mehrzahl der Fälle ist jedoch eine Vorbereitung der zu agglomerierenden Stoffe nicht nur empfehlenswert, sondern unbedingt notwendig.

7.3.6.1 Konditionierung des Preßgutes

Dies ist ein Begriff, der zwar vor allem in der Mischfuttermittel-Industrie verwendet wird, aber auch anderswo Gültigkeit hat. Man versteht darunter die Aufbereitung oder Vorbereitung des zu verpressenden Materials mit Wasser, Wasserdampf oder anderen, im wesentlichen flüssigen Stoffen.

Eine Preßagglomeration arbeitet um so besser, je zweckentsprechender die Aufgabestoffe vorbereitet sind.

Durch die Konditionierung kann in vielen Fällen die Preßfähigkeit überhaupt erst hergestellt werden. Verbunden damit ist häufig ein höherer Verdichtungsgrad der Preßmasse, wodurch z. B. die Festigkeit der Pellets verbessert wird. Faserige Stoffe, die porös und voluminös sind und eine geringe Schüttdichte besitzen, sollten vor dem Verpressen mit Wasser oder einer anderen, in der Viskosität ähnlichen Flüssigkeit befeuchtet und damit für den Preßvorgang vorbereitet werden. Um das Befeuchten und Durchtränken des Stoffes so wirkungsvoll wie möglich zu gestalten, soll die Flüssigkeit beim Mischen fein versprüht werden.

Grundsätzlich soll die Vorbereitung bei der Preßagglomeration bewirken, daß
- die Preßbarkeit verbessert wird
- der Reibungswiderstand verringert wird
- die Eigenschaften der Pellets verbessert werden

- der Bindemechanismus zwischen den Einzelteilchen durch Flüssigkeits- und Festkörperbrücken hergestellt wird
- die Entmischung von Mehrkomponentenmischungen durch die Flüssigkeitsbrücken verhindert wird

Bei der Konditionierung kann zwischen einer Kurzzeit- und einer Langzeitkonditionierung unterschieden werden. Im einzelnen können folgende Systeme eingesetzt werden:

1. Kurzzeitkonditionierung
a) Mischer (+ Flüssigkeit oder Dampf) und Dosierschnecke
b) Mischschnecke (+ Flüssigkeit oder Dampf) und Dosierschnecke

2. Langzeitkonditionierung
Mischer (+ Flüssigkeit oder Dampf) und anschließende Zwischenlagerung in einem „Reifesilo" mit Austragsvorrichtung und Dosierschnecke.

Die Aufenthaltsdauer in der Mischschnecke bei der Kurzzeitkonditionierung liegt bei 1–3 Minuten.

Im „Reifesilo"; in dem die Flüssigkeit oder der Dampf mehr Zeit zum Einwirken auf das Preßgut haben soll, beträgt die Aufenthaltsdauer mindestens 10–15 Minuten. In diesem Zusammenhang ist an das aus der keramischen Industrie bekannte „Mauken" zu erinnern. Durch eine Langzeitkonditionierung unter Mitwirkung von Mikroorganismen wird Ton veredelt. Im alten China wurden Tone (Kaoline) manchmal 10 Jahre „gemaukt", um das berühmte dünnwandige Porzellan herstellen zu können.

7.3.6.2 Vorbereitung des Gutes für die Aufbaugranulation

In manchen Fällen ist es zweckmäßig, das Aufgabegut durch Konditionierung für die Aufbaugranulation vorzubereiten. Das Aufgabegut wird mit Wasser „angerührt" und im befeuchteten Zustand der Granuliermaschine zugeführt. Durch die erste Zugabe der Flüssigkeit findet eine Vorverdichtung durch Aufsaugen und Bildung von Flüssigkeitsbrücken statt. Eine zweite Flüssigkeitszugabe ist notwendig, um zu granulieren.

Die Vorbereitung des Aufgabegutes kann in einem kontinuierlich oder diskontinuierlich arbeitenden Mischer erfolgen. Es gibt eine Reihe von Beispielen für die Bedeutung der „Konditionierung" als Mittel zur Verbesserung der Agglomerierbarkeit. In jedem Fall sollte diese Möglichkeit berücksichtigt werden. In Abschnitt 3.7.7.1 ist ein Beispiel für die Konditionierung des Bindemittels Bentonit für die Granulierung von Eisenerz genannt. Ein vorbereitetes Granuliergut kann den Massenstrom verbessern und damit zur Wirtschaftlichkeit beitragen.

7.4 Inbetriebnahme von Agglomerationsanlagen

Es soll zwischen der *Inbetriebnahme* einer Anlage und dem *Ingangbringen* einer *Agglomeration* unterschieden werden. Die Inbetriebnahme betrifft die Anlage insgesamt, von der Annahme der Rohstoffe bis zur Lagerung der Fertigprodukte. Hier sind funktionelle Einstellungen der Maschinen und Apparate vorrangig, um die Rohstoffkomponenten und die Agglomerate zu handhaben. Bei dem Ingangbringen der Agglomeration müssen die stofflichen Eigenheiten der zu verarbeitenden Feststoffe und Flüssigkeiten aufeinander abgestimmt und zu einem Agglomerationsprozeß optimiert werden. Das Ingangbringen der Agglomeration ist ein Teil der Inbetriebnahme. Wenn die Art des Ingangbringens der Agglomeration nicht vor der Inbetriebnahme bekannt ist, kann das Inbetriebnehmen der Anlage selbst zu einem erheblichen Kostenfaktor werden. Die Kosten entstehen im wesentlichen dadurch, daß sich der Beginn der Produktion verschiebt. In Anlehnung an *Bernecker* [12] können im einzelnen folgende Mehrbelastungen entstehen:

- Kapitalkosten der Investition werden nicht durch Produktionserlöse ausgeglichen.
- Kosten für Personal und Betriebsmittel.
- Kosten für Reparatur und Änderungen.
- Kosten der Zwischenlagerung für die Agglomerate, die nicht verkaufsfähig sind
- Handelt es sich um Agglomerate, deren Herstellung nur dem Zweck dient, sie deponiefähig zu machen, dann können Kosten für die Zwischenlagerung der Vorproduktion entstehen.
- Vertragsstrafen und Kosten für die Überbrückung von Lieferschwierigkeiten. Um diese Kosten zu vermeiden und um nach Möglichkeit von Beginn an erst mit kleineren und dann mit größer werdenden Mengen bis zur Kapazitätausnutzung produzieren zu können, muß sorgfältig geplant und bestimmte allgemein gültige Regeln eingehalten werden.

7.4.1 Planung

Schon bei der Planung muß man Kompromisse zwischen den technischen Möglichkeiten der Ausstattung einer Anlage und der Wirtschaftlichkeit eingehen. Eine in keinem Verhältnis zur Gesamtanlage stehende Investition für Meß-, Steuer- und Regeltechnik kann zwar die Inbetriebnahme und das Betreiben einer Agglomerationsanlage stark erleichtern, kann aber anderseits die Wirtschaftlichkeit der Anlage ungünstig beeinflussen. Welcher Art die Kompromisse sein müssen, hängt selbstverständlich vom Einzelfall ab. Ein sorgfältiges Abwägen ist geboten und soll an zwei Beispielen erläutert werden. In einer Anlage zum Pelletieren einer Mischung mit einer Lochpresse wird festgestellt, daß ein Abfall in der Preßleistung immer dann auftritt, wenn der Wassergehalt der Mischung – aus welchen Gründen auch immer – einen Grenzwert unterschreitet. Es besteht die Notwendigkeit, mit entsprechenden Maßnahmen Abhilfe zu schaffen.

Es könnte so vorgegangen werden:

- Die Feuchtigkeit der Mischung wird kontinuierlich gemessen und der Feuchtigkeitspegel durch Zugabe von Wasser eingestellt. Die Investitionskosten erhöhen sich durch den Einbau einer hierfür geeigneten, meist sehr kostspieligen Apparatur.
- Die Feuchtigkeit der Mischung wird periodisch im Labor gemessen und nach dem Ergebnis reguliert. Es entsteht ein zusätzlicher Personalaufwand und damit erhöhte direkte Betriebskosten.
- Es wird der Massenstrom der gepreßten Granulate gemessen, z. B. mit einem Schüttstrommesser und danach aufgrund von Erfahrungswerten die Feuchtigkeit erhöht.

Während bei der Preßagglomeration die Größen der Agglomerate vorgegeben sind und sich in relativ engen Toleranzen halten, fallen bei der Aufbauagglomeration mehr oder weniger breite Kornspektren in Abhängigkeit von den eingesetzten Maschinen und Apparaten an. In einigen Fällen ist es sogar notwendig, einem Granulierteller oder einer Granuliertrommel trotz ihrer klassierenden Wirkung Siebe nachzuschalten, um die geforderten Kornspektren zu erreichen.

Im zweiten Beispiel soll eine Granulieranlage ein Kornspektrum zwischen 1–8 mm produzieren. Nach dem Sieben liegt der Unterkornanteil bei <5 %. Der Anteil an Überkorn übersteigt des öfteren die zulässige Grenze von 5 %. Es wird festgestellt, daß eine Erhöhung des Feststoffanteils in der Granuliermasse eine Reduzierung des Überkornanteils bewirkt. Durch den Einbau eines Schüttstrommessers zur Messung des Massenstroms an Überkorn kann der Feststoffzulauf so gesteuert werden, daß der Überkornanteil im geforderten Rahmen gehalten wird.

7.4.2 Bedienungsanleitung

Zur Planung gehört auch die Anfertigung einer Bedienungsanleitung, die vor der Inbetriebnahme dem Betreiber der Anlage übergeben werden soll. Die in einem relativ frühen Stadium erstellte Bedienungsanleitung wird, wenn es sich um eine neuartige Anlage handelt, später zu korrigieren und zu ergänzen sein. Dies hat andererseits den Vorteil, daß man gezwungen ist, ständig zu überprüfen und zu präzisieren. Das, was man niederschreibt, unterliegt der Logik der Formulierung. Eine ständig überprüfte Bedienungsanleitung wird eine große Hilfe bei der Inbetriebnahme sein. In der Betriebsanleitung müssen die für den Agglomerationsvorgang wichtigen Punkte vorrangig behandelt werden. Die Kenntnisse über die verfahrenstechnische Grundoperation können vorausgesetzt werden. Für viele, sich in der Anlage befindliche Maschinen und Einrichtungen gibt es spezielle Herstellervorschriften für die Inbetriebnahme, auf die verwiesen werden kann. Eine Bedienungsanleitung ist ein Bestandteil des Betriebshandbuches, das der für die Planung der Anlage Verantwortliche oder der Lieferant der Anlage zusammenzustellen hat.

7.4.3 Betriebshandbuch

Das Betriebshandbuch enthält alle wichtigen Daten der Maschinen, Apparaturen, Einrichtungen und Verfahrensabläufe, ergänzt und erläutert durch Zeichnungen und Schemata. Es muß übersichtlich angeordnet sein und soll als Nachschlagewerk dienen. In Tab. 7-7 ist ein Beispiel für den Inhalt eines Betriebshandbuch für Agglomerationsanlagen aufgeführt.

Tabelle 7-7. Inhaltsübersicht eines Betriebshandbuches für eine Agglomerationsanlage

1	**Betriebsanweisung**
1.1	**Grundlagen** Art und Zweck der Agglomerationsanlage. Kapazität. Art und Menge der Einsatzmaterialien, aufgeteilt nach Feststoffen und Flüssigkeiten. Ersatzmaterialien. Betriebsmittel. Art und Verbrauchsmenge. Nebenproduktanfall. Unterkorn- und Überkornanfall. Abrieb. Filterstäube. Emissionen.
1.2	**Beschreibung des Verfahrens und der Anlage**
1.2.1	**Verfahrensbeschreibung** Erläuterung der physikalischen und ggf. chemischen Grundlagen. Fließbilder, Beschreibungen der Verfahrensabläufe unter Hinweis auf Fehlermöglichkeiten. Verfahrenstechnische Aufgaben der Maschinen, Apparaturen und Einrichtungen.
1.2.2	**Anlagenbeschreibung** Beschreibung der Maschinen, Apparaturen und Einrichtungen. Erläuterung ihrer Funktion. Regelmöglichkeiten. Maximale Belastbarkeit der Anlagenteile.
1.2.3	**Bilanzen** Produkte. Input – Output. Mengenfließbilder für Rohstoffe und Produkte. Energiebilanzen. Betriebsmittelbilanzen.
1.2.4	**Verfahrensgrundlagen und Richtlinien. Erläuterung der theoretischen Grundlagen des Verfahrens** Beschreibung der Variablen und ihre Auswirkungen auf das Produkt. Veränderbarkeit des Produktes. Einflüsse der Veränderung von Rohstoffen auf das Produkt. Reaktion auf Rohstoffveränderungen. Hierzu Tabellen, Formeln, graphische Darstellungen usw.
1.3	**Beschreibung von speziellen Anlagenteilen** In diesem Abschnitt sollen besonders die Teile beschreibend hervorgerufen werden, denen der Betreiber vorrangig Aufmerksamkeit schenken soll. Das gilt z. B. für Dosieranlagen und -einrichtungen, denn sie garantieren bei einem einwandfreien Funktionieren maximale Nutzung der Agglomerationskapazität und höchste Produktqualität. Beschreibung kritischer Anlagenteile; kritisch im Zusammenhang mit dem Verfahrensablauf beim Agglomerieren. Hinweis auf kritische Prozeßdaten, Erläuterung wichtiger Regelkreise und Verriegelungsschaltungen.

Tabelle 7-7 (Fortsetzung)

1.4	**Vorbereitung der Anlage zur Inbetriebnahme** Festlegung der Überprüfungen von Verfahrensschritten und Anlagenteilen, z. B.: 1. Mechanische Probeläufe von Maschinen 2. Dosier- und Regeleinrichtungen 3. Durchflüsse von Feststoffen und Flüssigkeiten 4. Dichtigkeit von Bunkern, Silos, Fördermitteln, Rohrleitungen, Behältern usw. 5. Temperaturen 6. Probeläufe von Anlagenabschnitten 7. Sicherheitseinrichtungen
1.5	**Anfahren der Anlage** Beschreibung der Einzelschritte der Anfahrmaßnahmen in der erforderlichen Reihenfolge. Hinweise auf besondere Sicherheitsmaßnahmen. Folgende Einzelabschnitte gelten für die Inbetriebnahme: 1. Erstinbetriebnahme nach Beendigung der Montage 2. Inbetriebnahme nach kurzem Stillstand (Maschinen noch warm) 3. Inbetriebnahme nach längeren Stillstand 4. Maßnahmen bei Störungen – Auflistung bei Störfällen – Auswirkungen von Störfällen und ihre Beseitigung – Anfahren nach Störfällen 5. Hinweise zum Reinigen der Anlage – Reinigungsperioden
1.6	**Abfahren der Anlage** Das Abfahren der Anlage kann mehrere Gründe haben: – geplantes Abfahren wegen Reinigung, Wartung, Reparatur, Absatz etc. – unfreiwilliges Abfahren aufgrund von Störfällen Im einzelnen soll beschrieben werden: 1. teilweise Außerbetriebnahme eines Anlagenteiles 2. Kurzstillstand 3. längerer Stillstand der gesamten Anlage 4. Notabstellung 5. Hinweise auf Sicherheits- und Vorsorgemaßnahmen
1.7	**Überwachung durch Analysen** Im einzelnen sind hierzu festzulegen: – Beschreibung der einzelnen Analysevorschriften oder Hinweis auf gesetzlich festgelegte und genormte Analysevorschriften – Empfehlungen und Festlegungen der Anzahl der Analysen: – bei Inbetriebnahme, – beim Dauerbetrieb und – bei ungewöhnlichen Betriebszuständen – Diskussion der Analysenergebnisse – Festlegung und Empfehlung von Maxima- und Minima-Werten – Maßnahmen zur Einhaltung der vorgeschriebenen Analysenwerte

Tabelle 7-7 (Fortsetzung)

1.7	**Betriebsprotokolle** Festlegung der notwendigen Meßwertaufzeichnungen. Entwurf von Formblättern hierfür, getrennt nach Inbetriebnahme und Dauerbetrieb.
1.8	**Sicherheitsvorschriften und -maßnahmen** Zusammenfassende Darstellung und Hinweise auf die Sicherheitsvorschriften. Liste von Maßnahmen beim Auftreten von Gefahren und Störungen. Vorschriften und Empfehlungen für das Verhalten des Bedienungspersonal bei ungewöhnlichen Ereignissen. Hinweise auf Schutz- und Erste-Hilfe-Einrichtungen.

7.5 Ingangbringen der Agglomeration

Von der Inbetriebnahme einer Anlage wird das Ingangbringen einer Agglomerationsanlage abgetrennt. Dafür liegen verschiedene Gründe vor.

Bei der Inbetriebnahme werden die funktionellen Arbeitsweisen der einzelnen Geräte überprüft und deren Zusammenwirken getestet. Die im Blindlauf festgestellte Daten müssen – so lehrt es die Erfahrung – bei Agglomerationsanlagen nachreguliert werden.

Es gibt kaum Fälle, bei denen absolut homogene Rohstoffe zur Agglomeration vorliegen. Schwankungen in der Stoffzusammensetzung und in den Korngrößen sind in der Regel immer vorhanden und müssen durch die Verfahrenstechnologie beim Agglomerieren ausgeglichen werden.

Von der Zeit her gesehen nimmt die Inbetriebnahme der Anlage zumeist einen geringeren Zeitraum in Anspruch als das Ingangbringen der Agglomeration selbst. Damit muß man bei der Festlegung der Termine rechnen, wobei das zeitliche Risiko durch entsprechende Vorversuche verringert werden kann. Aber auch die Vorversuche lassen keinen zwingenden Schluß über den Umfang des zeitlichen Ablaufes des Ingangbringens der Agglomeration zu.

7.5.1 Ingangbringen einer Aufbaugranulation

Für die Herstellung von Agglomeraten durch Rollagglomeration werden Granulierteller und -trommeln verwendet. Auf diese Geräte wird nachfolgend Bezug genommen; sie gelten als klassische Maschinen der Rollgranulation. Bei der Granuliertrommel wird der zu granulierende Stoff, der Feinstaub, am höher stehenden Ende der Trommel zugefördert. Er bewegt sich aufgrund der Drehbewegung der Trommel und ihrer geneigten Achse in axialer Richtung zum Trommelaustrag. An den Wänden des Trommelkörpers rollt der Feinstaub ab. Bei manchen Produkten kann man bereits einen Aufrollvorgang beobachten, der im allgemeinen auf eine gute Granulierbarkeit schließen läßt: Es bilden sich mehr oder weniger feste Granulate. Allerdings reagieren die meisten Feinstäube nicht so. Man kann lediglich Rutschbewegungen des Feinstaubes in der Trommel beobachten. Eine Granulation tritt erst dann ein, wenn die Granulierflüssigkeit eingesprüht wird, in der Regel ist dies Wasser. Durch die rollende Bewegung entstehen aus Feinstaub und Wasser kugelförmige Granulate. In der Praxis zeigt sich, daß das Einleiten der Agglomeration, also das Ingangbringen der Rollagglomeration, problematisch sein kann. Vereinfacht stellt sich das Ingangbringen so dar, wie es *Pietsch* [13] beschrieben hat und wie es in Abb. 7-17 dargestellt wird.

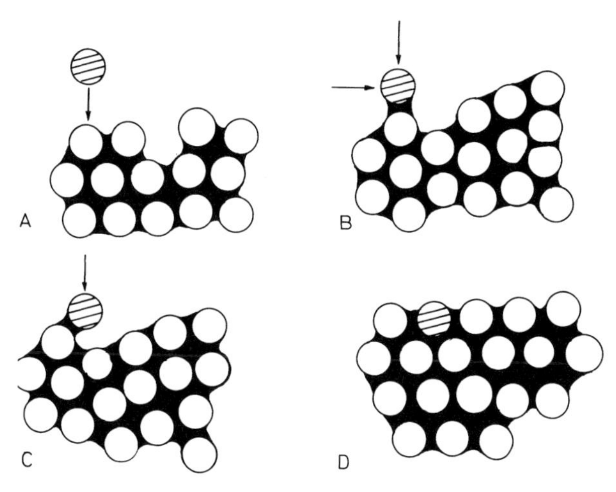

Abb. 7-17. Modellvorstellung zur Granulatbildung bei der Rollagglomeration (nach *Pietsch* [13])

Ein Teilchen (Partikel) des Feinstaubes wird zunächst von der eingedüsten Flüssigkeit umhüllt. Dieses, von einem dünnen Flüssigkeitsfilm umhüllte Teilchen wird durch die in der Granuliermaschine wirkenden Kräfte einem anderen Teilchen oder dem Teilchen eines Agglomerates nahegebracht. Bei einer Berührung kommt es zu einem Ineinanderfließen der Flüssigkeitsfilme. Durch die Oberflächenspannung der Flüssigkeit und durch die mechanischen Druck- und Scherkräfte, wird das Teilchen fest in den Verband eingebaut, bis es ein Teil des Agglomerates geworden ist. *Rumpf* weist in zuvor genannter Literatur auf die statistische Auslese der günstigen Haftmöglichkeiten hin. Durch die vielen, im Granuliergerät herrschenden Relativbewegungen werden dem Teilchen ständig Haftmöglichkeiten angeboten, von denen diejenigen mit der relativ größten Festigkeit genutzt werden. Es ist ein in der Praxis schwer nachzuvollziehender Vorgang: Teilchen an Teilchen zu bringen, unter Berücksichtigung der hierfür erforderlichen Granulierflüssigkeit.

Eine exakte Vorausbestimmung der für eine Aufbaugranulation notwendigen Flüssigkeitsmenge ist nicht möglich, weil es zu viele unbekannte Einflußgrößen des Feinstaubes gibt.

Um ein paar zu nennen: Oberflächenstruktur und -beschaffenheit; Art des Porensystems; Risse; Art, Menge und Ausbildung der Risse; Festigkeit; Löslichkeit; Benetzbarkeit; Rollverhalten usw.

Man wird beim Ingangbringen einer Aufbaugranulation versuchen, durch wechselnde Zugabe an Flüssigkeit bei gleichzeitigem konstanten Feinstaubzulauf, die erforderliche Flüssigkeitsmenge zu ermitteln. Manchmal gelingt es auf Anhieb, manchmal versucht man vergeblich, kontinuierlich Granulate zu erzeugen. Bei mittel- bis gutbenetzbaren Feinstäuben läßt sich die Rollagglomeration auch durch eine starke Überfeuchtung einleiten. Es wird soviel Flüssigkeit zum zulaufenden Feinstaub eingedüst, bis eine feuchte Masse entstanden ist. Diese Masse kann eine Konsistenz haben, die sich am deutlichsten mit dickflüssigen Schlamm beschreiben läßt. Fast teigartig kann sich die Masse aus Feinstaub und Flüssigkeit (Wasser) in der Trommel wälzen. Wenn dieser Zustand erreicht ist, dann wird das Wasser abgestellt und nur noch Feinstaub in kleineren, aber kontinuierlichen Mengen zugefördert. Durch die Zufuhr des trockenen Feinstaubes wird der „Teig" erst „eingepudert", aber danach tritt das Phänomen seines Zerfalls ein. Aus dem Teig bilden sich erst große und dann immer kleinere Granulate. Nach einer relativ kurzen Zeit liegen Granulate in Größen vor, deren Spektrum der gewählten Granuliermaschine entsprechend ausfällt. Aus einem einzigen großen „Granulat" ist ein Granulatkollektiv entstanden. Im übertragenen Sinne ein Sozialisierungseffekt. Die Größe der Granulate ist einerseits stoffbedingt und hängt andererseits von den Parametern der benutzten Granuliermaschine ab. Durch Veränderung der Parameter der Maschine können Größenkorrekturen vorgenommen werden. Wenn die Rollagglomeration so erst einmal in Gang gebracht worden ist, dann fällt die Fortsetzung in Kontinuität zumeist nicht schwer. Das richtige Einstellen des Verhältnisses Feinstaub : Granulierflüssigkeit kann annäherungsweise dadurch festgelegt werden, daß der Feuchtigkeitsgehalt der nach der beschriebenen Methode hergestellten Granulate bestimmt wird, bevor die Granulierung fortgesetzt wird. Die Methode der Überfeuchtung mit nachfolgendem trockenem Feinstaub kann auch dann eingesetzt werden, wenn während des Granulierbetriebes die Gleichmäßigkeit in der Größendarstellung abreißt oder eine Betriebsstörung einen Neuanfang notwendig macht. Zusammenfassend lassen sich die Möglichkeiten des Ingangbringens der Rollagglomeration im sich drehenden Granuliergerät so darstellen:

Phase 1: Feinstaub mit eigenem Haftvermögen bildet Granulate, allerdings mit geringer Festigkeit.

Phase 2: Feinstaub und Granulierflüssigkeit (kleine Menge) bewirken Rutschbewegungen: Es bilden sich keine Granulate.
Durch Erhöhung der Menge der Granulierflüssigkeit bilden sich die gewünschten Granulate: Der Granulierprozeß kommt in Gang.

Phase 3: Es bildet sich eine vergleichsweise nur geringe Menge der gewünschten Granulatgröße: Durch Zerkleinerung der großen Granulate und nachfolgende Absiebung wird ein Neubeginn der Granulation mit den zerkleinerten oder abgesiebten Granulaten eingeleitet. Durch Zugabe von Feststoffen und Granulierflüssigkeit kommt die Granulation in Gang.

Phase 4: Die Granulation kommt nicht in Gang: Durch Zugabe von erhöhten Mengen an Granulierflüssigkeit bildet sich eine teigartige bis schlammige Masse. Feststoffmengen werden zugegeben, bis sich Granulate gebildet haben; durch weitere Zugabe von Feststoffen und Granulierflüssigkeit kommt die Granulation in Gang. Falls jetzt noch keine Granulation erreicht wurde: Wechsel des Granuliergerätes oder Veränderung des Granuliergutes.

Die möglichen Phasen der Rollgranulation sind in Abb. 7-18 schematisch dargestellt. Die Praxis beweist, daß es auch Fälle gibt, bei denen die zuvor aufgelisteten Maßnahmen nicht zum Ziel führen.

In einem solchen Fall ist die Erprobung eines anderen Granuliergerätes empfehlenswert, wenn man alle Möglichkeiten des zuerst eingesetzten Granuliergerätes bereits ausgenutzt hat. Als Granuliergerät für die Rollagglomeration stehen zur Verfügung:

- Granulierteller
- Granuliermischer verschiedener Bauart
- Granuliertrommel mit verschiedenen Verfahrensprinzipen

Sollten auch die Versuche mit anderen Granuliergeräten nicht zum Erfolg führen, dann muß eine Veränderung des Granuliergutes vorgenommen werden. Es sollte zunächst geprüft werden, welcher Spielraum hierfür zur Verfügung steht. Das betrifft sowohl eine Veränderung des Feststoffes als auch eine Veränderung der Granulierflüssigkeit.

Abb. 7-18. Schematische Darstellung der möglichen Phasen beim Ingangbringen einer Rollagglomeration

Die Granulierflüssigkeit muß bei der Rollgranulation nicht unbedingt Wasser sein, obwohl dieses sehr häufig verwendet wird. Es kann auch eine andere Flüssigkeit sein, besonders dann, wenn zum Granulieren des betreffenden Feinstaubes die Verwendung eines Bindemittels unumgänglich ist. Unter Beachtung des bereits gegebenen Schemas für das Ingangbringen der Rollagglomeration müssen die zulässigen Bindemittel erprobt werden. Eine Veränderung in der Zusammensetzung des Feststoffes kann eine Veränderung der Rezeptur bedeuten, die zulässig oder unzulässig ist oder von Nachteil oder Vorteil sein kann. Erst bei der Bewertung „unzulässig" oder „nachteilig" muß ein anderes Agglomerationsverfahren, wie z.B. die Preßagglomeration ausgewählt werden.

Zusammenfassend ergibt sich ein weiteres Schema der Vorgehensweise:

- Granuliergerät wechseln = Rollagglomeration gelingt oder Rollagglomeration gelingt nicht
- Bindemittel verändern, im zulässigen Rahmen = Rollagglomeration gelingt oder Rollagglomeration gelingt nicht
- Feststoff verändern im zulässigen Rahmen = Rollagglomeration gelingt oder Rollagglomeration gelingt nicht
- Agglomerationsverfahren wechseln, also von der Rollagglomeration zur Preßagglomeration übergehen

7.5.2 Ingangbringen einer Preßgranulation

Für die Preßgranulation werden vorrangig drei Maschinentypen eingesetzt: Pressen, Wälzdruckmaschinen und Lochpressen.

Zu den Pressen gehören u. a. die Tablettiermaschinen, auch Tablettenpressen genannt; zu den Wälzdruckmaschinen die Brikettpressen, die Kompaktiermaschinen und die Granulatformmaschinen. Die Granulatformmaschinen arbeiten sowohl nach dem Prinzip der Wälzdruckmaschine als auch nach dem der Lochpresse. Als Beispiel soll nachfolgend eine Lochpresse betrachtet werden, bei der feinteilige Stoffe durch Verwendung eines oder mehrerer Koller unter hohem Druck durch eine gelochte Matrize gepreßt werden.

Für das Beispiel wird festgelegt:

- Das Produkt ist bisher noch nicht verpreßt worden.
- Die Körnung des zu verpressenden Stoffes liegt ebenso fest wie die Größe des gepreßten Granulats, auch Pellet genannt.
  Körnung des Rohstoffes (Medianwert): 0,5 mm
  Größe des zylindrischen Pellets, Durchmesser: 4 mm
  Länge ca.: 10 mm
- Der Zusatz von Binde- und Gleitmittel ist erlaubt. Als einfaches Binde- und Gleitmittel wird Wasser empfohlen.

Der Rohstoff wird mit Wasser gemischt und dann in einer Versuchspresse pelletiert. Hierbei stellen sich zwei Fragen:

- Welche Menge an Wasser muß man zum Erreichen einer Pelletierbarkeit zusetzen?
- Welche Dimension muß der Preßkanal haben?

Beide Fragen können eng miteinander verbunden sein. In vielen Fällen ist für die Versuchsdurchführung eine Matrize mit einem x-beliebigen Lochdurchmesser vorhanden; aber keine mit den optimalen Dimensionen des Preßkanals. Was sind die optimalen Dimensionen eines Preßkanals für ein bestimmtes Material?

Ein günstiger Preßkanal setzt dem zu verpressenden Material gerade *den* Reibwiderstand entgegen, der notwendig ist, um den Preßdruck aufzubauen, der zur Erzielung einer stabilen Festigkeit des Pellets erforderlich ist.

Es gibt für die Auswahl einer Matrize keine Berechnungsmöglichkeiten, die die große Zahl an Einflußfaktoren berücksichtigen. Man ist auf Erfahrungen und Analogieschlüsse angewiesen und beginnt mit dem Aufstellen eines Versuchsplanes, in den einige Erfahrungsgrundsätze eingebaut werden können (Tab. 7-8). Der Wassergehalt von gepreßten Agglomeraten (Pellets) kann sich innerhalb eines großen Bereiches bewegen, etwa zwischen 3–30 %. Ein völlig trockenes Pulver läßt sich in der Regel nicht mit Hilfe von Lochpressen verpressen, ein sehr feuchtes ebenfalls nicht. Ein einfacher, der Orientierung dienender Versuchsplan könnte so aussehen, wie ihn Tab. 7-9 zeigt.

Tabelle 7-8. Erfahrungsgrundsätze für das Pelletieren

Stoffe ohne Aufbereitung pelletierbar	Stoffe vor dem Pelletieren zu befeuchten	Stoffe vor dem Pelletieren mit festen oder flüssigen Zusätzen versehen	Stoffe, die vor dem Pelletieren temperiert werden
Trockengrün Holzabfälle organische Düngemittel bestimmte Kunststoffe bestimmte Chemikalien	Eisenpulver Kohle Rauchgasgips Flugstaub Filterstäube bestimmte Chemikalien bestimmte Kunststoffe	bestimmte Kunststoffe bestimmte Chemikalien	Mischfuttermittel (<15% Wasser)

Tabelle 7-9. Versuchsplan

Versuch Nr.	Preßkanallänge bei einem vorgegebenen Preßkanaldurchmesser	Wasserzugabe in %
1	50 mm	10
2	50 mm	15
3	50 mm	20
4	40 mm	10
5	40 mm	15
6	40 mm	20

Die praktische Erfahrung lehrt, daß die Stufen der verschiedenen Wasserzugaben von 10, 15 und 20% unter Umständen zu weit gewählt sein könnten. Dann sollten nach dem Vorliegen der ersten Ergebnisse Zwischenstufen geprüft werden.

Folgende Ergebnisse könnten vorliegen:

Versuch 1+2: Der Kollerdruck reicht nicht aus; das Material wird nicht durch die Preßkanäle gedrückt. Keine Pellets.
Versuch 3: Durch etliche Preßkanäle wird das Material gedrückt. Pellets entstehen nur dort.
Versuch 4: Keine Pellets; vergleichbar mit den Versuchen 1 und 2.
Versuch 5: Etliche Pellets fallen an; vergleichbar mit Versuch 3.
Versuch 6: Pellets herstellbar; allerdings mit etwas zu geringer Festigkeit.

Nur bei Versuch 6 standen der Preßdruck und der Reibungswiderstand im Preßkanal in einem annähernd richtigen Verhältnis zueinander. Da die Festigkeit jedoch zu niedrig ist, muß bei Verwendung der Matrize mit einer Preßkanallänge von 40 mm die Wasserzusatzmenge gesenkt werden. Deshalb wird ein 7. Versuch angesetzt, bei dem 18% Wasser zugegeben werden. Dieser Versuch bringt dann die gewünschte Festigkeit der Pellets. Als Endergebnis ergeben sich folgende Daten:

Preßkanallänge: 40 mm
Preßkanaldurchmesser: 4 mm
Wasserzusatz: 18%

Dieses stark vereinfachte Beispiel dient nur dazu, das Wesentliche zu zeigen. Bei der Aufgabe, die Festigkeit zu erhöhen, sollten alle Möglichkeiten unter wirtschaftlichen Gesichtspunkten und technischen Aspekten geprüft werden. Tab. 7-10 zeigt eine Auflistung der Möglichkeiten.

Eine Veränderung der Preßkanallänge ist immer mit der Anfertigung einer neuen Matrize verbunden. Nicht gehärtete Matrizen – nur für Versuchszwecke und nur kurzzeitig einsetzbar – können gegengebohrt werden, um die Länge des Preßkanals zu verkürzen. Schon gehärtete Matrizen müssen erst weichgeglüht werden, bevor man nachbohren kann. Da sich wieder ein Härtevorgang anschließen muß, ist wegen der Kosten und der technischen Unsicherheiten davon abzuraten, auch vor dem Hintergrund, daß die bisher benutzte oder nicht geeignete Matrize nur

Tabelle 7-10. Festigkeitsverändernde Maßnahmen bei der Preßagglomeration mit Pelletiermaschinen

Erhöhung	Verminderung
Verlängerung des Preßkanals (=neue Marize)	Verkürzung des Preßkanals (meist neue Matrize)
Veränderung des Wassergehalts	Veränderung des Wassergehalts
Zusatz von Bindemittel, Gleitmittel oder Preßhilfsstoffen	Veränderung der Trocknungsbedingungen
Veränderung der Trocknungsbedingungen	Veränderung der Teilchengröße und Teilchengrößenverteilung
Veränderung der Teilchengröße und Teilchengrößenverteilung	

noch Schrottwert hat. Vor der Neuanfertigung einer Matrize sollten die Möglichkeiten folgender Varianten geprüft werden:

Wasser – Trocknung – Bindemittel – Teilchengröße und Teilchengrößenverteilung.

Wegen der Reibung der Teilchen nicht nur an den Preßkanalwänden, sondern auch untereinander, kommen der Teilchengröße und der Teilchengrößenverteilung bezüglich des Preßverhaltens besondere Bedeutung zu. Feinteilige Stoffe verringern die Preßbarkeit und auch den Massenstrom. Zu grobe Teilchen auf der anderen Seite verringern die Festigkeit der Pellets. Da sich beide Eigenschaften diametral verhalten, muß ein technischer Kompromiß geschlossen werden.

Durch eine Veränderung beim Zerkleinern der Rohstoffe kann häufig der gewünschte Effekt erzielt werden.
Allgemein gilt:

Festigkeit zu gering:	Feinanteile erhöhen
Preßbarkeit unzureichend:	
a) Reibungswiderstand zu gering:	Feinanteile erhöhen
b) Reibungswiderstand zu hoch:	Feinanteile verringern

Bei einem zu geringen Reibungswiderstand entstehen Pellets mit geringer Festigkeit. Im Extremfall rieselt das Material durch die Preßkanäle.

Bei einem zu hohen Reibungswiderstand ist ein hoher Kollerdruck notwendig. Im Extremfall wird das Material überhaupt nicht durch die Preßkanäle gedrückt und blockiert. Die Matrize verstopft.

Es sind viele Ansätze vorhanden, das „Matrizenproblem“ zu lösen. Keiner hat jedoch bisher zum Ziel geführt. Nach wie vor ist der Betreiber einer Pressenanlage auf die eigene Erfahrung oder auf die Erfahrung anderer angewiesen. Bei völlig neuen Produkten helfen nur Analogieschlüsse oder das „Herantasten“ an die optimalen Bedingungen. Beim „Herantasten“ an die geeignete Matrize tritt häufig noch ein weiteres Problem zutage: bei unbekannten Preßsubstanzen werden Versuchsreihen oft dadurch unterbrochen, daß die Matrizenbohrungen verstopfen und der Preßvorgang blockiert wird. Verstopfte Bohrungen können von Hand frei gebohrt werden, Bohrung für Bohrung. Bei Bohrungen von über 2000 und mehr pro Matrize ist das keine einfache Arbeit. Bestimmte Materialien lassen sich aus den Bohrungen dadurch herauslösen, daß man die Matrize über Stunden in heißes Öl taucht. Das gilt – wie schon gesagt – nur für bestimmte Stoffe. Im allgemeinen ist man auf die zeitraubende Einzelbohrung angewiesen. Um diesem zumindest teilweise zu entgehen, empfiehlt es sich, auch bei Versuchen mit Gleitmitteln zu arbeiten, die auch unter dem Namen Preßhilfsstoffe gehandelt werden. Beispiele hierfür sind pulverisiertes Ligninsulfonat, ein Nebenprodukt der celluloseverarbeitenden Industrie, und bestimmte kolloidhaltige Tone. Man kann mit einem relativ hohen Anteil (5–10%) an Gleitmittel die Versuche beginnen, um das Risiko der verstopften Bohrung niedrig zu halten, und dann, den Erkenntnissen der Versuche entsprechend, die Menge an Gleitmittel vermindern. In den Abschnitten über Binde- und Gleitmittel sind Gleitmittel aufgeführt. Um eine Einschätzung des Preßverhaltens der Stoffe zu erleichtern, wäre ein Katalog mit den Preßdaten von Nutzen. Für Mischfuttermittel wurden Untersuchungen vorgenommen, um das Preßverhalten der Mischfuttermittel-Komponenten und der daraus hergestellten Mischungen festzustellen. Für die Auswahl der richtigen Preßkanaldimensionen einer Matrize empfiehlt es sich immer, Versuche bei den Herstellern von Pelletierpressen und Matrizen durchzuführen. Alle Hersteller unterhalten Versuchsstationen, in denen das eigene Produkt mit verschiedenen Preßkanalkonstruktionen pelletiert werden kann. In den Fällen, in denen keine geeignete Matrize verfügbar sein sollte, empfiehlt sich deren Anfertigung. Die Matrize für eine kleine Versuchspresse ist immer noch preiswerter als eine solche für die spätere Betriebspresse. Aber selbst bei Vorversuchen darf nicht nur eine Matrize erprobt und womöglich als gut erklärt werden, sondern es sollen auch „benachbarte“ Dimensionen geprüft werden. Das heißt, daß neben einer als gut bezeichneten Preßkanallänge von 20 mm auch solche von beispielsweise 25 mm und 15 mm getestet werden sollen. Die Eigenschaften der Pellets und die Maschinendaten, wie z. B. Energieverbrauch, sind sorgfältig miteinander zu vergleichen. Denn eine aus einer Produktion entnommene Probe oder eine eigens für den Zweck des Versuches hergestellte Mischung erfaßt in der Regel nicht die späteren Schwankungen in der Preßbarkeit des Rohstoffes oder der Rohstoffmischung. Der Verlaß auf nur eine einmalige Probepressung könnte teuer zu stehen kommen. Die Durchführung mehrerer Probepressungen ist zu empfehlen.

Für den Betrieb wird empfohlen, vor dem Abschalten der Presse eine Mischung aus Preßmasse und geeignetem Fett oder Öl aufzugeben, um das spätere Anfahren zu erleichtern.

Literatur zu Kapitel 7

[1] Struve v. G.: Aufbereitungs-Technik (1966), Nr. 7, S. 355/362
[2] Ries, H. B.: Rollgranulierung; VDI Seminar: „Verfahrenstechnik des Agglomerierens"; München (1989)
[3] Sommer, K., Herrmann, W.: Auslegung von Granuliertellern und Granuliertrommeln; Chem.-Ing.-Techn. 50 (1978), Nr. 7, S. 518–524
[4] Klatt, H.: Zement – Kalk – Gips (1958), Nr. 3, S. 144–154
[5] Ries, H.: Aufbereitungs-Technik (1966), Nr. 4, S. 177–191, (1970), Nr. 3, S. 147–153; Nr. 5, S. 22–280; Nr. 10, S. 615–621; Nr. 12, S. 744–753
[6] Bhrany, U. N.: Aufbereitungs-Technik (1977), Nr. 12, S. 641–647
[7] Manz, R.: Zement – Kalk – Gips 23 (1970), Nr. 9, S. 407–412
[8] Papadakis, M., Bombled, J. B.: Rev. Mat. Construct. 549 (1961), S. 289–299
[9] Pietsch, W.: Chem. Tech. 19 (1967), Nr. 5, S. 259–266
[10] Rausch, H.: Pelletisierung feinkörniger Eisenerze; Chem.-Ing.-Tech. 36 (1964), Nr. 10, S. 1011–1019
[11] Autorenkollektiv: „Technologie Mischfuttermittel" Leipzig (1981) VEB Fachbuchverlag
[12] Bernecker, G.: Planung und Bau verfahrenstechnischer Anlagen; VDI Verlag GmbH Düsseldorf (1980)
[13] Pietsch, W.: Die Beeinflussungsmöglichkeiten des Granuliertellerbetriebes und ihre Auswirkungen auf die Granulateigenschaften; Aufbereitungs-Technik Nr. 4 (1966), S. 177

8 Spezielle Agglomeration

Die in den vorigen Kapiteln beschriebenen Agglomerationsverfahren sind die „klassischen Verfahren“, wie sie derzeit in der Praxis angewendet werden. Daneben gibt es Verfahren, die sich in der wissenschaftlichen und technischen „Erprobung“ befinden, aber deshalb nicht weniger beachtenswert sind, weil sie neue Wege für zukünftige Agglomerationsverfahren zeigen oder Ansatzpunkte für weitere Forschungen und Entwicklungen sind.

Eines dieser Verfahren wird als „Taumelagglomeration“ bezeichnet. Der praktische Wert dieses Verfahrens ist z. Zt. sehr gering, weil enorm lange Granulierungszeiten notwendig sind. Aber es wurden Phänomene beschrieben, die bisher weitgehend unbekannt waren.

Ein anderes Verfahren ist im weitesten Sinne eine Kombination aus einer Aufbau- und einer Preßagglomeration. Auch dieses Verfahren befindet sich noch in der Entwicklung, zeigt aber einen bemerkenswerten Ansatz. Es wird LIP-Granulation genannt.

8.1 Agglomeration vorwiegend trockener Pulver durch Rollgranulation

Trockene Pulver durch eine Rollgranulation zu granulieren, ist eine der reizvollsten, aber auch eine der schwierigsten Aufgaben in der Agglomerationstechnik überhaupt. Eine Reihe von Vorschlägen befaßt sich mit den Granuliergeräten selbst, so z. B. mit bestimmten Einbauten in Granuliertrommeln, und andere wiederum mit den Stoffeigenschaften, um Haftkräfte auszunutzen. Gelegentliche Versuche, durch Rollgranulation im betrieblichen Maßstab Granulate aus trockenem Pulver herzustellen, scheiterten entweder an dem wirtschaftlich nicht mehr vertretbaren Aufwand für die Aufmahlung eines Stoffes zu feinstem Pulver oder an der zu geringen Festigkeit der Agglomerate. Dann ist die Agglomeration dieser trokkenen Pulver durch eine Preßagglomeration oder durch Verfahren in der Wirbelschicht notwendig. Bemerkenswert sind in diesem Zusammenhang ältere Arbeiten von *Claussen* und *Petzow* [1], die eine Art „Taumelagglomeration“ beschreiben. Sie zeigen Ansätze für erfolgversprechende wissenschaftliche Untersuchungen und womöglich auch für technische Anwendungen.

Die Versuche wurden in einem zylindrischen, allseitig geschlossenen Behälter durchgeführt, der in taumelnde Bewegung versetzt wird (Abb. 8-1).

In Tab. 8-1 sind die Daten der verwendeten Pulver aufgeführt. Die Versuchsdurchführung erfolgte chargenweise. Durch Siebanalysen wurden die Veränderun-

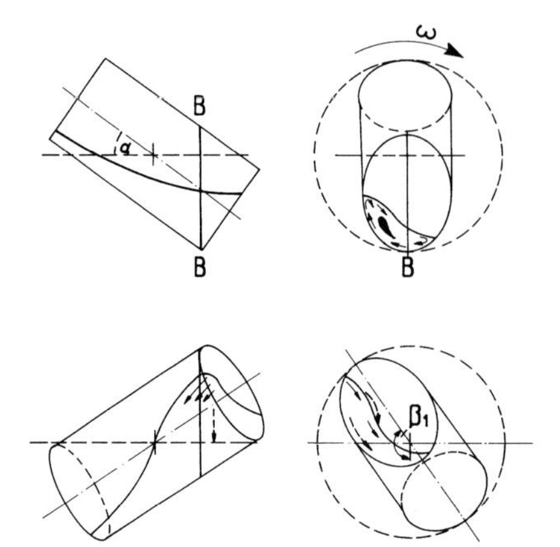

Abb. 8-1. Schematischer Bewegungsablauf des Teilchenhaufwerks im Taumelbehälter bei Standardbedingungen (nach *Claussen* und *Petzow* [1])

Tabelle 8-1. Daten der verwendeten Pulver der unter Standardbedingungen entstehenden Kugeln (nach *Claussen* und *Petzow* [1])

	1	2	3	4	5	6	7
Material	Al_2O_3	Al_2O_3	WC	WC + 12 Co	W	W	W
Mittlerer Teilchen-Durchmesser [μm]	2,2	0,56	0,8	–	0,3	0,5	0,8
Spezifische Oberfläche (N_2)[m^2g^{-1}]	5,85	10,70	1,12	1,37 (Co)	3,11	2,47	1,10
Agglomerationszeit[a)] [h]	15	–	3	3	2,5	2	0,3
Bruchfestigkeit von 1mm-Kugeln [g mm^{-2}]	18	74[b)]	6	5	5,5	26	1,4
Theoretische Dichte [%]	63	53,5	35	31	22	24	27
Agglomerations-bedingungen	trocken	trocken	0,5 [Gew.%[c)]]	0,5	2,4	1,3	2,0

a) Zeit bis zur Erreichung eines mittleren Durchmessers von 1 mm
b) Kugeln mit einem Durchmesser von 300 μm
c) Polyethylenglycol 4000, Erweichungspunkt 53–58 °C
W = Wolfram, WC = Wolframcarbid, Co = Cobalt
Für einen Teil der Pulver war die Verwendung von Bindemitteln notwendig

gen des Agglomeratzustandes und des Kugelwachstums in Abhängigkeit von der Rotationszeit ermittelt.

Durch die Taumelbewegung werden auf die Partikel und Agglomerationskeime stärkere Druck- und Stoßkräfte ausgeübt als bei anderen Granuliergeräten, was zu einer stärkeren Verdichtung und damit zu einer höheren Festigkeit führen kann. Überhaupt werden die Nachteile der horizontal rotierenden Trommeln und der schrägstehenden Teller durch die „Taumeltrommel" gänzlich vermieden oder stark vermindert.

Als Nachteile zählen *Claussen* und *Petzow* auf: Große Durchmesserverteilung, teilweise unrunde Agglomerate, geringe Dichte und Grünfestigkeit, schalenförmiger Aufbau und ein radialer Dichtegradient. Im praktischen Umgang mit Granuliertellern und -trommeln muß man die Aufzählung allerdings relativieren. Als Prozeßparameter von Einfluß wurden festgestellt: Neigungswinkel der Versuchstrommel (Inhalt 1250 cm^3) – Drehzahl – Füllungsgrad – Luftfeuchtigkeit.

Aus diesen Parametern ließen sich Abhängigkeiten zur Festigkeit und zur Agglomeratgröße ableiten. Die wesentlichen Erkenntnisse aus der Arbeit lassen sich wie folgt zusammenfassen:

- Bei der trockenen Pulveragglomeration ist ein Wachstum nur dann möglich, wenn Keime einer bestimmten Mindestgröße vorhanden sind.
  Diese Feststellung wird auch durch Versuche mit Ruß in einer speziellen Granuliertrommel bestätigt.
- Das Wachstum der Agglomerate ist durch Phasen (Stufen) zu kennzeichnen (Abb. 8-2).

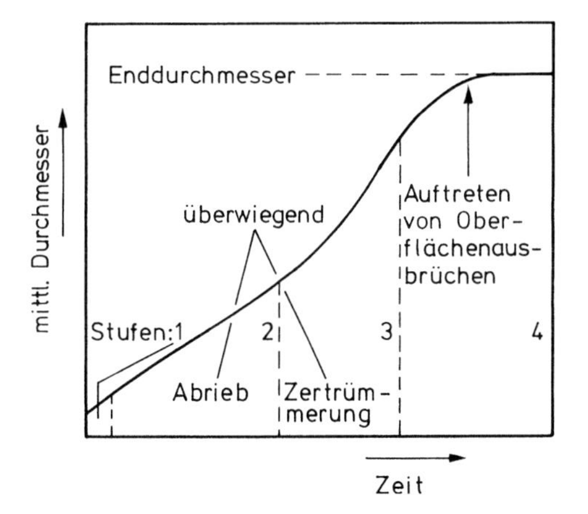

Abb. 8-2. Schematische Darstellung der Wachstumsstufen im Taumelbehälter

Hierzu muß bemerkt werden, daß die Versuche jeweils über einen relativ langen Zeitraum durchgeführt wurden. Ein Versuch nahm bis zu 16 Stunden in Anspruch. Das ist für eine normale Agglomeration eine außerordentlich lange Zeit. Auf der anderen Seite sind gerade durch diese enormen Versuchszeiten bestimmte

Phänomene zu Tage getreten, die bisher bei der Agglomeration nicht bemerkt werden konnten. Aus diesem Grund sollen die Ergebnisse von *Claussen* und *Petzow* [1] eingehend besprochen werden, um gegebenenfalls befruchtend auf die Forschungsansätze auf dem Gebiet der Agglomeration zu wirken.

Die *Anfangsphase* bei der Taumelagglomeration ist relativ kurz. Hierbei lösen sich lockere Agglomerate auf und einzelne Partikeln werden an benachbarte Agglomerate angelagert.

In der *zweiten Stufe* erfolgt eine weitere Anlagerung von Partikeln an solche Agglomerate, deren Randzonen dichter sind. Hierbei ist ein sogenannter kritischer Durchmesser zu beobachten, oberhalb dessen Agglomerate größer werden, während darunterliegende sich verkleinern. Ständig wird Feinanteil durch Abrieb erzeugt. In dieser Phase bilden sich auch Agglomerate mit einer Tetraederform. Diese tetraederförmigen Agglomerate werden bei der weiteren Agglomeration verkleinert, gehen zunächst in eine Scheibenform über und werden schließlich völlig in ihre Einzelpartikel aufgelöst. Das Phänomen der Tetraederbildung ist bisher noch nicht beschrieben worden. *Claussen* und *Petzow* weisen ausdrücklich darauf hin, daß diese Erscheinung sowohl bei Versuchen mit verschiedenen Pulvern als auch bei unterschiedlichen Agglomerationsbindungen zu beobachten war. Die Tetraederbildung tritt vor allem bei der Trockenagglomeration auf. Die Entstehung der Tetraeder wird so beschrieben, daß kleine Kugeln in die Tetraederlücken einer Kugelpackung eingefangen werden. In Abb. 8-3 ist dieser Effekt dargestellt.

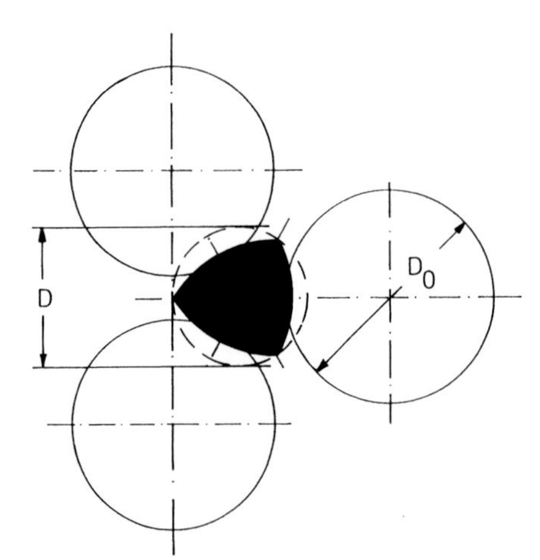

Abb. 8-3. Darstellung des Mechanismus der Tetraederbildung (nach *Claussen* und *Petzow* [1])

Die Möglichkeit der kleinen Kugeln (D) in der Packungslücke zu rotieren, ist sehr stark eingeschränkt. Zusätzlich wirken erhöhte Druckkräfte an den Berührungsstellen mit den größeren Kugeln (D_0) auf die tetraederförmigen Gebilde. Damit dieser Berührungsdruck wirksam werden kann, sich die Tetraederlücken aber nicht so stark aufweiten, daß die kleineren Kugeln die Lücken verlassen könnten, muß $0{,}225\ D_0 < D < D_K$ sein. D_K ist die kritische Kugelgröße. Sie ist abhängig vom Mengenverhältnis der beiden Kugelklassen und von der Abweichung der Kugelgestalt sowie von dynamischen Faktoren.

Die Zertrümmerung von kleineren Agglomeraten oder Kugeln durch Kollisionen mit den größeren erfolgt in *Phase drei*. Von dem entstehenden Feinanteil wird die weitaus größere Menge an den größeren Agglomeraten angelagert. Die kleinsten Kugeln haben schließlich in der *letzten (vierten) Phase* eine so hohe Festigkeit erreicht, daß sie von den Größeren nicht mehr zerstört werden können. Es tritt dann der Zustand ein, daß durch das Aufhören der Zufuhr von Feinanteilen ein weiteres Wachstum nur dann möglich ist, wenn durch die Dynamik des Systems Abrieb entsteht. Die Länge der Phase hängt von den Eigenschaften des feinteiligen Materials ab. Was für Trockenagglomerate gilt, ist auch bei der Agglomeration mit flüssigen oder festen Bindemitteln zu beobachten. Allerdings bauen sich hier die Agglomerate aus den feinteiligen Stoffen und den Bindemittelzusätzen schneller auf. Wie zu erwarten, konnte eine signifikante Abhängigkeit zwischen der Luftfeuchtigkeit und dem Wachstum der Agglomerate festgestellt werden. Mit zunehmender Feuchtigkeit wachsen die Kugeln sehr viel schneller. Begründet ist diese Tatsache darin, daß die Haftkräfte durch die Adsorptionsschichten des angelagerten Wassers erhöht werden (Abb. 8-4).

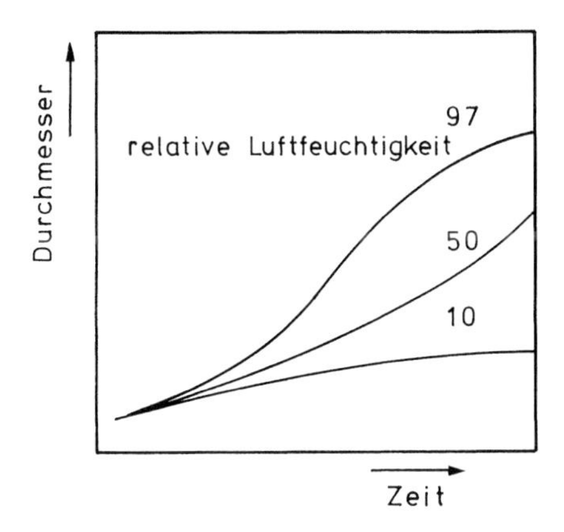

Abb. 8-4. Schematische Darstellung der Abhängigkeit des mittleren Durchmessers der Granulate von der Rotationszeit bei verschiedenen Luftfeuchtigkeiten (nach *Claussen* und *Petzow* [2])

Meissner, Michaels und *Kaiser* [3] haben bei ihren Untersuchungen festgestellt, daß bei horizontaler Rotation keine Abhängigkeit des Agglomeratwachstums von der Drehgeschwindigkeit besteht. Bei geneigter Rotation hingegen besteht ein starker Geschwindigkeitseinfluß (Abb. 8-5). Der Versuch mit einer Umdrehungszahl von 40 UpM mußte nach 14.400 Umdrehungen abgebrochen werden, denn es hatten sich lockere, große Agglomerate gebildet, die aufgrund ihrer geringen Festigkeit immer wieder zerfielen und so ein breites Kornspektrum bildeten.

Der Einfluß des Füllungsgrades auf das Kugelwachstum ist in Abb. 8-6 dargestellt. Wird der Füllungsgrad zu hoch (z. B. 40%), so bilden sich keine kugelförmigen Agglomerate mehr, da nur geringe Bewegungsmöglichkeiten für die Partikel und die Agglomerate bestehen.

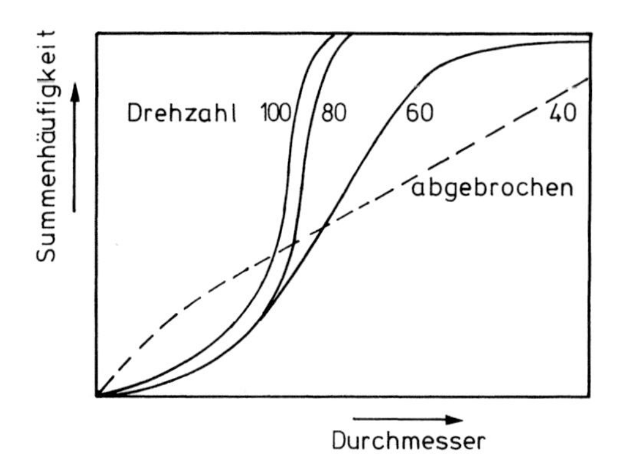

Abb. 8-5. Schematische Darstellung des Einflusses der Drehzahl des Taumelbehälters auf das Granulatwachstum (nach *Claussen* und *Petzow* [2])

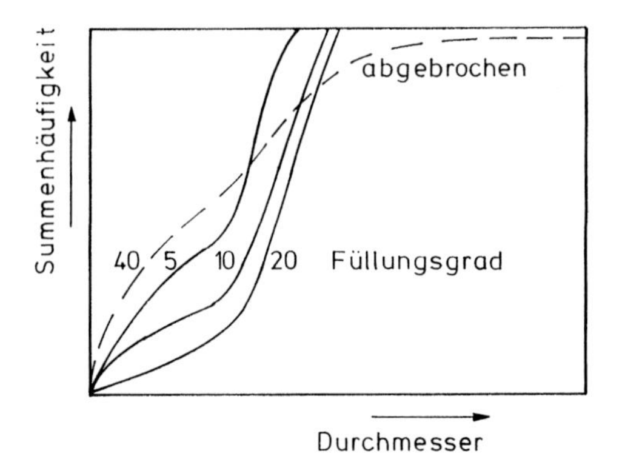

Abb. 8-6. Schematische Darstellung des Einflusses des Füllungsgrades vom Taumelbehälter auf das Kugelwachstum (nach *Claussen* und *Petzow* [2])

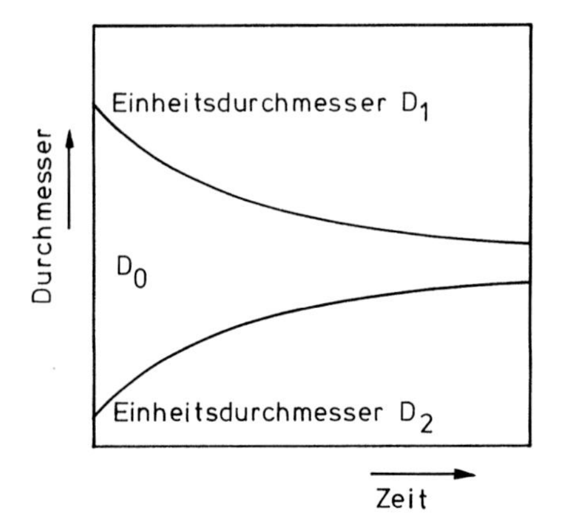

Abb. 8-7. Schematische Darstellung des Durchmesserangleichungseffekts in Abhängigkeit von der Rotationszeit bei der Granulation im Taumelbehälter (nach *Claussen* und *Petzow* [2])

Ein besonderes Phänomen der Versuche von *Claussen* und *Petzow* besteht in der Durchmesserangleichung.

Bei der Agglomeration – so ist in der Literatur zu finden – wird mit zunehmender Agglomerationszeit ein fortschreitendes Wachstum der größeren Agglomerate auf Kosten der kleineren beschrieben. Bei der Taumelagglomeration hingegen besteht die Tendenz, daß sich die Agglomerate zu Kugeln mit einheitlichem Durchmesser bilden. Kleinere Agglomerate vergrößern sich durch Anlagerung von feindispersen Stoffen und größere werden abgeschliffen. Aus einer Agglomeratfraktion zwischen 160 und 250 μm ergeben sich Agglomerate mit einem einheitlichen Kugeldurchmesser von 212±3 μm. Dieser Effekt ist in Abb. 8-7 schematisch dargestellt.

8.2 Agglomeration nach dem LIP-Granulierverfahren

Das LIP-Granulierverfahren wurde in Dänemark entwickelt[1)] und im Technikumsmaßstab erprobt [4].

Kernstück der Versuchsanlage ist ein horizontaler kreisrunder Mischer, in dessen Innern sich Dreharme befinden, die von außen angetrieben werden. Außerdem – und das ist das Ausschlaggebende für diese Verfahrenstechnik – ist der Mischer mit faustgroßen, mehr oder weniger abgerundeten Steinen gefüllt. Die Dreharme versetzen die Steine in Bewegung, wobei Scher-, Druck- und Fallkräfte auftreten,

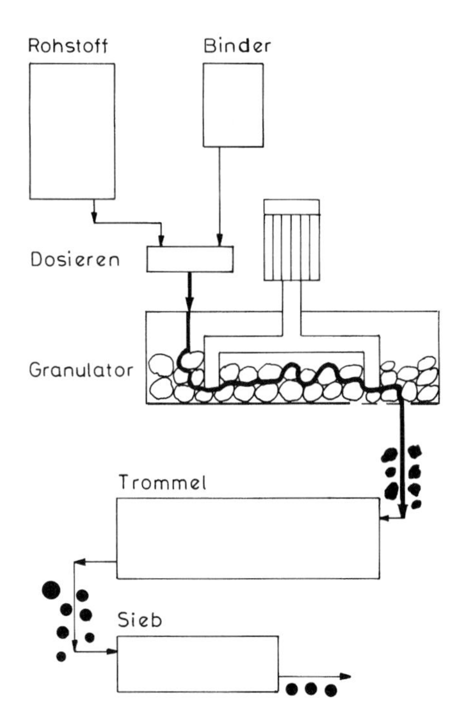

Abb. 8-8. Schematische Darstellung des *LIP*-Granulators (nach Firmenschrift *Pedershaab*)

[1)] Lizenznehmer: Pedershaab Maskinfabrik A/S, DK – 9700 Bronderslev die auf das in den Mischer eingegebene feinteilige Material einwirken. Durch die rollenden Bewegungen einerseits und die vorwiegend drückenden und reibenden Kräfte anderseits werden die Partikel zu Agglomeraten geformt. Im Bedarfsfall kann auch ein Bindemittel zugesetzt werden. Die Größe der Agglomerate ist allerdings nach oben hin auf 5 mm begrenzt. Man nennt einen Körnungsbereich zwischen 0,5 bis 5 mm. Von der äußeren Form her sind die Agglomerate mehr unregelmäßig und kantig als rund. Sie können aber in einer nachgeschalteten Granuliertrommel abgerundet werden (Abb. 8-8). Größere, nicht zu harte und feste Ausgangsstoffe werden in dem mit Steinen gefüllten Mischer zerkleinert. Bei erster Betrachtung ein von der Idee her eindrucksvolles Verfahren, obwohl der Energieaufwand nicht unbeträchtlich ist. Die weitere Entwicklung bleibt abzuwarten.

Literatur zu Kapitel 8

[1] Claussen, N., Petzow, G.: Wachstum und Festigkeit kugeliger Agglomerate aus Pulvern hochschmelzender Werkstoffe; High Temperatures – High Pressures (1971), Volume 3, S. 467–485

[2] Claussen N., Petzow, G.: Preparation of Small Spheres by the Dry Agglomeration of Powders; Powder Metallurgy, Suppl. Part 1 (1971), S. 225

[3] Meissner, H.P, Michaels, A.S., Kaiser, R.: I & EC Proc. Design Development Bd. 3 (1964), S. 197–201

[4] Persönliche Mitteilung: Pedershaab Maskinfabrik A/S DK – 9700 Bronderslev

9 Wirtschaftlichkeitsberechnungen und Kosten der Agglomeration

In einer Arbeit über die wirtschaftliche Bedeutung und Kosten der Agglomeration weisen *Herrmann* und *Sommer* [1] zu recht auf die Probleme beim Vergleich von Kostenrechnungen verschiedener Produkte hin und bedauern, daß zu diesem Thema nur sehr wenige Veröffentlichungen vorliegen. Es ist verständlich, daß in unserer Wettbewerbsgesellschaft die konkreten Herstellungskosten eines Produktes zu den gehüteten Geheimnissen gehören. Schließlich kann im Wettbewerb nur der bestehen, der ein Produkt mit hoher Qualität zu niedrigen Preisen herstellen kann.

Für den Ingenieur ist es aus mehreren Gründen von Bedeutung, die Grundlagen der Kostenrechnung zu kennen. Das gilt gleichermaßen für den *Betriebsingenieur* wie für den *Planungsingenieur.* Der Planungsingenieur muß sowohl bei Neuplanung als auch bei maschinellen oder verfahrenstechnischen Veränderungen in bestehenden Betrieben ökonomische Gesichtspunkte berücksichtigen. Dies ist auch für den Betriebsingenieur eine Notwendigkeit bei der optimalen Steuerung und Überwachung „seiner" Produktionsstätte.

Bei der Aufstellung von Betriebsanalysen und dem Bestreben, Kosten einzusparen, müssen Planungs- und Betriebsingenieur Hand in Hand arbeiten. Im Rahmen dieses Buches ist es nicht möglich, auf die Kostenrechnung detailliert einzugehen, aber es sollen die wichtigsten Begriffe und die einfachsten Methoden der Wirtschaftlichkeitsberechnung und Kostenrechnung erläutert und dargestellt werden.

9.1 Kostenplanung

Das Agglomerieren von Stoffen ist wie jede wirtschaftliche Tätigkeit auch nach dem Grundsatz des ökonomischen Prinzips zu betrachten (*Engelleitner* [4]). Selbst dann, wenn es sich nur um eine Agglomeration handelt, die nicht zur Befriedigung eines Marktbedarfs dient, sondern nur dazu, einen feinteiligen Stoff deponiefähig zu machen. Auch hier haben die ökonomischen Aspekte der Agglomeration zu gelten, allein schon deshalb, um von mehreren Alternativen die richtige zu wählen.

Eine Kostenplanung ist im Rahmen einer Anlagenplanung möglichst früh einzuleiten. Beide sollten parallel zueinander verlaufen, um die Kostenstruktur bei fortschreitender Planung beeinflussen zu können. Nach *Aggteleky* [2] läßt sich ein Zusammenhang zwischen den Planungsphasen und den Möglichkeiten der Beeinflussung der Kosten graphisch so darstellen, wie es Abb. 9-1 zeigt. Als Planungsphasen werden die Grob-, Fein- und Ausführungsplanung unterschieden.

Teilgebiete der Kostenplanung:

- Ermittlung der Investitionskosten
- Ermittlung der zukünftigen (voraussichtlichen) Herstellkosten
- Betriebswirtschaftliche Beurteilung und Optimierung
- Kapitalbedarfsplan

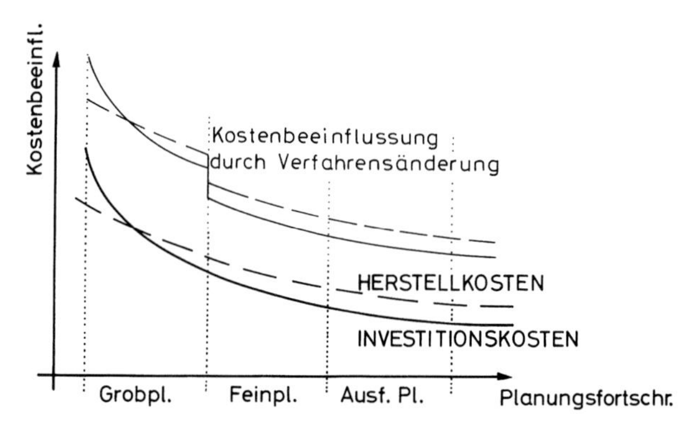

Abb. 9-1. Kostenbeeinflussung durch Planung (nach *Aggteleky* [2])

Zur Erstellung eines *Kapitalbedarfsplanes* bedarf es einer Reihe von Informationen, die sich auf zeitliche Abschnitte beziehen. Hier kommt es darauf an, die Zeitperioden für die Planung und den Bau der Anlage sowie die Inbetriebnahme richtig einzuschätzen. Es empfiehlt sich – da für das Unternehmen viel davon abhängen kann – systematisch vorzugehen, indem eine wahrscheinliche, eine optimistische und eine pessimistische Zeitangabe bis zur Inbetriebnahme aufgenommen wird. Selbst die pessimistische Version muß finanziell abgesichert sein.

Für eine Einschätzung der Zeit bis zur Inbetriebnahme ist es unerläßlich, zwischen erprobter und nicht erprobter Produktion zu unterscheiden.

Im Rahmen der *betriebswirtschaftlichen Beurteilung und Optimierung* einer Agglomerationsanlage steht oft die Auswahl des Agglomerationsgerätes nach seinem Massenstrom im Vordergrund. Sollen für eine geforderte Leistung von 10 t/h eine Pelletierpresse entsprechender Größe oder zwei Pressen mit geringeren Leistungen von jeweils ca. 5 t/h aufgestellt werden?

Die niedrigen spezifischen Anschaffungskosten für die 10 t-Presse sollten nicht der alleinige Maßstab sein, besonders dann, wenn der Absatzmarkt für ein Agglomerat erst aufgebaut werden muß. Es wäre nicht richtig, eine Anlage für eine später erhoffte Produktion von Anfang an zu groß auszulegen. Es empfiehlt sich, nach einem Stufenplan vorzugehen, was gleichbedeutend damit ist, daß man zunächst eine 5 t-Presse aufstellt.

9.1.1 Ermittlung der Investitionskosten

9.1.1.1 Abhängigkeit der Investitionskosten

Die Höhe der Investitionen für eine Agglomerationsanlage ist in erster Linie eine Frage, die sich aus der gewählten Verfahrenstechnologie der Agglomeration ergibt. Und die wiederum ist von den Produkteigenschaften und Agglomerateigenschaften abhängig. Nach *Herrmann* und *Sommer* [1] besteht zwischen den Produkt- und Agglomerateigenschaften durch die sogenannte Eigenschaftsfunktion folgender Zusammenhang:

- Eigenschaftsfunktion:
  Produkteigenschaft = *f* (Agglomerateigenschaften)

In der zuvor genannten Literatur werden zwei weitere Funktionen zur Ermittlung kostengünstiger Granulierverfahren genannt:

- Wertfunktion Wert = *f* (Produkteigenschaften)
- Kostenfunktion Kosten = *f* (Produkteigenschaften)

Produkteigenschaften:

- bestimmte Oberflächenzustände (für die Durchführung von Trocknungs-, Brenn- und Sinterversuchen)
- Rieselfähigkeit
- Dosierbarkeit
- Streufähigkeit
- Staubfreiheit
- Vermeidung von Entmischung

Agglomerateigenschaften:

- Agglomeratgröße und -form
- Porosität
- Festigkeit
- Abrieb
- Dichte

Der erzielbare Preis bestimmt die Wertfunktion, die dann zu quantifizieren ist, wenn sich der Preis für das Produkt nach bestimmten meßbaren Produkteigenschaften richtet. Die Kosten stehen in enger Beziehung zu der Art und Größe der Agglomerationsmaschinen, vorausgesetzt, daß die Agglomerateigenschaften, die man bei der Verwendung verschiedener Maschinen erzielt, gleich oder nahezu gleich sind. In manchen Fällen sind Alternativen möglich, aber zumeist wird man sich zur Erzielung bestimmter Eigenschaften auf einen Typ von Maschine festlegen müssen. Wird beispielsweise als Verfahrenstechnologie diejenige der Rollgranulation gewählt, dann kann zwischen Trommel, Teller und Konus entschieden werden. Sie sind in der Regel austauschbar. Abb. 9-2 kann entnommen werden,

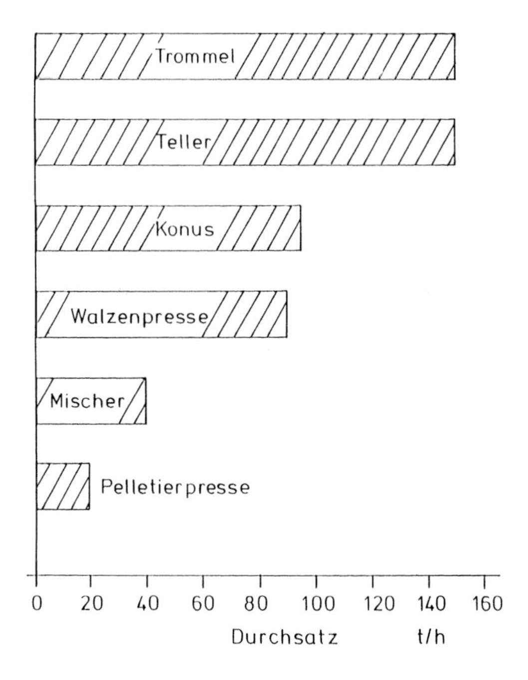

Abb. 9-2. Gegenüberstellung der Massenströme von verschiedenen Granuliergeräten

daß die Massenströme von Teller und Trommel – hier bezogen auf die spezifisch schweren Eisenerzpellets – gleich sind, während diejenigen für den Granulierkonus deutlich niedriger sind.

9.1.1.2 Grobeinschätzung der Investitionskosten

In der Praxis besteht oft die Notwendigkeit, die Investitionskosten grob einzuschätzen. Da diesbezüglich weder Veröffentlichungen noch Datensammlungen über Agglomerationsanlagen in nennenswertem Umfang verfügbar sind, muß man sich bestimmter Hilfsdaten bedienen. So hat *Burgert* [3] für Chemie-Anlagen der BASF folgendes angegeben (Tab. 9-1).

Tabelle 9-1. Kostenstruktur

Anlagenteile	Anteilige Kosten in %
Gebäude, Gerüste, Straßen	18
Apparate, Maschinen	27
Meß- und Regeltechnik	11
Isolierung, Anstrich, Heizung, Lüftung, Installation, Feuerschutz	8
Elektrotechnik	6
Rohrleitungen	5
Montage	25
	100

Diese für Chemieanlagen gültige Kostenstruktur ist nicht zwangsläufig auf andere Anlagentypen und Industrien übertragbar. Sie kann aber bei der Grobeinschätzung der Investitionskosten hilfreich sein. Aus den Daten der Tab. 9-1 lassen sich bei Kenntnis der Kosten für die Apparate und Maschinen in einfacher Weise die Gesamtkosten ermitteln:

Gesamtkosten G1 = Maschinen- und Apparatekosten × 3,0
(ohne Gebäude, Apparategerüste, Straßen)

Gesamtkosten G2 = Maschinen- und Apparatekosten × 3,7
(mit Gebäuden, Apparategerüste, Straßen)

Da die Maschinen- und Apparatekosten einfacher zu ermitteln oder abzuschätzen sind als die Kosten von der Meß- und Regeltechnik bis hin zur Montage, ist bei Kenntnis des Faktors für die einzelnen Industriebranchen eine schnelle Grobeinschätzung der Investitionskosten möglich.

Für Agglomerationsanlagen kann für G1 mit einem Faktor von 2,0 gerechnet werden.

Die geschätzten Kosten für die Apparate und Maschinen einer Agglomerationsanlage könnten folgendes Bild haben:

2	Vorratssilos, klein	DM	66 000,00
1	Vorratssilo, groß	DM	88 000,00
1	Waage	DM	45 000,00
3	Förderschnecken	DM	24 000,00
1	Becherwerk	DM	36 000,00
1	Mischer	DM	42 000,00
1	Tellereinspeiser	DM	18 000,00
3	Förderbänder	DM	27 000,00
1	Agglomerationsmaschine	DM	225 000,00
1	Siebmaschine	DM	27 000,00
2	Förderbänder	DM	18 000,00
1	Absackmaschine	DM	124 000,00
1	Förderband, breit	DM	10 000,00
1	Folienwickelmaschine	DM	36 000,00
Summe		DM	786 000,00

Um die gesammelten Daten über die Maschinen und Apparate übersichtlich verfügbar zu haben, kann man sie entweder in einem Computer speichern oder in Listen eintragen, die gleichzeitig Checklisten darstellen.

Die Anlagekosten insgesamt würden etwa 1,6 Mio. DM betragen.

9.1.2 Ermittlung der zukünftigen Herstellungskosten

Jede Produktion hat zum Ziel, Produkte mit bestimmten Eigenschaften möglichst kostengünstig herzustellen. Da die Herstellungskosten über die Akzeptanz eines Produktes vom Markt entscheiden können, muß sehr viel Sorgfalt bei der Erstellung einer Vorausberechnung aufgewandt werden. Die Aufgabe, die zukünftige Kostenstruktur zu ermitteln, ist sehr anspruchsvoll. Sie gehört aber zur Kostenplanung. Die Aufgabe wird noch schwieriger, wenn Anlagen zu planen sind, die bisher in dieser Form noch nicht erstellt wurden. Gerade bei Agglomerationsanlagen kann das häufig der Fall sein. Der Bau von Mischfuttermittel-Anlagen durch Preßagglomeration gehört zum Stand der Technik, aber die Errichtung einer Anlage, in der die Mischfuttermittel über Rollagglomeration granuliert würden, wäre technisches Neuland.

Die Ermittlung der zukünftigen Herstellungskosten kann auf zwei Wegen erfolgen:

1. Erstellung einer Vorkalkulation
2. Ausarbeitung eines möglichen Betriebsabrechnungsbogen (BAB) des zukünftigen Betriebes zwecks Beurteilung der Kostenstruktur

Die Ausarbeitung eines BAB setzt allerdings das Vorhandensein ausführlicher Informationen voraus, um Kostenrechnungen durchführen zu können. Bei den Kostenrechnungen wird zwischen der Kostenartenrechnung, der Kostenträgerrechnung und der Kostenstellenrechnung unterschieden. Zur letzten ist der BAB zuzurechnen. Auf die entsprechende Fachliteratur wird verwiesen. Nachfolgend wird als Beispiel für die Produktion eines innovativen Düngemittels die Investitions- und Rentabilitätsberechnung erläutert. Hier soll nur auf die Erstellung einer Vorkalkulation eingegangen werden, wie sie von einem Ingenieur verlangt werden kann. Die Vorkalkulation, auch Gestehkosten-Vorausberechnung genannt, ist um so einfacher, je mehr Zahlen über die Einsatzstoffe, Energie und das Verfahren selbst bekannt sind.

1. Produktions- und Produktbeschreibung
Ein Düngemittel soll hergestellt werden. Dazu wird flüssiger Wirtschaftsdünger mit organischen Trockenstoffen granuliert; anschließend kompostiert und in der letzten Phase pelletiert. Hierfür wird in der Nähe eines großen landwirtschaftlichen Betriebes ein Grundstück mit daraufstehenden Hallen gekauft.

Aus 27.400 t/a Einsatzmenge erhält man wegen des Kompostierungsverlustes ca. 15.000 t/a verkaufsfähigen Dünger.

2. Investitionsbeschreibung
Erwerb eines Grundstückes mit zwei Hallen einschließlich der Erwerbsnebenkosten.
Baulichkeiten: DM 1 000 000,00

Investitionen für Maschinen und Fahrzeuge

Zerkleinerungsanlage für organische Trockenstoffe; bestehend aus: Annahmewanne, Mühlen, Zyklonen, Fördereinrichtungen und Schaltschrank	DM	165 000,00
Granuliereinrichtung für flüssigen Wirtschaftsdünger und Trockenstoffe, bestehend aus Granuliertrommel, Fördereinrichtungen und Schaltschrank	DM	210 000,00
Anlagen zum Pelletieren des hergestellten und mit Zusatzstoffen versehenen Kompostes, bestehend aus Mischer, Kastenbeschicker, Sieb, Pelletierpresse, Förderbändern und Schaltschrank	DM	490 000,00
Landwirtschaftliche Fahrzeuge	DM	160 000,00
Mechanische Montage	DM	60 000,00
Elektrische Montage	DM	75 000,00
Kosten für den Transport der Maschinen	DM	18 000,00
Summe	DM	1 178 000,00
	rd. DM	1 200 000,00

Abschreibungen

Baulichkeiten mit einer Restlaufzeit von 20 Jahren	DM	50 000,00 p.a.
Fahrzeug- und Maschineninvestitionen mit einer Nutzungsdauer von 8 Jahren	DM	150 000,00 p.a.
Summe	DM	200 000,00 p.a.

Zinsbelastung bei einem Zinssatz von 6,5% DM 2.200.000,00×0,065 =	DM	143 000,00 p.a.
Annuitäten für die Darlehnstilgungen in 20 bzw. 8 Jahren		
Baulichkeiten DM 1 000 000,00×0,091 =	DM	91 000,00 p.a.
Maschinen DM 1 200 000,00×0,164 =	DM	196 800,00 p.a.
Summe	rd. DM	288 000,00 p.a.

3. Rentabilitätsberechnung

Umsatzplanung

Jährliche Produktionsmenge an organisch-mineralischem Dünger: 15.000 t/a
Umsatz: 15.000 t/a × 180,00 DM/t (Verkaufspreis) = DM 2 700 000,00 pro Jahr

Wareneinsatzplanung

Rohstoffe:	
Flüssiger Wirtschaftsdünger	6,00 DM/t frei Produktionsanlage
Organische Trockenstoffe	70,00 DM/t frei Produktionsanlage
Zusatzstoff Mineraldünger	270,00 DM/t frei Produktionsanlage
Zusatzstoff X	40,00 DM/t frei Produktionsanlage

Einsatzmenge

Wirtschaftsdünger	20 000 t/a ×	6,00 DM/t =	120 000,00 DM/a
Organische Trockenstoffe	3 000 t/a ×	70,00 DM/t =	210 000,00 DM/a
Zusatzstoff Mineraldünger	3 000 t/a ×	270,00 DM/t =	810 000,00 DM/a
Zusatzstoff X	1 400 t/a ×	40,00 DM/t =	56 000,00 DM/a
Summen	27 400 t/a		1 196 000,00 DM/a

Kostenplanung

Personal und Personalkosten: 4 Mitarbeiter; Bruttolohn: 3.000,00 DM pro Monat; 70% Lohnnebenkosten.

Personalkosten pro Jahr:	250 000,00 DM/a
Energiekosten pro Jahr:	160 000,00 DM/a
Kosten für Reparaturen und Instandhaltung (4% der Investitionskosten)	88 000,00 DM/a (4% von 2 200 000,00 DM)
Abschreibung (siehe oben):	200 000,00 DM/a
Zinsen (fallend mit der Tilgung):	143 000,00 DM/a
Verwaltungs- und Vertriebskosten (12% der Umsatzerlöse):	324 000,00 DM/a (12% von 2 700 000,00 DM)

4. Ergebnisrechnung für ein Jahr

Umsatzerlöse	2 700 000,00 DM
Wareneinsatz	1 196 000,00 DM
Rohertrag	1 504 000,00 DM
Personalkosten	250 000,00 DM
Energiekosten	160 000,00 DM
Instandhaltung und Reparaturen	88 000,00 DM
Zinsaufwendungen	143 000,00 DM
Vertriebs- und Verwaltungskosten	324 000,00 DM
Unvorhergesehenes	100 000,00 DM
Summe	1 065 000,00 DM
Cash-Flow	439 000,00 DM
Abschreibung	200 000,00 DM
Jahresergebnis	239 000,00 DM

Hinweis: Der Kapitaldienst kann aus dem zu erwartenden Cash-Flow erbracht werden. Bei gleichbleibenden Kosten verbessern sich die Jahresergebnisse mit sinkender Zinsbelastung. Zur übersichtlichen Datenermittlung kann eine Checkliste dienen.

Checkliste

1. Produkt:
2. Produktion:
3. Anlagekosten:
   - Apparate (A)
   - Einrichtungen (E)
   - Baulichkeiten (B)
4. Rohstoffe:
5. Direkte Betriebskosten:
   - Löhne/Zuschläge
   - Energie/Gutschrift
   - Reparaturen
   - Ersatzteile
   - Labor
6. Indirekte Betriebskosten:
   - Abschreibung
   - Steuern und Versicherung
   - Verwaltung
7. Betriebskosten, insgesamt:
8. Gestehkosten:

   insgesamt:

9.2 Kostenrechnung anhand eines praktischen Beispiels und Kostenvergleich nach Literaturangabe

In der bereits erwähnten Arbeit von *Herrmann* und *Sommer* kann man die Herstellungskosten für verschiedene Produkte in Abhängigkeit verschiedener Produktionsmengen von Trommel, Teller und Walzenpresse entnehmen.

Es ergibt sich für das Produkt Harnstoff folgendes Bild:

Harnstoffproduktion

Maschinen	Produktionsmenge	Herstellkosten
Granulierteller	10 t/h	ca. 5,00 DM/t
Granuliertrommel	10 t/h	ca. 6,50 DM/t
Walzenpresse	10 t/h	ca. 10,00 DM/t

Es muß ausdrücklich darauf hingewiesen werden, daß zu den angegebenen Kosten für Trommel und Teller noch die Trocknungskosten hinzukommen. Sie können die gleiche Größenordnung annehmen wie die eigentlichen Granulierkosten.

Die von *Herrmann* und *Sommer* ermittelten Kosten beziehen sich nur auf die Granulierkosten selbst und nicht auf die Kosten zum Betreiben einer Betriebsanlage. Die über 12 Monate in einem Pelletierbetrieb eines Mischfutterwerkes ermittelten Kosten sind gemäß ihrer Struktur in Tab. 9-2 zusammengestellt. Hier sind nur diejenigen Kosten erfaßt, die unmittelbar mit dem Agglomerationsvorgang zusammenhängen. Auf DM/t 10,00 stellt sich die Gesamtsumme für das Pressen der Mischfuttermittelmischung. Dieser Wert ist identisch mit dem zuvor genannten aus der Arbeit von *Herrmann* und *Sommer* für das Verpressen von Harnstoffen mit einer Walzenpresse.

Tabelle 9-2. Kostenstruktur bei der Preßagglomeration in einem Mischfuttermittelwerk

Kostenart	DM/t	%
Personal	1,35	13,5
elektrische Energie	3,22	32,2
Verschleiß	0,60	
Instandhaltung	0,60	
sonstige Kosten	0,02	
Zwischensumme	4,44	44,4
kalkulat. Abschreibung	1,45	
kalkulat. Zinsen	1,48	
Zwischensumme	2,93	29,3
Allgemeinkosten	2,28	22,8
Produktionskosten	10,00	100,0

Mit 32,2% liegen die Kosten für die elektrische Energie als Einzelposition an erster Stelle – eine in der Praxis bekannte Tatsache: Die Preßagglomeration ist eine energieaufwendige Art der Agglomeration. Wie sehr beispielsweise die Agglomerationsgröße (Pelletgröße hier definiert als Pelletdurchmesser) die Kosten beeinflussen kann, zeigt Tab. 9-3. Es tritt eine Verdopplung der Preßkosten ein, wenn der Pelletdurchmesser von 6,5 mm auf 2,5 mm vermindert werden muß, weil für bestimmte Tierarten diese kleinen Pellets hergestellt werden müssen.

Im letzten Abschnitt ist schon auf die häufig auftretenden Diskrepanzen bei der Nennung von Kosten für die Agglomeration hingewiesen worden. Man muß zwischen den Kosten für den Vorgang des Agglomerierens und denjenigen für die Herstellung von Agglomeraten deutlich unterscheiden. Letztes bezieht auch die Handhabung der Rohstoffkomponenten und der Endprodukte, wie z. B. deren Verpackung, mit ein. Für die als Beispiel benutzte Kostenstruktur für ein Mischfuttermittelwerk sieht die genannte Kostenstruktur so aus wie Tab. 9-4 zeigt. Insgesamt belaufen sich die Produktionskosten ohne Wareneinsatz auf 45,60 DM/t. Die Kosten für das Pelletieren selbst betragen 10,00 DM/t (Tab. 9-4). Das Verhältnis der Pelletierkosten zu den Herstellungskosten von Pellets beträgt hier 1:4,5 – ein Verhältnis wie es für das Mischfuttermittelwerk zutreffend ist. Bei anderen Produktionen und bei anderen Arten der Agglomerationsverfahren (z. B. Rollgranulation) ergeben sich zwangsläufig andere Kosten.

Tabelle 9-3. Kosten für die Preßagglomeration in einem Mischfuttermittelwerk in Abhängigkeit vom Pelletdurchmesser

Pelletdurchmesser in mm	Kosten in DM/t
2,5	20,00
3,5	16,00
4,5	14,00
5,5	12,00
6,5	11,00
>6,5	10,00

Tabelle 9-4. Kostenstruktur eines gesamten Mischfuttermittelwerkes

Kostenart	DM/t	%
Personal	14,85	32,6
elektrische Energie	6,85	15,0
Betriebsstoffe	2,10	4,6
Instandhaltung und sonstige Kosten	5,10	11,2
kalkulat. Abschreibung und kalkulat. Zinsen	13,80	30,3
Steuern, Versicherung, Verwaltung	2,90	6,3
Produktionskosten	45,60	100,0

Literatur zu Kapitel 9

[1] Herrmann, W., Sommer, K.: Wirtschaftliche Bedeutung und Kosten der Agglomeration. PARTEC – 3. Intern. Symposion Agglomeration, Preprints, Band 2, S. F2–F15, Nürnberg (1981)

[2] Aggteleky, B.: Fabrikplanung Band 2, Carl Hanser Verlag, München, Wien (1982)

[3] Burgert, W.: Chem.-Ing.-Techn. 51 (1979), Nr. 5, S. 484-487

[4] Engelleitner, W. H.: Selection of the proper agglomeration process; Center for Professional Advancement, New Jersey, USA, Course Briquetting, Pelletizing and Extrusion, Pressure Agglomeration (1987)

10 Ausblick

Bei der Einschätzung eines technischen Gebietes hinsichtlich seiner zukünftigen Entwicklung sind im wesentlichen drei Teilgebiete zu berücksichtigen:

Technische Entwicklungen:
- Verfahrenstechnische Entwicklungen
- Maschinentechnische Entwicklungen
- Anwendungstechnische Entwicklungen

Mit den anwendungstechnischen Zukunftsaussichten sind zwangsläufig auch die Markttendenzen verbunden. Da mit der Agglomerationstechnik Stäube in Agglomerate verwandelt werden, also im Extremfall luftverschmutzende Substanzen in staubfreie Güter, wird zukünftig die Technik des Agglomerierens noch stärker als bisher bei der Lösung von Umweltaufgaben gefragt sein. Denn viele Aufgaben der Umweltverbesserung sind mit den Methoden des Granulierens, Pelletierens und Kompaktierens zu lösen.

Zur Lösung solcher Aufgaben werden die verschiedenen Möglichkeiten der Verfahrenstechnik insgesamt genutzt: Dosieren, Mischen, Filtern, Fördern, Trennen usw. Doch nicht nur Umweltaufgaben sind zu lösen, sondern auch große Aufgaben in der Wirtschaft und Industrie, neue Produkte marktreif zu entwickeln. Mit Hilfe der Agglomerationstechnik sind neue Produkte für die Landwirtschaft und für die Bauindustrie entwickelt worden, um nur zwei Beispiele zu nennen.

In Hinblick auf zukünftige maschinentechnische Entwicklungen ist Kapitel 8 geschrieben worden. Die dort geschilderten Verfahren sind nur Ansätze, von denen derzeit nicht einmal gesagt werden kann, ob sie jemals Eingang in die Praxis finden. Weiterentwicklungen von Maschinen werden von allen Herstellern intensiv und mit Erfolg betrieben. Die Brikettiermaschine von 1909 ist nicht mehr mit derjenigen von 1999 zu vergleichen. Gleiches gilt für Granulierteller und andere Agglomerationsmaschinen. Prinzipiellen Neuentwicklungen von Maschinen müssen neue Ideen vorausgehen. Eine Aufgabe für Ingenieure vieler Fachrichtungen.

11 Fachausdrücke – Deutsch/Englisch

Deutsche Bezeichnung	Englische Bezeichnung
Abrieb	abrasion, fines
Abriebfestigkeit	abrasion fest
Abschreibung	depreciation
Abstreifer	scraper, cleaning cutter
Agglomerat, schalenförmig	nodule
Agglomeration	agglomeration
Agglomeration: Herstellung kugelförmiger Agglomerate	balling
Analyse	analysis
Anfahren	start
Anstiegswinkel	ascending angle
Arbeitsaufwand	work expended, energy expended
Aufbauagglomeration	rolling agglomeration
Aufwand	expense, expenditure
Ausbringen	output, production yield
Austragspunkt	closed point
Bedienungsanleitung, Betriebshandbuch	operating instructions
Belastungsfähigkeit, Belastbarkeit	load capacity, carrying a capacity
Bentonit	bentonite
Beseitigung	disposal
Betriebskosten (Energie, Labor, Instandhaltung, Amortisation)	operating cost (energy, labor, maintenance, amortization)
Bildung von Kugeln mit einheitlichem Durchmesser	sphere-size equalization
Bindemittel	binder
bindemittellose Agglomeration	binderless agglomeration
Bindung	bonding
Bindung durch Adsorptionsschicht	adsorption layers
Bindung durch Brücken	material bridge binding
Bindung durch Kristallisation	crystallizing of dissolved substances
Bindung durch Sinterung	sintering (solid bridges caused by sintering)
Bindung ohne Brücken	binding without material bridges
Bindungsbrücken durch zähflüssige Bindemittel	bridges of highly viscous bonding media
Bindungskräfte	cohesive forces

Deutsche Bezeichnung	Englische Bezeichnung
Bindungsmechanismus	mechanismen of binding
Bitumen	bitumen
Brikett	briquette
Brikettiermaschine	briquetting roll press
Brikettiermaschine (nach dem Wälzdruckverfahren)	roll type briquette machine
Brikettierung	briquetting, roll pressing
Brikettpresse	briquetter
brodelnde Wirbelschicht	bobbling fluidized bed
Bruchfestigkeit	impact strength
chemische Bindung	valence forces, chemical bond
Deponierung	deposition
Dextrin	dextrin
Dichte	density
Dosiereinrichtung	feed mechanism
Dosierung	dosing
Drehmoment der Walze	roll torque
Dreh-Schub-Effekt	torsional-thrust effect
Drehzahl	number of rotation
Druckbeschickung	force feeder
Druckfestigkeit	compression strength
durchbrochene Wirbelschicht	channeling fluidized bed
Einsatz, Eingabe	input
Einsatzmaterialien, Rohstoffe	raw materials
elastische Verformung	elastic deformation
elektrostatische Kräfte	electrostatic forces
Elektrotechnik	electrical engineering
Emission	emission
Ertrag	profit, proceeds, output
Extruder	extrusion press
Extrusion	extrusion
Fallfestigkeit	shatter test
Fehlerquelle, Fehlermöglichkeit	source of error
Festkörperbrücken durch teilweises Schmelzen und Wiederverfestigen	solid bridges due to partial melting and solification
Festkörperbrücken	binder bridges, solid bridges
Filterstaub	filterdust
Flachmatrizenpresse	muller with flat perforated die
Flugstaubwolke	dispersed suspension

Deutsche Bezeichnung	Englische Bezeichnung
Flüssigkeitsbrücken	liquid bridges
formschlüssige Bindung	interlocking
freibewegliche Flüssigkeiten	freely movable liquid
Füllungsgrad	feeding rate
Füllungsgrad der Trommel	degree of fill of the drum
Gebäude-Installation	field construction
Granulate: Herstellung durch Rollagglomeration	balls
Granulierflüssigkeit	granulating fluids
Granulierkeime	seed pellets, nuclei
Granulierkonus	cone pelletizer
Granuliermischer, kontinuierlicher	continuous mixer and granulutor (mill)
Granulierteller	balling disc, pan pelletizer
Granuliertrommel	balling drum, rotary drum
Granulierung	granulation
Herstellkosten	manufacturing cost
Herstellkosten, variable	variable prime cost
Herstellungskosten, Produktionskosten	production cost
homogene Wirbelschicht	particulate fluidized bed
hygroskopische Eigenschaften	hygroscopic properties
in Betrieb setzen, Inbetriebnahme	put into operation
Ingangbringen, Ingangsetzen	setting a machine going, starting
inhomogene Wirbelschicht	aggregative fluidized bed
Instandhaltung	maintenance
Instantisierung	instantizing
Investierung	investment
Investitionen für Gebäude, Gerüste, Straßen, Heizung, Lüftung, Isolation und Anstrich	investment cost for buildings, structural, steel, roads, heating, ventilution, insulation, painting
Investitionsgüter	capital goods
Investitionskosten	investment cost
isostatisches Pressen	isostatic pressing
Kalk	lime
Kaltbindung (z.B. Mörtel)	coldbonding
Kapazität der Maschinen	capacity for equipment
Kapazität, nominal	nominal capacity
Kapillarkraft	capillary forces, capillary pressure
Kapitalkosten, Kapitalaufwand	capital cost
Klassiereffekt	classification efficiency

Deutsche Bezeichnung	Englische Bezeichnung
Kolbenpresse	piston press
Kompaktiermaschine	compacting roll press
Kompaktierung	compaction
Kompaktierung mit anschließender Zerkleinerung	compaction-granulation
Kompaktierungsprodukt z. B. Schülpe (unregelmäßige Form)	compacted sheet
Konditionierung	conditioning
Kosten, Aufwand	cost, expense, expenditure
Kosten der Agglomeration	cost of agglomeration
Kosten der Maschinen	equipment cost
Kugeldurchmesser	diameter of a sphere
Kunstharze	resin
Lagerbeständigkeit, Wetterbeständigkeit	weathering
Leistung	efficiency, capacity
Lochpresse, zylindrisch, ein Granulierzylinder	roll pelleting machine (one hollow roll)
Lochpresse, zylindrisch, zwei Granulierzylinder	roll pelleting machine (two hollow rolls)
Lochpressen	pellet mill
Lohnnebenkosten	overhead cost
Luftfeuchtigkeit	atmospheric humidity
magnetische Kräfte	magnetic forces
Maschinen (Apparate)	equipment
Massendurchsatz	mass throughput
Mechanismus der Kompaktierung	compaction mechanismen
Melasse	molasses
Melasse und gelöschter Kalk	molasses and slaked lime
Meß- und Regeltechnik	process, control, instrumentation
Mischer	batch mixer
Molekularkräfte	molecular forces
Montage	equipment erection
Nebenprodukt	by-product
nutzbare Betriebsmittelzeit	machine available time
Paraffin	paraffin
Pech	pitch
Pellet	pellet
Pelletierkonus	balling cone, cone pelletizer
Pelletiermaschine	pelletizer

Deutsche Bezeichnung	Englische Bezeichnung
Pelletierteller	balling disc, disc pelletizer
Pelletiertrommel	balling drum, drum pelletizer
Pelletierung	pelletizing
Pellets (auch für Granulate verwendet)	pellets
periodisch arbeitende Wirbelschicht (Winklerisches Wirbelbett)	batch (non circulating) fluidized bed
Perlen (Bezeichnung für kleine Pellets bei der Rußherstellung)	beads
Personalkosten, Lohnkosten	cost of labour
plastische Verformung	plastic deformation
Porosität	porosity
Preßagglomeration	pressure agglomeration
Presse	press
Pressen	press
Prillturm	prilling tower
Probelauf	trial run
Produktionsumfang	production volume
Produktionszahlen	output rates
Produktivität	productivity
Regelung	control, adjustment
Regelverhalten	automatic control loop
Reibungskräfte (Partikel)	particle friction
Ring- und Flachmatrizenpressen	pellet mill
Ringmatrizenpresse	roll pelleting machine (internal press roll)
Ringpresse	ring roll press
Rohrleitung	piping
Rohstoffkosten	raw material cost
Rotation	rotation, revolution
Ruheschicht	fixed bed
Schmelzpunkt	melting point
Schülpe	sheet
Schülpen-Zerkleinerung	crushing-milling-granulation
Schüttdichte	bulk density
Schwerkraftdosierung	gravity feed
Sekundärrohstoffe	secondary raw materials
Sicherheit	safety
Sicherheitsbestimmungen	safety regulations
Sicherheitsfaktor	safety factor
Sinterung	sintering, induration
Soda	sodium carbonate

Deutsche Bezeichnung	Englische Bezeichnung
spezifischer Energiebedarf	specific power consumption
Stärke	starch
stetig arbeitende Wirbelschicht (Wirbelfließschicht)	continuous (circulating) fluidized bed
Steuern	tax
Stillstandszeit	stoppage time
Störung	disturbance, trouble, breakdown, interruption
stoßende Wirbelschicht	slugging fluidized bed
Sulfitablauge	sulphite lye
Tablettierung	tabletting
Taumelagglomeration	agglomeration by dry tumbling
taumelnde Bewegung	tumbling
Teer	tar
Tetraeder	tetragon
Tetraederform	tetragonal system
thermische Leitfähigkeit	thermal conductivity
Ton	clay
Trommelauslauf	drum discharge
Trommelgröße	drum size
Überkorn („grüne" Granulate)	oversize green balls
Umfangsgeschwindigkeit	peripheral speed
Umwelteinflüsse	environmental factors
Unterkorn („grüne" Granulate)	undersize green balls
Van-der-Waals-Kräfte	Van-der-Waals-forces
Verbrauchsmengen, Verbrauch	consumption
Verfahrensablauf, Verfahren	procedure, process, technique
Versicherung	insurance
Verweilzeit	retention time
Vibrationsrinne	vibrating trough conveyor
Wachs	wax
Wachstum der größeren Agglomerate auf Kosten der kleineren	the growth of the larger agglomerates at the expense of smaller ones
Wachstum	growth
Wälzdruckmaschine	roll pressing
Walze	roll
Walzendruck	roll force
Walzenkräfte	roll power
Wanderschicht	moving bed

Deutsche Bezeichnung	Englische Bezeichnung
Wasserglas	soda silicate
Wasserglas und Ferrosilicium	ferro silicon
Wasserglas und Kohlensäure	carbon dioxide
Wertigkeit, chemische	valence, valency
Wiederverwendung	repeated use
Wirbelpunkt (Punkt, an dem ruhende Schicht in eine Wirbelschicht übergeht)	fluidized point
Wirbelschicht	fluidized bed
Wirbelschicht	spray granulation, fluid bed granulation
Wirtschaftlichkeit	economic efficiency
Zahnradlochpresse	gear type pelleting machine
Zeit je Arbeitsvorgang	cycle time
Zement	cement
Zinsen	interest
Zucker	sugar
Zweiwalzen-Pressen	double roll presses

12 Bezugsquellen

12.1 Firmenadressen

Bezugsquellen		Agglomeration Maschinen-Bindemittel- Informationen
Alexanderwerk	Alexanderwerk AG Kippdorfstraße 6 42857 Remscheid Tel.: 02191/795-0 Fax: 02191/795-350	Feuchtgranuliermaschinen Anlagenbau Versuchsstation Kompaktiermaschinen Granulierung Kompaktierung
Bepex	Hosokawa Bepex GmbH Postfach 1152 D-74207 Leingarten Tel.: 07131/907-0 Fax: 07131/907301	Anlagenbau Brikettieren Brikettierpressen Granulatformen Granulation durch Zerkleinerung Kompaktieren Kompaktierpressen Lochpressen Preßagglomeration Rollgranulation Versuchsstation Wirbelschichtgranulation Wirbelschichttrockner Zahnradlochpressen
CPM	CPM EUROPE WESEL GmbH Ulrich Schwack Steinstraße 3 46483 Wesel am Rhein Tel.: 0281/34140-0 0171/8043545 Fax: 0281/341404	Pelletierung Pelletpressen Anlagenbau Versuchsstation

Bezugsquellen		Agglomeration Maschinen-Bindemittel- Informationen
Eirich	Maschinenfabrik Gustav Eirich Walldürner Straße 50 74736 Hardheim Tel.: 06283/51-0	Anlagenbau Aufbauagglomeration Granulieren Granuliermischer Granulierteller Pelletieren Pelletiermischer Pelletierteller Rollagglomeration Versuchsstation
Erbslöh	Erbslöh 65358 Geisenheim Tel.: 06722/75104 Fax: 06722/71274	Bentonit Bindemittel
Fette	Wilhelm Fette GmbH Präzisionswerkzeuge und Maschinen Grabauer Straße 24 21493 Schwarzenbek Tel.: 04151/12-0 Fax: 04151/3797	Anlagenbau Preßagglomeration Tablettieren Tablettierpressen Versuchsstation
Forschung	Forschungsinstitut Futtermitteltechnik der Internationale Forschungs- gemeinschaft Futtermittel- Technik e.V. (IFF) Frickmühle 38110 Braunschweig-Thune Tel.: 05307/9222-0 Fax: 05307/4687 e-mail: iff@iff-braunschweig.de Internet: www.iff-braunschweig.de	Forschung, Aus- und Weiter- bildung sowie Consulting zur Futtermitteltechnik, Qualitäts- management, einschließlich Pelletieren (Preßagglomeration)

Bezugsquellen		Agglomeration Maschinen-Bindemittel- Informationen
Glatt	Glatt GmbH Process Technology Bühlmühle 79589 Binzen Tel.: 07621/664-0 Fax: 07621/64723	Anlagenbau Aufbauagglomeration Coater Naßgranulatoren Pelletieranlagen Sprühgranulation Vakuum-Wirbelschicht Versuchsstation Wirbelschichtgranulator
Hosokawa Schugi	Hosokawa Schugi B.V. 29. Chroomstraat 8211 AS Lelystad The Netherlands Tel.: 0031/320-286666 Fax: 0031/320-223017 e-mail: general@h schugibv.hosokawa.com	Anlagenbau Aufbauagglomeration Extrusion Mischagglomeration *Schugi*-Agglomeration Versuchsstation
Henkel	Henkel KG a A Henkelstraße 67 40589 Düsseldorf Tel.: 0211/797-0 Fax: 0211/798-4008	Bindemittel
Ingenieurbüro	Prof. Dr. Gerald Heinze Burenstraße 4 49577 Kettenkamp Tel.: 05436/617 Fax: 05436/616 Dipl.-Ing. Lutz Gertung Stauffenbergallee 2 99086 Erfurt Tel.: 0361/5668933 Fax: 0361/5668933	Anlagenplanung Aufbauagglomeration Granulieren Preßagglomeration
Kahl	Amandus Kahl GmbH & Co. Dieselstraße 5–9 21465 Reinbek Tel.: +49(0)4072771-0 Fax: +49(0)4072771-100	Anlagenbau Flachmatrizenpressen Lochpressen Pelletieren Preßagglomeration Versuchsstation

Bezugsquellen		Agglomeration Maschinen-Bindemittel- Informationen
Korsch	Korsch Pressen AG Breitenbachstraße 1 13509 Berlin Tel.: 030/43576-0 Fax: 030/43576-350	Tablettiermaschinen Tablettieren
Köppern	Maschinenfabrik Köppern GmbH & Co. KG Königsteiner Straße 2–12 45529 Hattingen/Ruhr Tel.: 02324/207-0 Fax.: 02324/207-207	Anlagenbau Brikettieren Brikettierpressen Granulation durch Zerkleinerung Kompaktieren Kompaktierpressen Preßagglomeration Versuchsstation
Ligno	Borregaard Deutschland GmbH Hansaallee 201 40549 Düsseldorf Tel.: 0211/59519-0 Fax: 0211/59519-22	Bindemittel Ligninsulfonate Dispergiermittel
Lurgi	Lurgi AG Lurgiallee 5 60439 Frankfurt am Main Tel.: 069/5808-0 Fax: 069/5808-3888	Anlagenbau Aufbauagglomeration Granulierung Granulierteller Pelletierung Pelletierteller Rollagglomeration
Lödige	Gebr. Lödige GmbH Maschinenbau Elsener Straße 7–9 33102 Paderborn Tel.: 05251/309-0 Fax: 05251/309-123	Anlagenbau Aufbauagglomeration Granulieren Granuliermischer Versuchsstation

Bezugsquellen		Agglomeration Maschinen-Bindemittel- Informationen
Melasse	Hansa Melasse Handelsgesellschaft mbH Esplanade 23 20354 Hamburg Tel.: 040/3572-300 Fax: 040/3571-2510	Bindemittel Melasse
Ruberg	Ruberg-Mischtechnik KG Halberstädter Straße 55 33106 Paderborn Tel.: 05251/1736-30 Fax: 05251/1736-99 e-mail: info@ruberg.com http://www.ruberg.com	Anlagenbau Aufbauagglomeration Granulieren Granuliermischer Versuchsstation
Salmatec	Salmatec GmbH Salzhausener Maschinenbau- Technik Bahnhofstraße 15 21376 Salzhausen Tel.: 04172/98970 Fax: 04172/1394	Pelletiermaschinen Matrizen und Koller
Süd-Chemie	Süd-Chemie AG Hauptverwaltung Lenbachplatz 6 80085 München Tel.: 089/5110-0 Fax: 089/5110-375	Bentonit Bindemittel
Woellner	Woellner Silikat GmbH Wöllnerstraße 26 67065 Ludwigshafen Tel.: 0621/5402-0 Fax: 0621/5402-411	Bindemittel Wasserglas Spezialsilikate

12.2 Bereiche

Agglomeration Maschinen-Bindemittel-Informationen	Bezugsquellen
Anlagenbau	Bepex, Eirich, Fette, Glatt, Schugi, Kahl, Köppern, Lurgi, Lödige, Ruberg CPM, Alexander
Anlagenplanung	Ingenieurbüro
Aufbauagglomeration	Eirich, Glatt, Ingenieurbüro, Lurgi, Lödige, Ruberg
Bentonit	Erbslöh, Süd-Chemie
Bindemittel	Erbslöh, Henkel, LignoTech, Melasse, Süd-Chemie, Woellner
Brikettieren	Bepex, Köppern
Brikettpressen	Bepex, Köppern
Coater	Glatt
Extrusion	Schugi
Feuchtgranulierung	Alexander
Flachmatrizenpressen	Kahl
Futtermittel	Forschung
Granulatformen	Bepex
Granulation durch Zerkleinern	Bepex, Köppern
Granulatoren	Glatt
Granulieren	Eirich, Ingenieurbüro, Lurgi, Lödige, Ruberg Alexander
Granuliermischer	Eirich, Ruberg
Granulierteller	Eirich, Lurgi
Information	Forschung
Koller	Kahl, Salmatec
Kompaktieren	Bepex, Köppern, Alexander
Kompaktierpressen	Bepex, Köppern, Alexander
Ligninsulfonate	Ligno

Agglomeration Maschinen-Bindemittel-Informationen	Bezugsquellen
Lochpressen	Bepex, Kahl
Matrizen	Kahl, Salmatec
Melasse	Melasse
Mischagglomeration	Schugi
Naßgranulation	Glatt
Pelletieren	Eirich, Forschung, Kahl, Lurgi, CPM, Salmatec, Glatt
Pelletiermischer	Eirich
Pelletierteller	Eirich, Lurgi
Preßagglomeration	Bepex, Fette, Forschung, Ingenieurbüro, Kahl, Köppern, CPM, Alexander, Salmatec
Rollagglomeration	Eirich, Lurgi
Rollgranulation	Bepex
Schugi-Agglomeration	Schugi
Spezialsilikate	Woellner
Sprühagglomeration	Glatt
Tablettieren	Fette, Korsch
Tablettierpressen	Fette, Korsch
Vakuum-Wirbelschicht	Glatt
Versuchsstation	Bepex, Eirich, Fette, Glatt, Hosokawa Schugi, Kahl, Köppern, Lödige, Ruberg, CPM, Alexander
Wasserglas	Henkel, Woellner
Wirbelschichtgranulation	Glatt, Bepex
Wirbelschichttrockner	Bepex
Zahnradlochpresse	Bepex

13 Vorschläge für Agglomerationsverfahren für Rohstoffe und Produkte

Rohstoff/Produkt	Verfahren*
Abfallbeseitigung	P/FMP/RMP
Abfallverwertung	P/FMP
Altpapier	GTR
Aluminiumoxid	P/K
Anodenschlamm (Kupfergewinnung)	P/FMP
Arzneimittel	WP/TAB
Autoverschrottung (Nichtmetallteile)	P/FMP
Bagasse	P/FMP
Bentonit	GTE/GTR
Biertreber	P/FMP
Bleioxid	P/K
Branntkalk	P/WP
Braunkohle	P/FMP
Blutmehl	FMP/RMP
Carbomethyl-Cellulose CMC	P/K
Chemische Produkte	WP
Dextrin	P/K
Dolomitmischdünger	GTR
Düngemittel	GTE/FMP/RMP
Eisenerz	GTE
Eisenerz	GTR
Eisenoxid	P/K
Eisenpulver	P/FMP
Eisenschwamm	P/WP
Erz	P/WP
Farbgrundstoffe	P/FMP
Feinkohle	P/FMP
Ferrosilizium	GTE
Feuerfeste Rohstoffe	WP
Filterstäube	P/FMP
Flugasche	P/K/GTE/GTR/FMP
Flußspat	P/K
Fruchtpulver	P/K
Gips, synthetisch	P/FMP
Graphit	P/K
Gras	P/FMP
Grundstoffe für die Kunststoffindustrie	P/FMP
Gummireste	P/FMP
Hefe	P/FMP
Heilmittel, organische	P/FMP
Herbizide	P/K
Hobelspäne	P/FMP
Holzabfälle als Brennstoff	P/FMP/RMP
Humus aus Rinderdung	P/FMP
Hüttenstaub	GTR
Insektizide	P/K
Instantprodukte	P/FMP
Kaffeemehl	P/FMP
Kakaopulver	P/K
Kaliumchlorid	P/WP
Kalk	P/K
Kalkmehl	GTR
Kalkmischdünger	GTR
Kalkschlamm	P/FMP
Kalkstein	P/K
Kampfer	P/K
Katalysatoren	P/K/ZPR/FMP
Keramik	P/K
Klee, getrocknet	FMP/RMP

* Abkürzungen siehe Seite 254

Rohstoff/Produkt	Verfahren *	Rohstoff/Produkt	Verfahren *
Knochenmehl	P/K/FMP/RMP	Puddingpulver	P/K
Kohlenstaub	FMK/RMK	PVC-Stabilisatoren	ZPR
Kompost	P/FMP/LP	Rauchgasgips	P/FMP/WP
Kräutertee	P/K	Reisstärke	P/K
Kreide	P/K	Rübenschnitzel	FMP/RMP
Kunststoffabfälle + Papier	P/FMP/RMP	Ruß	GTE
		Sacharin	P/K
Kunststoffpulver	P/K	Sägemehl	P/FMP
Kunststoffreste, beschichtet	P/FMP	Salze	P/K
		Schwefel	P/K
Kupferoxid	P/K	Silicatmehle	P/FMP
LD-Staub	GTE	Stärke	P/K
Luzerne	P/FMP	Steinkohle	P/WP
Magnesit, kaustisch	P/WP	Stroh	P/FMP/RMP
Maisstärke	P/K	Superphosphat	GTE
Manganoxid	P/K	Tablettenmasse	P/FMP
Mennige	GTE	Teemehl	P/FMP
Metallstaub	GTR/WP	Teppichreste	P/FMP
Mineralschwarz	GTE	Tierfutter	P/K
Mineralstoffe	P/FMP/WP	Titandioxid	GTE
Mischdünger	GTE/P/WP	Torf	FMP/RMP
Mischfutter	P/FMP/RMP	Traubenzucker	P/K
Müll als Brennstoff	P/FMP	Trockenschnitzel aus der Zuckerindustrie	P/FMP
Natriumperoxid	P/K		
Natriumzyanid	P/K	Vitamine	P/K
Nickeloxid	P/K	Waschmittel	P/K/FMP/RMP/GTR
Nioboxid	P/K		
Obsttrester	P/FMP	Wirtschaftsdünger, flüssig	GTR
Olivenpülpe	P/FMP		
Papierabfall	P/FMP	Zellstoffabfälle	P/FMP
Penicillin	ZPR	Zement	GTE
Pharmazeutika	P/K	Zementrohmehl	GTE
Phosphate	P/K/GTR	Zinkoxid	P/K
Pigmente	P/K/GTE	Zucker	P/K
Protein	P/K		

Hinweis: Die Vielzahl der Möglichkeiten des Agglomerierens bedingt, daß nicht alle agglomerierbaren Stoffe in dieser Tabelle erfaßt sind. Es wird an dieser Stelle nochmals darauf verwiesen, daß Maschinenhersteller, Anlagenbauer und Ingenieurbüros weitere Auskünfte geben.

FMP = Flachmatrizenpressen, GTE = Granulierteller, GTR = Granuliertrommel, K = Kompaktieren, LP = Lochpressen, P = Pelletieren, P = Pressen, RMP = Ringmatrizenpressen, TAB = Tablettenpresse, WP = Walzenpresse, ZPR = Zahnradlochpressen.

Namenverzeichnis

Stichwortverzeichnis